U0338244

全国高等职业教育"十三五"规划教材

数控机床维修与维护

主　编　王端义　徐　敏

副主编　李姗姗　王连洪

　　　　杨海南　孙振国

中国矿业大学出版社

内 容 提 要

本书以"模块-任务"形式编写,在介绍数控机床组成、分类的基础上,结合大量实例,对数控机床各组成部分的故障诊断与维修维护知识、技能进行了详细讲述,并简要介绍了数控机床的安装、调试、验收及日常维护方法,是一本理实一体的数控机床维修技术教材。

本书是职业技术院校机电一体化及相关专业的实用教材或培训资料,也可供相关技术人员参考。

图书在版编目(CIP)数据

数控机床维修与维护 / 王端义,徐敏主编. — 徐州 :
中国矿业大学出版社,2019.6

ISBN 978 - 7 - 5646 - 4472 - 7

Ⅰ.①数… Ⅱ.①王… ②徐… Ⅲ.①数控机床—维
修—教材 Ⅳ.①TG659

中国版本图书馆 CIP 数据核字(2019)第122488号

书　　名	数控机床维修与维护
主　　编	王端义　徐　敏
责任编辑	何　戈
出版发行	中国矿业大学出版社有限责任公司
	（江苏省徐州市解放南路　邮编 221008）
营销热线	(0516)83884103　83885105
出版服务	(0516)83995789　83884920
网　　址	http://www.cumtp.com　E-mail:cumtpvip@cumtp.com
印　　刷	江苏淮阴新华印务有限公司
开　　本	787 mm×1092 mm　1/16　印张 20.5　字数 508 千字
版次印次	2019 年 6 月第 1 版　2019 年 6 月第 1 次印刷
定　　价	45.00 元

（图书出现印装质量问题,本社负责调换）

前　言

目前,数控机床作为现代机械制造工业的重要技术基础装备而被企业广泛应用,但由于数控机床结构复杂,系统种类繁多,而使企业使用一段时间后,设备或多或少存在一些问题不能及时解决,影响企业生产。因此,如何保障数控机床正常运行,提高机床使用效率,便成为数控机床维修技术亟须解决的问题。

本书以高等职业教育专业人才培养目标为依据,结合"数控机床维修技术"课程标准编写而成,编写过程中参考了国家职业标准《数控机床装调维修工》中高级工的要求,内容选取注重教材的基础性、实践性、通用性。本书融理论教学、实践操作为一体,是职业院校机电一体化、机械制造、数控技术或相关专业的实用教材,也可供企业技术人员参考。

本书编者把理论教学知识、企业维修技术案例、国内外教学资源相结合,将企业主流数控设备及本校数控加工工厂与数控机床故障维修实训室拥有的 FANUC、SIEMENS 系统实训设备综合编写而成。本书教学内容编排从数控机床故障维护理论、维修方法入手,收集大量 FANUC、SIEMENS 系统的实物连线图、原理图,讲解数控机床故障维修的实例,是一本从理论到技能实践应用的数控机床维修技术教材。

在本书编写过程中得到了徐州博邦自动化科技有限公司、思密数控软件公司的大力支持以及其他数控企业技术人员、高职院校老师的帮助,并在编写过程中提出了许多宝贵的意见,在此表示衷心的感谢!

本书由江苏建筑职业技术学院王端义、徐州工业职业技术学院徐敏合作编写,全书由王端义统稿,部分内容由江苏建筑职业技术学院李姗姗、王连洪、杨海南完善。全书系统试验及考评图由徐州罗特艾德回转支承有限公司孙振国完成。

由于时间仓促,再加上编者水平有限,书中不足乃至错误在所难免,恳请读者批评指正。

江苏建筑职业技术学院　王端义

2018 年 9 月

目　录

目　录

模块一 数控机床的组成及分类

任务一 认知数控机床的发展与特点

一、数控机床的产生

数控机床是用数字代码形式的信息(程序指令),控制刀具按照给定的工作过程、运动速度和运动轨迹进行加工的机床。数控机床是在控制技术的基础上发展起来的,其发展过程大致如下。

1948年,美国帕森斯公司接受美国空军委托研制直升机螺旋桨叶片轮廓检验用样板的加工设备。因样板形状复杂多样、精度要求高,当时已有的加工设备难以适应,于是该公司提出采用数字脉冲控制机床的设想。

1949年,该公司与美国麻省理工学院开始共同研究,并于1952年试制成功第一台三坐标数控铣床,当时的数控装置采用电子管元件,成为数控系统的第一代产品。

1959年,数控装置采用了晶体管元件和印制电路板,并出现了带自动换刀装置的数控机床(加工中心,MC),数控装置产生了第二代产品。

1965年,出现了以集成电路控制的数控装置,称为第三代产品。该代产品不仅体积小,功率消耗少,而且可靠性高,价格明显下降,促进了数控机床品种和产量的大幅增加。

20世纪60年代末,先后出现了由一台计算机直接控制多台机床的直接数控系统(群控系统,DNC)以及采用小型计算机控制的数控系统(CNC),使得数控机床有了以小型计算机为系统的第四代产品。

1974年出现的使用微处理器和半导体存储器的微型计算机数控装置(MNC)为第五代数控系统。

20世纪80年代初,随着计算机软、硬件技术的发展,数控系统装置愈趋小型化,可以直接安装在机床上,从而出现了能进行人机对话、自动编程,具有自动监控刀具破损和自动检测工件等功能的数控装置,数控机床的自动化程度进一步提高。

20世纪90年代后期,出现了PC+CNC智能数控系统,即以PC机为控制系统的硬件部分,在PC机上安装CNC软件系统,此种方式系统维护方便,易于实现网络化制造。

21世纪初,数控机床更实现了高精度、高效率的多轴联动及配套机器人联动。

二、计算机数控系统的结构特点与发展

计算机数控系统(Computer Numerical Control,CNC)是以计算机为核心的数控系统。它由零件加工程序、输入输出设备、计算机数字控制装置、可编程序控制器、主轴驱动装置和进给驱动装置等硬件与专用操作系统软件构成。

（一）CNC 系统的特点

（1）灵活。

（2）模块化。

（3）可靠。

（4）易于实践多功能程序控制。

（5）维护方便。

（6）有通信功能。

（二）CNC 系统的硬件结构

1. 物理结构

与目前的计算机一样，CNC 装置也是由硬件和软件两大部分组成的。根据其安装形式、板卡布局等硬件物理结构的不同，CNC 装置可以分为大板式结构和模块化结构两大类。

2. 逻辑结构

根据 CNC 装置内部逻辑电路结构的不同，又可以将数控系统分为单 CPU 结构和多 CPU 结构两大类型。

（1）单 CPU 结构

单 CPU 结构，即采用一个 CPU 集中控制，分时处理数控的各个任务。单 CPU 结构 CNC 装置的系统组成框图如图 1-1 所示。

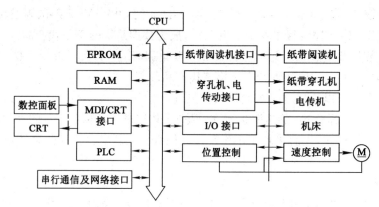

图 1-1　单 CPU 结构 CNC 装置的系统组成框图

CNC 装置工作时，在系统程序（存储在 EPROM 中）的控制下，零件加工程序从 MDI/CRT 接口或者串行通信接口输入后，系统将其存储到 RAM 中后进行译码、插补等处理。执行数据通过位置控制接口输出，进而控制各坐标轴运动，同时通过 I/O 接口传输开关量信号，实现辅助动作的控制和同步零件程序的执行。

（2）多 CPU 结构

多 CPU 结构，即采用多个 CPU 来分别控制 CNC 装置的各个功能模块，实现多个控制任务的并行处理和执行，该结构方式大大提高了整个系统的处理速度。多 CPU 结构根据具体情况将系统划分成多个功能模块，一般各模块通过采用共享总线的互联方式连接。

（三）CNC 装置的软件结构

CNC 装置的软件是为了完成 CNC 系统各项功能而设计和编制的专用软件，又称为系统软件(系统程序),其作用与计算机操作系统的功能相似。

CNC系统是一个多任务的实时控制系统。多数情况下,CNC装置的多个功能模块按照加工控制要求必须同时运行,如多轴运动及反馈。CNC系统软件同时由管理软件(负责系统的输入/输出、显示、诊断功能)和控制软件(负责系统的译码、刀补、插补、速度运算、位置控制功能)两部分组成。

三、数控机床的结构组成及工作原理

数控机床一般由输入输出装置、数控系统、伺服驱动系统、测量装置和机床本体(组成机床本体的各机械部件)组成。数控机床组成框图如图1-2所示。

图1-2　数控机床组成框图

(一)输入输出装置

数控系统输入输出装置的主要功能是输入装置接收由操作人员输入的零件加工程序,按零件加工程序发出相应的控制信号,由输出装置输出控制机床加工出所需零件的指令。

(1)操作面板:它是操作人员与数控装置进行信息交流的工具,主要由按钮、状态灯、按键、显示器等部分组成。

(2)控制介质:人与数控机床之间建立某种联系的中间媒介物就是控制介质(信息载体)。常用的控制介质有穿孔带、穿孔卡、磁盘和磁带。

(3)人机交互设备:数控机床在加工运行时,通常都需要操作人员对数控系统进行状态干预,对输入的加工程序进行编辑、修改和调试。对数控机床运行状态进行显示,操作人员可以实时监控,此类设备统称人机交互设备。常用的人机交互设备有键盘、显示器、光电阅读机等。

(4)通信:现代的数控系统除采用输入与输出设备进行信息交换外,还都具有用通信方式进行信息交换的能力。它们实现CAD/CAM集成、FMS和CIMS技术。采用的方式有串行通信RS232等串口、自动控制专用接口和规范(DNC方式,MAP协议)、网络技术(Internet、LAN)等。

(二)数控系统

数控系统是数控机床的中枢。根据输入的零件加工程序进行相应的处理(如运动轨迹处理、机床输入输出处理等),随后输出控制命令到相应的执行部件(伺服单元、驱动装置和PLC等),所有这些工作都是由数控系统合理组织、协调配合,使整个系统有条不紊地进行工作的。

(三)伺服驱动系统

伺服驱动系统由伺服控制电路、功率放大电路和伺服电动机组成。

伺服驱动的作用是把数控装置送来的微弱指令信号放大成能驱动伺服电动机的大功率信号,把来自数控装置的位置控制移动指令转变成机床工作部件的运动,使工作台按规定轨迹移动或精确定位,加工出符合图样要求的工件。

常用的伺服电动机有步进电动机、直流伺服电动机和交流伺服电动机。根据接收指令的不同,伺服驱动有脉冲式和模拟式,而模拟式伺服驱动方式按驱动电动机的电源种类可分为直流伺服驱动和交流伺服驱动。步进电动机采用脉冲式驱动方式,交、直流伺服电动机采用模拟式驱动方式。

(四) 机床电气控制

机床电气控制功能是指 PLC(可编程逻辑控制器)用于完成与逻辑运算有关顺序动作的 I/O 控制,而后其控制机床 I/O 装置(如继电器、电磁阀、行程开关、接触器等组成的逻辑电路),用来实现机床 I/O 执行部件的控制。

(五) 测量装置

测量装置通常安装在数控机床的工作台或丝杠上。按有无检测装置,CNC 系统可分为开环和闭环系统;按测量装置安装的位置不同,CNC 系统可分为闭环与半闭环系统。

开环控制系统无测量装置,其控制精度取决于步进电动机和丝杠的精度;闭环控制系统的精度取决于测量装置的检测精度,检测装置是高性能数控机床的重要组成部分。

测量装置测量伺服轴的实际直线位移和角位移,如图 1-3、图 1-4 所示。反馈系统的作用是通过测量装置将机床移动的实际位置、速度参数检测出来,转换成电信号并反馈到 CNC 装置中,使 CNC 能随时判断机床的实际位置、速度是否与指令一致,并发出相应指令,纠正所产生的误差。

电动机内装位置和速度传感器　　　　　　主轴位置与速度编码器

图 1-3　主轴位置和速度检测装置

伺服电动机内装编码器　　　　　　独立型旋转编码器

光栅尺

图 1-4　伺服进给系统的速度和位置检测装置

（六）机床本体

数控机床本体通常指其机械部件,包括主运动部件、进给运动执行部件、工作台、拖板及其传动部件、床身、立柱等支撑部件;此外还有冷却、润滑、转位和夹紧等辅助装置。对于加工中心类的数控机床,还有存放刀具的刀库、交换刀具的机械手等部件。

数控机床是高精度和高生产率的自动化加工机床,与普通机床本体相比,应具有更好的抗震性和刚度,要求相对运动面的摩擦系数要小,进给传动部分之间的间隙要小。因而其本体设计要求要比通用机床更严格,加工制造更精密,同时采用加强刚性、减小热变形、提高精度的设计等措施。本体辅助装置包括刀库的转位换刀、液压泵、冷却泵等元件。

任务二　认知数控机床的分类与应用

一、加工工艺方法分类

传统的车、铣、钻、磨、齿轮加工相对应的数控机床有数控车床、数控铣床、数控钻床、数控磨床、数控齿轮加工机床等。尽管这些数控机床在加工工艺方法上存在很大差别,控制方式也各不相同,但数控机床的控制和运动都是数字化控制的,因而其也有相同或不同的分类方式。

（一）金属切削类数控机床

金属切削类数控机床如数控车床、数控铣床、数控磨床、加工中心等(图1-5~图1-9)。普通数控机床加装一个刀库和换刀装置就成为数控加工中心机床。加工中心机床进一步提高了普通数控机床的自动化程度和生产效率。例如铣、镗、钻加工中心,它是在数控铣床基础上增加了一个容量较大的刀库和自动换刀装置形成的,工件一次安装后,可以对箱体零件的四面甚至五面大部分加工工序进行铣、镗、钻、扩、铰以及攻螺纹等多工序加工,特别适合箱体类零件的加工。加工中心机床可以有效地避免由于工件多次安装而造成的定位误差,减少了机床的台数和占地面积,缩短了辅助时间,大大提高了生产效率和加工质量。

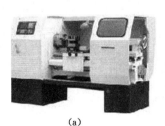
(a)

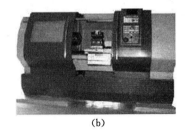
(b)

图1-5　普通型数控车床

（a）半封闭数控车床;（b）全封闭数控车床

(a)

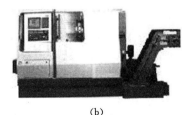
(b)

图1-6　多功能数控加工中心机床

（a）普及型数控车床;（b）多功能数控车床

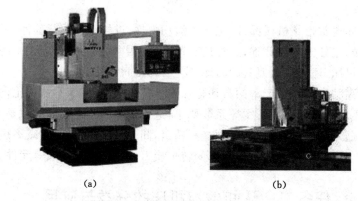

（a）　　　　　　　　　　　　　　（b）

图 1-7　数控铣床

（a）立式数控铣床；（b）卧式数控镗铣床

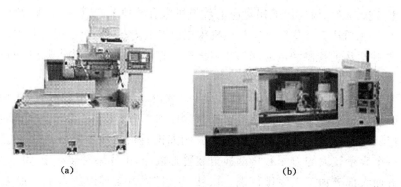

（a）　　　　　　　　　　　　　　（b）

图 1-8　数控磨床

（a）数控平面磨床；（b）数控万能外圆磨床

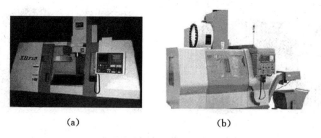

（a）　　　　　　　　　　　　　　（b）

图 1-9　加工中心

（a）斗笠式自动换刀立式加工中心；（b）凸轮机械手式自动立式加工中心

（二）特种加工类数控机床

除了金属切削类数控机床以外，数控技术也大量用于数控线切割机床、数控电火花成型机床、数控等离子弧切割机床、数控火焰切割机床以及数控激光加工机床等，如图 1-10所示。

（三）板材加工类数控机床

常见的应用于金属板材加工的数控机床有数控折弯机、数控压力机、数控剪板机等，如图 1-11 所示。

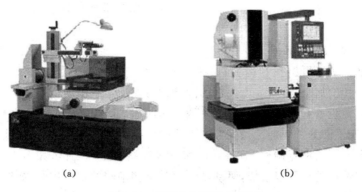

图 1-10　特种加工类数控机床

（a）线切割机床；（b）电火花数控机床

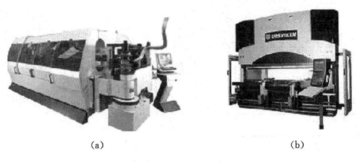

图 1-11　板材加工类数控机床

（a）数控折弯机；（b）数控压力机

　　近年来，其他机械设备中也大量采用了数控技术，如数控多坐标测量机、自动绘图机及工业机器人等，如图 1-12 所示。

图 1-12　三坐标测量仪

二、按控制运动的方式分类

（一）点位控制数控机床

　　点位控制数控机床的特点是机床移动部件只能实现由一个位置到另一个位置的精确定位，在移动和定位过程中不进行任何加工。机床数控系统只控制行程终点的坐标值，不控制点与点之间的运动轨迹，因此几个坐标轴之间的运动无任何联系，可以几个坐标同时向目标点运动,也可以各个坐标单独依次运动。这类数控机床有数控坐标类机床、数控钻床、数控冲床、数控点焊机等。

（二）直线控制数控机床

直线控制数控机床可控制刀具或工作台以适当的进给速度,沿着平行于坐标轴的方向进行直线移动和切削加工,进给速度根据切削条件可在一定范围内变化。

直线控制数控机床有数控车床(它只有两个坐标轴,可加工阶梯轴)、数控铣床(它有三个坐标轴,可用于平面的铣削加工)、数控镗铣床、加工中心等机床,各个坐标方向进给运动的速度能在一定范围内进行调整,兼有点位和直线控制加工的功能,如图 1-13 所示。现代组合机床采用的数控进给伺服系统,驱动动力头带有多轴箱的轴向进给,如铣镗加工也是一种直线控制数控机床。

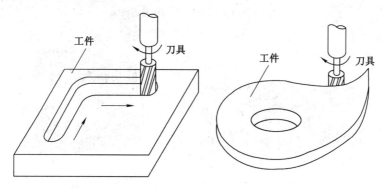

图 1-13　数控铣床直线与轮廓控制加工方式
(a) 直线控制加工;(b) 轮廓控制加工

（三）轮廓控制数控机床

轮廓控制数控机床能够对两个或两个以上运动的位移及速度进行连续相关的控制,使合成的平面或空间的运动轨迹能满足零件轮廓的要求。它不仅能控制机床移动部件的起点与终点坐标,而且还能控制整个加工轮廓中每一点的速度和位移,将工件加工成要求的轮廓形状。

常用的数控车床、数控铣床、数控磨床就是典型的轮廓控制数控机床。数控火焰切割机、电火花加工机床以及数控绘图机等也采用了轮廓控制系统。轮廓控制系统的结构要比点位直线控制系统更为复杂,在加工过程中需要不断进行插补运算,然后进行相应的速度与位移控制。

现在计算机数控装置的轮廓控制功能均由软件实现,该功能不会带来成本的增加。因此,除少数专用控制系统外,现代计算机数控装置都具有轮廓控制功能。

三、按驱动装置的特点分类

（一）开环控制数控机床

开环控制数控机床没有位置检测元件,伺服驱动部件通常为反应式步进电动机或混合式伺服步进电动机。数控系统每发出一个进给指令,经驱动电路功率放大后,驱动步进电动机旋转一个角度,再经过齿轮减速装置带动丝杠旋转,通过丝杠螺母机构转换为移动部件的直线位移。移动部件的移动速度与位移量是由输入脉冲的频率与脉冲数所决定的。此类数控机床的控制信息流是单向的,即进给脉冲发出去后,实际移动值不再反馈回来,所以称为开环控制数控机床,如图 1-14 所示。

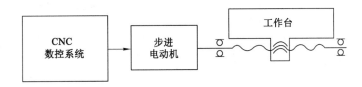

图 1-14　开环控制数控机床结构框图

开环控制系统的数控机床结构简单,成本较低。系统对移动部件的实际位移量不进行检测,不能进行误差校正,因此步进电动机的失步、步距角误差、齿轮与丝杠等传动误差都将影响被加工零件的精度。开环控制系统仅适用于加工精度要求不高的中小型数控机床,特别是简易经济型数控机床。

（二）闭环控制数控机床

闭环控制数控机床是在机床移动部件上直接安装直线位移检测装置,直接对工作台的实际位移进行检测,将测量的实际位移值反馈到数控装置中,与输入的指令位移值进行比较,用差值对机床进行控制,使移动部件按照实际需要的位移量运动,最终实现移动部件的精确运动和定位。从理论上讲,闭环系统的运动精度主要取决于检测装置的检测精度,与传动链的误差无关,因此其控制定位精度高,但调试和维修都较复杂困难,成本高。闭环控制数控机床的系统框图如图 1-15 所示。

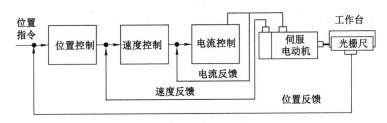

图 1-15　闭环控制数控机床系统框图

（三）半闭环控制数控机床

半闭环控制数控机床是在伺服电动机的轴或数控机床的传动丝杠上装有角位移电流检测装置(如光电编码器等),通过检测丝杠的转角间接地检测移动部件的实际位移,然后反馈到数控装置中去,并对误差进行修正。通过测速元件和光电编码盘可间接检测出伺服电动机的转速,从而推算出工作台的实际位移量,将此值与指令值进行比较,用差值来实现控制。由于工作台没有包括在控制回路中,因而称为半闭环控制数控机床,如图 1-16 所示。

半闭环控制数控机床的调试比较方便,并且具有很好的稳定性。目前大多将角度检测装置和伺服电动机设计成一体,这样结构更加紧凑。

（四）混合控制数控机床

混合控制数控机床特别适用于大型或重型数控机床,譬如大型或重型数控机床需要较高的进给速度与相当高的精度,其传动链惯量与力矩大,如果只采用全闭环控制,机床传动

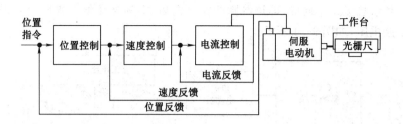

图 1-16 半闭环控制数控机床系统框图

链和工作台全部置于控制闭环中,闭环调试不容易。因而将以上三类数控机床的特点结合起来,就形成了混合控制数控机床。

四、数控机床的加工特点

数控机床加工精度高、工作效率高,能适应小批量及多品种复杂零件的加工优点,在机械加工中得到日益广泛的应用。数控机床对零件的加工,是严格按照加工程序所规定的参数及动作执行的。数控机床是一种高效能自动或半自动加工机床,它与普通机床的区别很大,有以下明显特点。

(一)适合复杂零件的加工

数控机床可以完成普通机床难以完成或根本不能完成的复杂零件的加工,因此在宇航、造船、模具等加工制造业中得到广泛应用。

(二)加工精度高,质量稳定

数控机床是按数字指令进行加工的,一般情况下不需要人工干预,消除了操作者人为产生的误差。在设计制造数控机床时,采取了使数控机床的机械部分具有较高的精度和刚度的措施。数控机床工作台的移动当量普遍达到了 0.000 1 mm,进给传动链的反向间隙与丝杠螺距误差等均可由数控装置进行精度补偿。数控机床的加工精度由过去的 ±0.01 mm 提高到 ±0.005 mm 甚至更高。定位精度在 20 世纪 90 年代中期已达到 ±0.002 mm。此外,数控机床的传动系统与机床结构都具有很高的刚度和热稳定性,通过补偿数控机床可获得比本身精度更高的加工精度,提高了同一批零件的一致性,产品合格率高,加工质量稳定。

(三)高柔性

加工对象改变时,适应性强。适应性即所谓的柔性,是指数控机床随生产对象变化而变化的适应能力。高柔性可大大节省生产准备时间,在数控机床上改变加工零件时,只需重新编制程序,输入新的程序后就能实现对新的零件的自动加工,而不需改变机械部分和控制部分的硬件。这就为复杂结构零件的单件、小批量生产以及试制新产品提供了极大的方便。适应性强是数控机床最突出的优点,也是数控机床得以生产和迅速发展的主要原因。在单一数控机床的基础上,可以组成具有更高柔性的自动化制造系统——FMS。

(四)生产效率高

零件加工所需的时间主要包括机加工时间和辅助时间两部分。数控机床主轴的转速和进给量的变化范围比普通机床大,因此数控机床每一道工序都可选用最合理的切削用量。由于数控机床结构刚性好,因此允许进行大切削用量的强力切削,这就节省了机加工时间。数控机床的移动部件空行程运动速度快,工件装夹时间短,刀具可自动更换,辅助时间比一般机床大为减少,大幅度提高了机床的加工效率。

数控机床加工质量稳定,一般只需进行首件检验和工序间关键尺寸的抽样检验,因此节省了停机检验时间。在加工中心机床上加工时,一台机床实现了多道工序的连续加工,生产效率的提高更为显著。数控机床的生产效率为一般普通机床的3~5倍,对某些复杂零件的加工,生产效率可以提高十几倍甚至几十倍。

（五）劳动条件好

机床自动化程度高,操作人员劳动强度大大降低,工作环境较好。

（六）有利于管理现代化

采用数控机床有利于向计算机控制与管理生产方面发展,为实现生产过程自动化创造了条件。

（七）投资大,使用费用高

数控设备一次投资费用较高,并且要配套相应刀具等附件。

（八）生产准备工作复杂

由于整个加工过程采用程序控制,数控加工的前期准备工作较为复杂,包含工艺确定、程序编制。

（九）对操作、维修人员要求高

数控机床的加工是根据程序进行的,零件形状简单时可采用手工编制程序。当零件形状比较复杂时,编程工作量大,手工编程较困难且往往易出错,因此必须采用计算机自动编程。所以,数控机床的操作人员除了应具有一定的工艺知识和普通机床的操作经验之外,还需要在程序编制方面进行专门的培训,考核合格才能上机操作。数控机床是典型的机电一体化产品,技术含量高,相关人员除了对加工技术熟知外,还要对计算机控制、驱动系统技术、机械与气液压技术有所掌握,要求数控机床的维修及管理人员具有较高的文化水平和综合技术素质。

五、数控机床对夹具和刀具的要求

数控机床对夹具的要求比较简单,单件生产一般采用通用夹具。批量生产时,为了节省加工工时,应使用专用夹具。数控机床的夹具应定位可靠,可自动夹紧或松开工件。夹具还应具有良好的排屑、冷却性能。

数控机床的刀具应该具有以下特点:

（1）具有较高的精度、耐用度,几何尺寸稳定。

（2）刀具能实现机外预调和快速换刀,加工高精度孔时要经试切削确定其尺寸。

（3）刀具的柄部应满足柄部标准的规定。

（4）能很好地控制切屑的折断和排出。

（5）具有良好的冷却性能。

模块二　数控机床故障诊断及维护基础

数控机床的故障诊断及维护在内容、手段和方法上与传统机床有很大的区别,学习和掌握数控机床故障诊断及维护技术,已越来越引起相关企业和工程技术人员的关注。数控机床故障诊断及维护已成为正确使用数控机床的关键因素之一。

任务一　数控机床故障诊断及维护内容与性能指标

一、数控机床故障诊断及维护的目的

数控机床是一种高投入的高效自动化机床。由于其投资比普通机床高得多,因此降低数控机床故障率、缩短故障修复时间、提高机床利用率是十分重要的工作。

任何一台数控机床都是一种过程控制设备,它要求实时控制,每一时刻都能准确无误地工作。任何部件的故障和失效都会使机床停机,造成生产的停顿,降低工作效率。因而掌握和熟悉数控机床的工作原理、组成结构,是做好维护、维修工作的基础。此外,数控机床在企业中一般处于关键工作岗位的关键工序上,若出现故障后不能及时修复,将会给生产单位造成很大的损失。

虽然现代数控系统的可靠性不断提高,但在运行过程中因操作失误、外部环境的变化等因素影响,仍免不了出现故障。为此,数控机床具有了自诊断能力,能对故障环节及时发出故障报警,操作人员或维修人员可及时查找故障环节并排除故障,尽快恢复生产。

二、数控机床故障诊断及维护的内容

数控机床由机械和电气两大部分组成,每个部分都有可能发生故障。

机械部分故障诊断及维护的主要内容有:主轴箱的冷却和润滑,导轨副和丝杠螺母副的间隙调整、润滑及支承的预紧,液压和气动装置的压力和流量调整等。

从电气角度来看,数控机床与普通机床不同的是,前者用电气驱动替代了普通机床的机械传动,相应的主运动和进给运动由主轴电动机和伺服电动机完成,而电动机的驱动必须有相应的驱动装置及电源配置。切削状态、温度及各种干扰因素的影响,都可能使伺服性能、电气参数发生变化或电气元件失效而引起故障。另外,数控机床用可编程控制器(PLC)替代了普通机床强电柜中大部分的机床电器,从而实现对主轴、进给、换刀、润滑、冷却、液压和气动等系统的逻辑控制。数控机床使用过程中,特别要注意的是机床上各部位的按钮、行程开关、接近开关及继电器、电磁阀等机床电器开关,因为这些开关信号作为可编程控制器的输入和输出控制,其可靠性将直接影响到机床能否正确执行动作,这类故障是数控机床最常见的故障。

因此,电气系统的故障诊断及维护内容多,涉及面广,是维护和故障诊断的重点部分。就其故障诊断的难易程度而言,电气部分也显得稍难一些。电气部分故障诊断及维护的主

要内容有以下几方面。

(1)驱动电路。主要指与坐标轴进给驱动和主轴驱动的连接电路。

(2)位置反馈电路。指数控系统与位置检测装置之间的连接电路。

(3)电源及保护电路。由数控机床强电线路中的电源控制电路构成。强电线路由电源变压器、控制变压器、各种断路器、保护开关、接触器、熔断器等连接而成,可为交流电动机(如液压泵电动机、冷却泵电动机及润滑泵电动机等)、电磁铁、离合器和电磁阀等功率执行元件供电。

(4)开/关信号连接电路。开/关信号是数控系统与机床之间的输入/输出控制信号。输入/输出信号在数控系统和机床之间的传送通过 I/O 接口进行。数控系统中各种信号均可用机床数据位"1"或"0"来表示。数控系统通过对输入开关量的处理,向 I/O 接口输出各种控制命令,控制强电线路的动作。

就数控系统来说,20 世纪 80 年代中期以前,由于当时 CPU 的性能低,采用硬件要比软件快得多,所以硬件品质的高低就决定了当时数控系统品质的高低。数控系统类似计算机产品,将外购的电子元器件焊(贴)到印制电路板上成为板卡级产品,通过接插件等连接,再连接外设就成为系统级最终产品。其关键技术如元器件筛选、印制电路板、焊接和贴附、生产过程及最终产品的检验和整机的拷机等都极大地提高了数控系统的可靠性。由于微电子技术的迅猛发展和微机进入数控系统,在数控系统性能水平方面,已由硬件竞争转到软件竞争。

数控机床故障就发生的部位来分常见的有五大类:CNC 装置故障、伺服系统故障、主轴系统故障、刀具系统故障和其他部位故障。在这五大类中,CNC 装置故障、伺服系统故障和刀具系统故障占整个数控机床故障的 84%。其中 CNC 装置故障约占 31%,伺服系统故障约占 25%,刀具系统故障约占 28%。而主轴系统故障和其他部位故障仅分别占 3% 和13%。有资料表明:数控机床操作、保养和调整不当占整个故障的 57%,伺服系统、电源及电气控制部分的故障占整个故障的 37.5%,而数控系统的故障只占 5.5%。

三、数控机床故障诊断及维护性能指标

数控机床是一种高效的自动化机床,它是将电力电子、自动化控制、电机、检测、计算机、机床、液压、气动和加工工艺等技术集中于一身,具有高精度、高效率和高适应性的特点。要发挥数控机床的高效益,就要保证它的开动率,这就对数控机床提出了稳定性和可靠性的要求,所以衡量上述要求的指标有:

(1)平均无故障时间(Mean Time Between Failure,简称 MTBF)。平均无故障时间的含义是:可修复产品在两次故障之间能正常工作的时间的平均值,也就是产品在寿命范围内总工作时间与总故障次数的比。

$$MTBF = \frac{总工作时间}{总故障次数} \quad (时间越长越好)$$

(2)平均修复时间(Mean Time to Restore,简称 MTTR)。平均修复时间是指数控机床在寿命范围内,每次从出现故障开始维修至能正常工作所用的平均时间。显然,这个时间越短越好。除必要的物质条件外,诊断人员的水平在这里起主导作用。

$$MTTR = \frac{总修理时间}{总故障次数} \quad (时间越短越好)$$

（3）平均有效度 A。这是从可靠性和可维修度对数控机床的正常工作概率进行综合评价的尺度，是指一台可维修的数控机床在某一段时间内，维持其性能的概率。

$$A = \frac{\mathrm{MTBF}}{\mathrm{MTBF} + \mathrm{MTTR}} \qquad （小于 1，越接近 1 越好）$$

为了提高 MTBF，降低 MTTR，一方面要加强日常维护，延长无故障时间；另一方面当出现故障后，要尽快诊断出故障的原因并加以修复。现代化的设备需要现代化的科学管理，数控机床的综合性和复杂性决定了数控机床的故障诊断及维护有自身的方法和特点，掌握好这些方法，可以保证数控机床稳定可靠地运行。特别是对柔性制造系统（FMS），任何一台数控机床出故障都会影响到整条生产线的运行，因此快速诊断排除故障和加强日常维护减少故障就显得更重要了。

任务二　数控机床故障诊断及维护的基本要求

一、对维修人员的要求

数控机床是技术密集型和知识密集型的机电一体化产品，因此对其维修人员要有较高的要求，维修人员必须具备以下素质及技能要求。

（一）强烈的责任心与良好的职业道德

严谨科学的工作作风与良好的工作习惯是维修人员必须具备的。数控机床维修人员要善于总结和积累知识，在每次排除故障后，应对诊断排除故障的工作进行分析和记录，摸索是否有更好的解决方案；还必须善于借鉴他人的经验，对不同的故障形式进行归类，积累经验，养成严谨的工作作风与良好的工作习惯。例如，认真分析他人与自己故障维修的成功案例，分析常见故障与偶发故障的特殊现象及其产生原因，寻找并建立查找故障的优化程序；将故障现象、分析步骤、排除方法等进行归纳整理进行故障统计分析；对重复性较高的故障进行重点研究，改善维修方法；对偶发性故障，找出真正的故障成因，并采取有效的预防措施。

（二）专业知识面广

维修人员应具有较高文化程度，掌握或了解计算机原理、电子技术、电工原理、自动控制与电力拖动、检测技术、机械传动及机加工工艺方面的基础知识。既要懂机，又要懂电。电包括强电和弱电；机包括机械、液压和气动技术。维修人员还必须经过数控技术方面的专门学习和培训，掌握数字控制、伺服驱动及 PLC 的工作原理，懂得 PLC 编程。

（三）具有一定的专业外语阅读能力

数控系统的操作面板、CRT 显示屏以及数控机床有关技术手册有很多外文资料，不懂外文就无法阅读这些技术资料，无法掌握人机对话功能，甚至无法识别报警提示的含义。所以，称职的数控维修人员必须努力提高自己的外语阅读能力。

（四）安全意识强

数控机床维修人员除了一般维修人员应该具有的基本安全常识之外，还必须具有数控机床维修所特有的安全常识。维修人员必须在维修前的技术准备中，首先了解设备的安全要求事项，如了解机床有几个急停按钮及其具体分布位置、各熔断器要求的熔丝规格、带电操作的高压危险位置、不得随意更改的那些机床参数、可调电位器的分布位置及其调整方向与范围、该设备更换后备电池、人体未放静电之前不得随意触摸集成块等知识。使用工具测量时,必须防止仪表测头造成元器件的短路,以致导致系统故障或扩大故障的严重后果。维修时必须确保人身与设备的安全。

（五）勤于学习,善于分析

数控维修人员应该是一个勤于学习的人,不仅要有较广的知识面,而且应对数控系统有深入的了解。要读懂并掌握数控机床的技术资料,必须刻苦钻研,反复阅读,学做合一。数控设备不同型号的系统差别较大,需要不断学习更新知识。当前数控技术正随着计算机技术的迅速发展而发展,如 AI 的人机对话系统越来越广泛地应用于新的系统中,与传统数控系统的区别日益增大,对维修人员来说需要不断地学习。

数控维修人员需要善于分析,数控系统故障现象复杂,原因各不相同,它涉及电、机、液、气各种技术,就数控系统的维修而言,需要计算机的硬件和软件技术,对众多的故障原因做出正确的分析判断是至关重要的。

（六）维修人员应具有数控机床操作的技能

数控系统的修理维护离不开对数控机床的实际操作,维修人员应掌握数控机床的基本操作方法,尤其是对数控机床维修有关的操作,如查看报警信息,检查、修改参数,调用自诊断功能,进行 PLC 接口位查寻,系统数据的输入、输出等。维修人员还应会编制简单的典型数控加工程序,对机床进行手动和试运行操作,应会使用维修所必要的工具、仪表和仪器。

对数控维修人员来说,胆大心细,既敢于动手,又细心、有条理是非常重要的。只有敢于动手,才能深入理解系统原理、故障机理,才能一步步缩小故障范围,找到故障原因。所谓"细心",就是在动手检修时,要先熟悉情况,后动手,不盲目蛮干。

二、基本技术资料

寻找故障的准确性和寻求较好的维修效果,取决于维修人员对数控系统的熟悉程度和运用技术资料的熟练程度。所以,数控机床维修人员在平时应认真整理和阅读有关数控系统的重要技术资料。对于数控机床重大故障的维修,应具备以下技术资料。

（一）有关使用说明书

它是由机床生产厂家编制并随机床提供的资料,通常包括:机床的操作过程与步骤;机床电气控制原理图;机床主要传动系统以及主要部件的结构原理示意图;机床安装和调整的方法与步骤;机床的液压、气动、润滑系统图;机床使用的特殊功能及其说明等。

（二）数控装置方面的资料

应有数控装置安装、编程、操作面板布置以及操作和维修方面的技术说明书,内容包括:操作面板布置及其操作方法;内部各电路板的技术要点及其外部连接图;系统参数的意义及其设定方法;自诊断功能和报警清单;接口的分配及其含义等。通过上述资料,维修人员要了解 CNC 原理框图、结构布置、各电路板的作用及板上发光管指示的意义;可通过面板对数控系统进行各种操作,进行自诊断检测,检查和修改参数并能做出备份;能熟练地通过报警信息确定故障范围,对数控系统提供的维修检测点进行测试,充分利用系统的自诊断功能。

（三）伺服单元方面的资料

伺服单元方面的资料包括进给伺服驱动系统和主轴伺服单元的原理、连接、调整和维修方面的技术说明书,内容包括:电气原理框图和接线图;主要的报警显示信息以及重要的调整点和测试点;各伺服单元参数的意义和设置方法。维修人员应掌握伺服单元的原理,熟悉其连接;能从单元面板上的故障指示发光管的状态和显示屏上显示的报警号确定故障范围;测试关键点的波形和状态,做出比较;检查和调整伺服参数,对伺服系统进行优化。

（四）PLC 方面的资料

PLC 的资料是根据机床的具体控制要求设计、编制的机床辅助动作控制软件。在 PLC 程序中包含了机床动作的执行过程,以及执行动作所需的条件,它表明了指令信号、检测元件与执行元件之间的全部逻辑关系。另外,在一些高档的数控系统中,利用数控系统的显示器可以直接对 PLC 程序的中间寄存器状态点进行动态监测和观察,为维修提供了极大的便利,因此,在维修中一定要熟悉、掌握这方面的操作和使用技能。PLC 的资料一般包括:PLC 装置及其编程器的连接、编程、操作方面的技术说明书;PLC 用户程序清单或梯形图;I/O 地址及意义清单;报警文本以及 PLC 的外部连接图。

（五）辅助装置部分的资料

在数控机床上往往会使用较多的功能部件,如数控转台、自动换刀装置、润滑与冷却系统、排屑器等。这些功能部件的生产厂家一般都提供了较完整的使用说明书,机床生产厂家应将其提供给用户,以便当功能部件发生故障时作为维修的参考。

（六）维修记录

维修记录是维修人员对机床维修过程的记录与维修的总结。维修人员应对自己所进行的每一步的维修情况进行详细记录,而不管当时的判断是否正确。这样不仅有助于今后的维修,而且有助于维修人员的经验总结与提高。

（七）其他

有关元器件方面的技术资料也是必不可少的,如数控设备所用的元器件清单、备件清单,以及各种通用的元器件手册。维修人员应熟悉各种常用的元器件和一些专用元器件的生产厂家及订货编号,以便一旦需要,就能够较快地查阅到有关元器件的功能、参数及代用型号。

以上都是在理想情况下应具备的技术资料,但是实际中往往难以做到。因此在必要时,数控机床维修人员应通过现场调试、平时积累等方法完善和整理有关技术资料。

三、常用的维修工具

（一）测量用仪表

(1) 交流电压表:用于测量交流电源电压,测量误差应在 ±2% 以内。

(2) 直流电压表:用于测量直流电源电压,电压表的最大量程分别为 10 V 和 30 V,误差应在 ±2% 以内,用数字式电压表更好。

(3) 相序表:在维修晶闸管直流驱动装置时,检查三相输入电源的相序。

(4) 示波器:频带宽度应在 5 MHz 以上,双通道,便于波形的比较。

(5) 万用表:分机械式和数字式,其中机械式应是必备的。

(6) 钳形电流表:在不断线的情况下,用于测量电动机的驱动电流。

(7) 机外编程器:用于监控 PLC 的 I/O 状态和梯形图。

(8) 振动检测仪:用于检测机床的振动情况,如电子听诊器及频谱分析仪等。

(9) 千分表和百分表:用于测量机床移动距离、反向间隙值等。通过长度测量,可以大致判断机床的定位精度、重复定位精度、加工精度等。根据测量值可以调整数控系统的电子齿轮比、反向间隙等主要参数,用以恢复机床精度。它是机械部件维修、测量的主要检测工具。

(10) PLC 编程器:不少数控系统的 PLC 控制器使用专用的编程器才能对其进行编程、调试、监控和检查。例如 SIEMENS 的 PGT10、PG750、PG865,OMRON 的 GPC01～GPC04、PRO13～PRO27 等。这些编程器可以对 PLC 程序进行编辑和修改,监视输入和输出状态及定时器、移位寄存器的变化值,并可在运行状态下修改定时器和计数器的设定值;可强制内部输出,对定时器、计数器和位移寄存器进行置位和复位等。有些带图形功能的编程器还可显示 PLC 梯形图。

(11) IC 测试仪:可用来离线快速测试集成电路的好坏。进行芯片级维修时,它是必需的仪器。

(12) 逻辑分析仪和脉冲信号笔:这是专门用于测量和显示多路数字信号的测试仪器,通常分为 8 个、16 个和 64 个通道,即可同时显示 8 个、16 个或 64 个逻辑方波信号。与显示连续波形的通用示波器不同,逻辑分析仪显示的是各被测点的逻辑电平、二进制编码或存储器的内容。

(二) 工具

(1) "十"字形螺钉旋具:规格应齐全。

(2) "一"字形螺钉旋具:规格应齐全。

(3) 电烙铁:这是最常用的焊接工具,一般应采用 30 W 左右的尖头、带接地保护线的内热式电烙铁,最好使用恒温式电烙铁。

(4) 钳类工具:常用的有平头钳、尖嘴钳、斜口钳、剥线钳、压线钳、镊子等。

(5) 扳手类工具:大小活动扳手,各种尺寸的内、外六角扳手等各一套。

(6) 化学用品:松香、纯酒精、清洁触点用喷剂、润滑油等。

(7) 其他:剪刀、刷子、吹尘器、清洗盘、卷尺等。

(三) 使用仪器注意事项

万用表和示波器是维修时经常要用到的仪器,使用时要特别注意,因为印制线路板上元件的密度高,元件间的间隙很小,一不小心会将表笔与其他元件相碰,可能引起短路,甚至造成元件损坏。在使用示波器时,要注意被测电路是否能与地相连,或将示波器做接地处理,以免引起元器件不必要的损坏。

四、数控机床的操作规程

操作规程是保证数控机床安全运行的重要措施,操作者必须按操作规程的要求操作。为了正确地使用数控设备,保证数控机床的正常运转,必须制定完善的操作规程。通常应当做到以下几个方面。

(1) 机床通电后,检查各开关、按钮和按键是否正常灵活,机床有无异常现象。

(2) 检查电压、气压、油压是否正常,有手动润滑的部位先要进行手动润滑。

(3) 各坐标轴手动回零(机械原点),若某轴在回零前已在零位,必须先将该轴移动离零点一段距离后,再进行手动回零。

(4) 在进行工作台回转交换时,台面、护罩、导轨上不得有障碍物。

（5）切削加工前,机床应低速空运转 15 min 以上,使机床达到热平衡状态。

（6）程序输入后应认真核对保证无误,包括指令、地址、数值、正负号及语法等项。

（7）按工艺规程,找正定位,并安装好夹具。

（8）正确测量和计算工件坐标系,并对所得结果进行验证和验算。

（9）将工件坐标系输入到偏置页面,并对坐标值、正负号及小数点进行认真核对。

（10）未装工件以前,空运行一次程序,看程序能否顺利执行、刀具长度选取及夹具安装是否合理、有无超程现象。

（11）刀具补偿值(长度、半径)输入后,要对刀补号、补偿值、正负号、小数点进行认真核对。

（12）装夹工件,注意螺钉压板是否妨碍刀具运动,检查零件毛坯和尺寸有无超程现象。

（13）检查各刀头的安装方向及各刀具旋转方向是否符合程序要求。

（14）查看各刀杆前后部位的形状和尺寸是否符合加工工艺要求,是否会与工件、夹具发生干涉。

（15）镗刀尾部露出刀杆直径部分,必须小于刀尖露出刀杆直径部分。

（16）检查每把刀柄在主轴孔中是否都能拉紧。

（17）无论是首次加工的零件,还是周期性重复加工的零件,首件必须对照工艺、程序和刀具调整卡,进行逐把刀、逐段程序的试切。

（18）单段程序加工试切时,快速倍率开关必须打到最低挡。

（19）每把刀在首次使用前或刀刃磨削之后,必须先验证它的实际长度与所给刀补值是否相符。

（20）在程序运行中,要重点观察数控系统上的坐标显示、工作寄存器和缓冲寄存器显示,以了解目前刀具运动点在机床坐标系及工件坐标系中的位置,了解这一程序段的运动量、剩余多少运动量及正在执行程序段的具体内容。

（21）首件加工时,在刀具运行至距工件表面 30～50 mm 处,必须在进给保持(程序暂停)下,验证 Z 轴剩余坐标值和 X、Y 轴坐标值与图纸是否一致。

（22）对一些有试刀要求的刀具,采用"渐进"的方法,如镗孔可先试镗一小段长度,检测合格后,再镗到整个长度,边试切边修改刀具半径补偿值。

（23）程序修改后,对修改部分一定要仔细计算和认真核对。

（24）手轮进给和手动连续进给操作时,必须检查各种开关所选择的位置是否正确,弄清正负方向,认准按键,然后再进行操作。

（25）零件加工完成后,应核对刀具号、刀补值,使程序、偏置页面、调整卡及工艺中的刀具号、刀补值完全一致。

（26）加工完毕后,应从刀库中卸下刀具,按调整卡或程序清理编号入库。

（27）卸下夹具,某些夹具应记录安装位置及方位,并存档。

（28）清扫机床。

（29）将各坐标轴停在中间位置。

（30）长期不使用的数控机床要每周通电 1～2 次,每次空运行 1 h 左右,以防电气元件受潮。

任务三　认知故障特点与分类

一、数控机床故障的特点

数控机床故障是指数控机床失去了规定的功能。随机床使用时间不同,数控机床故障发生率是不相同的,其关系如图 2-1 所示。从图中可以看出,在机床的使用期间大致可以分为三个阶段,即磨合期(失效区)、稳定工作期(稳定区)和衰退期(老化区)。

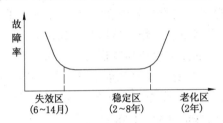

图 2-1　故障率随时间变化曲线

(一)磨合期

新机床在安装调试后,在半年到一年左右的时间内,由于机床各零部件的加工表面还存在几何形状偏差,以及电气元件受到交变负荷等冲击,故障频率较高,一般没有规律。其中,电气、液压和气动系统故障占比为 90% 左右。

(二)稳定工作期

机床在经历了初期磨合后,进入了稳定工作期。这时故障发生率较低,但由于使用条件和人为的因素,偶发故障在所难免,所以在稳定期内故障诊断非常重要。在此期间,机、电故障发生的概率差不多,并且大多数可以排除。这个时期一般为 6～10 年。

(三)衰退期

机床零部件在正常寿命之后,开始迅速磨损和老化,故障发生率逐渐增高。此时期的故障大多数具有规律,属于渐变性的并且大部分可以排除。

数控机床本身的复杂性使其故障诊断具有复杂性和特殊性。引起数控机床故障的因素是多方面的,有些故障现象是机械方面的,但是引起故障的原因却是电气方面的;有些故障现象是电气方面的,然而引起故障的原因是机械方面的;有些故障是由电气方面和机械方面共同引起的。因而,对同一个现象,既可能是机械的问题,也可能是电气的原因,或许两者兼而有之,非常复杂。这就要求必须根据实际情况进行综合考虑,只有这样才能做出正确判断。

二、数控机床常见故障分类

数控机床故障的种类很多,一般可以按起因、性质、发生部位、自诊断、软(硬)件故障等来分类。

(一)非关联性和关联性故障

故障按起因的相关性可分为非关联性和关联性故障。所谓非关联性故障,是由于运输、安装等工作原因造成的故障。关联性故障可分为系统性故障和随机性故障。

系统性故障,通常是指只要满足一定的条件或超过某一设定的限度,工作中的数控机床必然会发生的故障。这一类故障现象很常见。例如：液压系统的压力值随着液压回路过滤器的阻塞而致使压力降到某一设定参数时，必然发生液压系统故障报警使系统停机；润滑、冷却或液压等系统由于管路泄漏引起油标下降到使用限定值，必然发生液位报警使机床停机；机床加工中因切削量过大，达到某一限值时，必然发生过载或超温报警，致使系统迅速停机。因此正确使用、维护机床可杜绝或避免系统性故障发生。

随机性故障，通常是指数控机床在同样的条件下工作时只偶然发生一次或两次的故障。由于此类故障在各种条件相同的状态下只偶然发生一两次，因此，随机性故障的原因分析与故障诊断较其他故障困难得多。这类故障的发生往往与安装质量、组件排列、参数设定、元器件品质、操作失误与维护不当以及工作环境影响等诸因素有关。例如：插件与连接组件因疏忽未加锁定、印制电路板上的元器件松动变形或焊点虚脱、继电器各开关触点因污染锈蚀以及直流电动机电刷接触不良等所造成的接触不可靠等。工作环境温度过高或过低、湿度过大、电源波动与机械振动、有害粉尘与气体污染等原因均可引发此类偶然性故障。因此，加强数控系统的维护检查，确保电气箱门的密封，严防工业粉尘及有害气体的侵袭等，均可避免此类故障的发生。

（二）有报警显示故障和无报警显示故障

数控机床故障按有无报警显示分为有报警显示故障和无报警显示故障。有报警显示故障一般与控制部分有关，故障发生后可以根据故障报警信号判别故障的原因。无报警显示故障往往表现为工作台停留在某一位置不能运动，依靠手动操作也无法使工作台动作，这类故障的排除相对有报警显示故障的排除难度要大。

（三）破坏性故障和非破坏性故障

数控机床故障按性质分为破坏性故障和非破坏性故障。对于短路、伺服系统失控造成"飞车"等故障称为破坏性故障，在维修和排除这种故障时不允许故障重复出现，因此维修时有一定的难度；对于非破坏性故障，可以经过多次试验、重演故障来分析故障原因，故障的排除相对容易些。

（四）电气故障和机械故障

数控机床故障按发生部位可分为电气故障和机械故障。

电气故障一般发生在系统装置、伺服驱动单元和机床电气控制等部位。电气故障一般是电气元器件的品质下降、焊接松动、接插件接触不良或损坏等因素引起，这些故障表现为时有时无。例如某电子元器件的漏电流较大，工作一段时间后，其漏电流随着环境温度的升高而增大，导致元器件工作不正常，影响了相应电路的正常工作。当环境温度降低了以后，故障又消失了。这类故障靠目测是很难查找的，一般要借助测量工具检查工作电压、电流或测量波形进行分析。

机械故障一般发生在机械运动部位。机械故障可以分为功能型故障、动作型故障、结构型故障和使用型故障。功能型故障主要是指工件加工精度方面的故障，这些故障是可以发现的，例如加工精度不稳定、误差大等。动作型故障是指机床的各种动作故障，可以表现为主轴不转、工件夹不紧、刀架定位精度低、液压变速不灵活等。结构型故障可以表现为主轴发热、主轴箱噪声大、机械传动有异常响声、产生切削振动等。使用型故障主要是指使用和操作不当引起的故障，例如过载引起的机件损坏等。机械故障一般可以通过维护保养和精心调整来预防。

（五）自诊断故障

数控系统有自诊断故障报警系统,它随时监测数控系统的硬件、软件和伺服系统的工作情况。当这些部分出现异常时,一般会在监视器上显示报警信息或指示灯报警或数码管显示故障号,这些故障可以称为自诊断故障。自诊断故障系统可以协助维修人员查找故障,是故障检查和维修工作十分重要的依据。对报警信息要进行仔细分析,因为可能会有多种故障因素引起同一种报警信息。

（六）人为故障和软（硬）故障

人为故障是指操作人员、维护人员对数控机床不熟悉或者没有按照使用手册要求,在操作或调整时处理不当而造成的故障。

硬故障是指数控机床的硬件损坏造成的故障。

软故障一般是指以下原因造成的数控机床故障:数控加工程序中出现语法错误、逻辑错误或非法数据;数控机床的参数设定或调整出现错误;保持 RAM 芯片的电池电路断路、短路、接触不良,RAM 芯片得不到保持数据的电压,使得参数、加工程序丢失或出错;电气干扰窜入总线,引起时序错误等。

除了上述分类外,故障按时间可以分为早期故障、偶然故障和耗损故障;按使用角度可分为使用故障和本质故障;按严重程度可分为灾难性、致命性、严重性和轻度性故障;按发生故障的过程可分为突发性故障和渐变性故障。

任务四　认知数控机床诊断原则与步骤

一、数控机床故障诊断原则

（一）先外部后内部

数控机床是集机械、液压、电气为一体的机床,其故障的发生因素必然要从机械、液压、电气这三者综合而来。数控机床的维修要求维修人员掌握"先外部后内部"的原则,即当数控机床发生故障后,维修人员应先采用望、听、嗅、问、摸等方法,由外向内逐一进行检查。比如:数控机床中外部的行程开关、按钮开关、液压气动元件以及印制电路间的连接部位,因其接触不良而造成信号传递失灵,是产生数控机床故障的重要因素。此外,工业环境中,温度、湿度变化较大,油污或粉尘对元件及电路板的污染,机械的振动等,都将对信号传送通道和接插件产生严重影响。在维修中重视这些因素,首先检查这些部位就可以迅速排除较多的故障。另外,尽量避免随意地启封、拆卸,不适当的大拆大卸,这样往往会扩大故障,使机床丧失精度,降低性能。

（二）先机械后电气

由于数控机床是一种自动化程度高、技术复杂的先进机械加工设备,一般来讲,机械故障较易察觉,而数控系统故障的诊断则难度大些。先机械后电气就是在数控机床的维修中,首先检查机械部分是否正常,行程开关是否灵活,气动、液压部分是否存在阻塞现象等。从实际的经验来看,数控机床的故障中有很大部分是由机械部分动作失灵引起的。所以,在故障检修之前,首先注意排除机械性的故障,往往可以达到事半功倍的效果。

（三）先静后动

维修人员本身要做到先静后动,不可盲目动手,应先询问机床操作人员故障发生的过程及状态、阅读机床说明书等资料,然后方可查找处理故障。其次,对有故障的机床也要本着先静后动的原则,先在机床断电的静止状态,通过观察、测试、分析,确认为非恶性故障或非破坏性故障后,方可给机床通电,在运行工况下进行动态的观察、检验和测试,查找故障。对恶性的破坏性故障,必须先排除危险,然后方可通电,在运行工况下进行动态诊断。

(四)先公用后专用

公用性的问题往往影响全局,而专用性的问题只影响局部。如机床的几个进给轴都不能运动,这时应先检查和排除各轴公用的 CNC、PLC、电源、液压等部分的故障,然后再设法排除某轴的局部问题。如电网或主电源故障是全局性的,一般首先检查电源部分看看熔丝是否正常、电压输出是否正常。

(五)先简单后复杂

当出现多种故障互相交织,一时无从下手时,应先解决容易的问题,再解决难度较大的问题。常常在解决简单故障过程中,难度大的问题也可能变得容易,或者在排除简单故障过程中受到启发,对复杂故障的认识更为清晰,从而也有了解决办法。

(六)先一般后特殊

在排除某一故障时,要先考虑最常见的可能原因,然后再分析很少发生的特殊原因。例如:一台 FANUC 数控车床 Z 轴回零不准,常常是降速挡块位置走动造成的。一旦出现这一类故障,先检查该挡块位置是否有问题,排除可能性之后,再检查脉冲编码器、位置控制等环节。

二、数控机床故障诊断步骤

无论是处于哪一个故障期,数控机床故障诊断的一般步骤都是相同的。当数控机床发生故障时,除非出现危急数控机床和人员安全的紧急情况,一般不要关断电源,要尽可能地保持数控机床原来的状态不变,并且对出现的一些信号和现象做好记录,内容如下。

(1)故障现象的详细记录。

(2)故障发生的操作方式及内容。

(3)报警号及故障指示灯的显示内容。

(4)故障发生时数控机床各部分的状态与位置。

(5)有无其他偶然因素,如突然停电、外线电压波动较大、某部位进水等。

数控机床一旦发生故障,首先要沉着冷静,根据故障情况进行综合分析,结合数控机床的故障初步判别框图(图 2-2),确定查找故障的方法和手段,然后有计划、有目的地一步步仔细检查,不可急于动手,或仅凭看到的部分现象,主观臆断乱查一通。这样做具有很大的盲目性,即使查到故障也是碰巧,可能越查越乱,走很多弯路,甚至造成严重的后果。因此故障诊断一般按下列步骤进行。

(一)详细了解故障情况

(1)首先应要求操作者尽量保持现场故障状态,不做任何处理,这样有利于迅速精确地分析故障原因。同时仔细询问故障指示情况、故障现象及故障产生的背景情况,依此做出初步判断,以便确定现场排除故障所应携带的工具、仪表、图纸资料、备件等,减少往返时间。

(2)到达现场后,要验证操作者提供的各种情况的准确性、完整性,从而核实初步判断的准确度。可能由于操作者的水平有限,对故障状况描述存在不清或完全不准确的情况,因此维修人员到现场后仍然不要急于动手处理,要重新仔细调查各种情况,避免破坏故障现

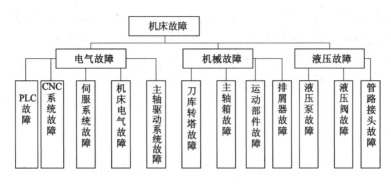

图 2-2 故障初步判别框图

场,增加排除故障的难度。

（3）根据已知的故障状况,按上述故障分析办法分析故障类型,确定排除故障的原则。由于大多数故障是有指示的,所以一般情况下,对照机床配套的数控系统诊断手册和使用说明书,列出产生该故障的多种可能的原因后,再进行排查。

（4）对多种可能的原因进行排查,从中找出本次故障的真正原因,这是对维修人员对该机床的熟悉程度、知识水平、实践经验和分析判断能力的综合考验。

（5）有的故障排除方法可能很简单,有的较复杂,因此前期需要做一系列的准备工作,如工具仪表的准备、局部的拆卸、零部件的修理、元器件的采购甚至排除故障计划步骤的制定等。例如,当数控机床发生颠振、振动或超调现象时,要弄清楚是发生于全部轴还是某一轴;如果是某一轴,是全程还是某一位置;是一运动就发生还是仅在快速、进给状态下某一速度、加速或减速的某个状态下发生。为了进一步了解故障情况,要对数控机床进行初步检查,并着重检查 CRT 上的显示内容、控制柜中的故障指示灯、状态指示灯或报警用的数码管。当故障情况允许时,开机试验,详细观察故障情况。

（二）确定故障源查找的方向和手段

对故障现象进行全面了解后,下一步可根据故障现象分析故障可能存在的位置,即哪一部分出现故障可能导致如此现象。有些故障与其他部分联系较少,容易确定查找的方向;有些故障原因很多,难以用简单的方法确定出故障源查找方向,这就要仔细查阅有关的数控机床资料,弄清楚与故障有关的各种因素,确定若干个查找方向,并逐一查找。

（三）由表及里进行故障源查找

故障查找一般是从易到难、从外部到内部逐步进行。所谓难易,包括技术上的复杂程度和拆卸装配方面的难易程度。技术上的复杂程度是指判断故障位置及其解决故障办法的难易程度。拆卸装配方面,指在故障诊断的过程中,首先应该检查可直接接近或经过简单的拆卸即可检查的那些部位,然后检查需要大量的拆卸工作后才能接近和检查的那些部位。

任务五　认知常见数控机床故障检查方法

一、常见数控机床故障检测方法

（一）直观法

直观法主要是利用人的手、眼、耳、鼻等器官对故障发生时的各种光、声、味等异常现象的观察,以及认真查看系统的每一处。遵循先外后内的原则,诊断故障采用望、听、嗅、问、摸等方法,由外向内逐一检查,可将故障范围缩小到一个模块或一块印刷线路板。这要求维修人员具有丰富的实际经验,要有多学科的知识和综合判断的能力。比如,数控机床加工过程中突然出现停机。打开数控柜检查发现 Y 轴电动机主电路保险烧坏,再检查是与 Y 轴有关的部件所导致的,最后发现 Y 轴电动机动力线有几处磨破,搭在床身上造成短路。更换动力线后故障消除,机床恢复正常。

（二）自诊断功能法

自诊断功能法就是利用数控系统对数控机床自身的硬件和软件进行自我检查、自我诊断的方法。

（三）数据和状态检查法

CNC 系统的自诊断通过在 CRT 上显示故障报警信息,同时利用多页的"诊断地址"和"诊断数据"形式提供机床参数和状态信息,常见的有以下几个方面。

（1）接口检查。数控系统与机床之间的输入/输出接口信号包括 CNC 与 PLC,PLC 与机床之间接口输入/输出信号。数控系统的输入/输出接口诊断能将所有开关量信号的状态显示在 CRT 上。用"1"或"0"表示信号的有无,利用状态显示,检查数控系统是否已将信号输出到机床侧,机床侧的开关量等信号是否已输入到数控系统,从而可将故障定位在机床侧或是在数控系统侧。

（2）参数检查。数控机床的机床数据是经过一系列试验和调整而获得的重要参数,是机床正常运行的保证。这些数据包括增益、加速度、轮廓监控允差、反向间隙补偿值和丝杠螺距补偿值等。当受到外部干扰时,会使数据丢失或发生混乱,机床不能正常工作。

（四）报警指示灯显示故障

现代数控机床的数控系统内部,除了上述的自诊断功能和状态显示等"软件"报警外,还有许多"硬件"报警指示灯,分布在电源、伺服驱动和输入输出等装置上,根据这些报警灯的指示可判断故障的原因。

（五）备板置换法

利用备用的电路板来替换有故障疑点的模板,是一种快速而简便的判断故障原因的方法,常用于 CNC 系统的功能模块,如 CRT 模块、存储器模块等。

需要注意的是,备板置换前,应检查有关电路,以免由于短路而造成好板损坏,同时,还应检查试验板上的选择开关和跨接线是否与原模板一致,有些模板还要注意板上电位器的调整。置换存储器板后,应根据系统的要求,对存储器进行初始化操作,否则系统仍不能正常工作。

（六）功能程序测试法

功能程序测试法就是将数控系统的常用功能和特殊功能,如直线定位、圆弧插补、螺旋切削、固定循环、用户宏程序等用手工编程或自动编程方法,编制成一个功能程序,输入数控系统中,然后启动数控系统使之运行,借以检查机床执行这些功能的准确性和可靠性,进而判断出故障发生的可能原因。本方法对于长期闲置的数控机床第一次开机时的检查以及机床加工造成废品但又无报警,一时难以确定是编程错误或是操作错误情况的一个较好的判断方法。

（七）交换法

在数控机床中,常有功能相同的模块或单元,将相同模块或单元互相交换,观察故障转移的情况,这样能快速确定故障部位。这种方法常用于伺服进给驱动装置的故障检查,也可用于两台相同数控系统间相同模块的互换。

（八）测量比较法

CNC 系统生产厂在设计印刷线路板时,为了调整、维修的便利,在印刷线路板上设计了多个检测端子。用户也可利用这些端子,检测这些测量端子的电压和波形,分析故障的起因和故障的所在位置。甚至,有时还可对正常的印刷线路板人为地制造"故障",如断开连线或短路、拔去组件等,以判断真实故障的起因。因为 CNC 系统生产厂往往不提供有关这方面的资料,为此,维修人员应在平时积累印刷线路板上关键部位或易出故障部位在正常时的正确波形和电压值。

（九）敲击法

当系统出现的故障若有若无时,往往可用敲击法检查出故障的部位所在。这是由于CNC 系统是由多块印刷线路板组成,每块板上有许多焊点,板间或模块间又通过插接件及电线相连。因此,任何虚焊或接触不良,都可能引起故障。当用绝缘物轻轻敲打有虚焊及接触不良的疑点处时,故障肯定会重复再现。

（十）局部升温法

CNC 系统经过长期运行后元器件均要老化,性能降低。当它们尚未完全损坏时,出现的故障会变得时有时无。这时可用热吹风机或电烙铁等来局部升温被怀疑的元器件,加速其老化以便彻底暴露故障部件。当然,采用此法时,一定要注意元器件的温度参数,不要将原本好的器件烤坏。

例如:西门子某系统的机床在工作 40 min 后出现 CRT 变暗现象。关机数小时后再开机,恢复正常,但 40 min 后又复发,故障发生时机床其他部分均正常,可初步断定是 CRT 箱内元件,与温度的变化有关。于是人为地使 CRT 箱内风扇停转,几分钟后故障重现。可见箱内电路板热稳定性差,调换后故障消失。

（十一）原理分析法

根据 CNC 系统的组成原理,可从逻辑上分析各点的逻辑电平和特征参数(如电压值或波形),然后用万用表、逻辑笔、示波器或逻辑分析仪进行测量、分析和比较,进而对故障定位。运用这种方法,要求维修人员必须对整个系统或每个电路的原理都要有清楚的理解与认识。

例如:某数控车床出现 Y 轴进给失控,无论是点动或是程序进给,导轨一旦移动起来就不能停下来,直到按下紧急停止为止。根据数控系统位置控制的基本原理,可以确定故障出在 Y 轴的位置环上,并很可能是位置反馈信号丢失,这样,一旦数控装置给出进给量的指令位置,反馈的实际位置始终为零,位置误差始终不能消除,导致机床进给的失控。拆下位置测量装置脉冲编码器进行检查,发现编码器里信号线已断,导致无反馈输入信号,更换 Y 轴编码器后,故障排除。

除了以上常用的故障检查测试方法外,还有拔板法、电压拉偏法、开环检测法等。包括上面提到的诊断方法在内,所有检查方法各有特点,应按照不同的故障现象,同时选择几种方法灵活应用,对故障进行综合分析,逐步缩小故障范围,快速地排除故障。

二、数控机床故障诊断技术的发展

在科学技术飞速发展的今天,任何一项新技术的产生和发展都不是孤立的,而是互相渗透的。随着集成电路和计算机性能的提高,近年来,国外已将一些新的概念和方法引入诊断领域,使诊断技术上升到一个全新的高度,这些新的诊断技术主要有通信诊断、人工智能专家诊断系统、自修复系统、人工神经网络诊断和多传感器信息融合技术等。

(一) 通信诊断

通信诊断也称远距离诊断,用户只需把 CNC 系统中的专用"通信接口"连接到通信线上,其通过维修中心的专用通信诊断计算机进行诊断。由通信诊断计算机向用户 CNC 系统发送诊断程序,并将测试数据反馈回诊断计算机,让它进行分析并得出结论,最后再将诊断结论和处理方法通知用户。通信诊断不仅用于故障发生之后对数控系统进行诊断,而且还可进行用户的定期预防性诊断,只需按预定的时间对机床做一系列试运行检查,将检查数据通过通信线送入维修中心的专用计算机进行分析处理,维修人员不必亲临现场,就可发现系统可能出现的故障及隐患。

(二) 自修复系统

自修复系统就是在系统内安装了备用模块,并在 CNC 系统的软件中装有自修复程序。该程序运行时,一旦发现某个模块有故障,系统一方面将故障信息显示在 CRT 上,另一方面自动寻找是否有备用模块。如果存在备用模块,系统将使故障模块脱机而接通备用模块,从而使系统较快地恢复到正常工作状态。

(三) 人工智能专家诊断系统

人工智能专家诊断系统是将专业技术人员、专家的知识和维修技术人员的经验整理出来,运用推理的方法编制成计算机故障诊断程序库。专家诊断系统主要包括知识库和推理机两部分。

知识库中以各种规则形式存放着分析和判断故障的实际经验和知识。推理机对知识库中的规则进行解释,运行推理程序,寻求故障原因和排除故障的方法。操作人员通过 CRT/MDI 用人机对话的方式使用专家诊断系统。操作人员输入数据或选择故障状态,从专家诊断系统中获得故障诊断的结论。如 FANUC15 系统中就引入了专家诊断功能。

(四) 人工神经网络诊断

神经网络理论是在现代神经科学研究成果的基础上发展起来的,神经网络由许多并行的功能单元组成,这些单元类似生物神经系统的单元。神经网络反映了人脑功能的若干特性,是一种抽象的数学模型。这种方法将被诊断系统的症状作为网络的输入,将所要求得到的故障原因作为网络的输出,并且神经网络将经过学习所得到的知识以分布的方式存储在网络上,每个输出神经元对应着一个故障原因。目前常用的算法有:误差反向传播(BP)算法、双向联想记忆(BAM)模型法和模糊认识映射(FCM)法等。神经网络的特点是信息的分布式存储和其并行协同处理,它有很强的容错性和自适应性,善于联想、综合和推广。数控机床故障诊断采用神经网络,可解决某些难以用传统方法处理的故障诊断的手段和方法,是数控机床故障诊断与维修技术的发展方向。

(五) 多传感器信息融合技术

要保证数控机床长期无故障运行及在故障情况下快速诊断和排除故障,需要监测系统进行加工状态监视,以及提供故障情况下的状态信息。另外还需要信息处理技术对状态信息分析提取特征,以供监视或故障诊断使用。由于数控系统内在的复杂性和关联性,多传感器信息融合概念的提出,为 CNC 状态监测开辟了新途径。多传感器信息融合就是充分合理地选取各种传感器,提取对象的有效性信息,充分利用多个传感器资料,通过对它们合理支配和使用,把多个传感器在空间或时间上的冗余信息或互补信息依据某种准则来进行组合,以获得被测对象的一致性解释或描述,使该信息系统由此获得比其他子集所构成的系统更为优越的性能。利用多传感器对 CNC 进行诊断能降低误判率、漏判率,提高诊断准确度。其方法是先对同一层次的信息进行融合,获得更高层次的信息后,再汇入相应的信息融合层次,这样从低层至顶层对多元信息进行整理合并逐层抽象,从而取得比单一传感器更准确、更具体的诊断结果。多传感器信息融合还具有大规模并行处理能力、抗干扰能力及高度的非线性特性。

　　智能集成诊断维修将传感器信息融合与人工智能技术、ANN 技术相结合,建立集监测、诊断为一体的智能集成系统,成为 CNC 故障诊断的新方向。智能集成诊断系统能充分利用多种形式的知识(经验知识、状态知识、物理知识等)诊断推理,结合多种故障信息(征兆信息、状态监测信息等)进行综合诊断,可实现实时监测与诊断,提高了智能诊断与决策水平和 CNC 机床诊断的自动化程度。因此,积极开展 CNC 机床智能集成诊断系统的研究具有重要的理论价值和实践意义。

三、维修注意事项

　　数控机床的维修工作会涉及各种危险,必须遵守与机床有关的安全防范措施。只能由专门的维修人员来进行机床的维修工作,在检查机床操作之前要熟悉机床厂家和公司提供的说明书。

　　(一)维修时的安全注意事项

　　(1)在拆开外罩的情况下开动机床时,衣服可能会卷到主轴或其他部件中,在检查操作时应站在离机床远点的地方。在检查机床运转时,要先进行不装工件的空运转操作。开始就进行实物加工,如果机床误动作,可能会引起工件掉落或刀尖破损飞出,会造成切屑飞散伤人。因此要站在安全的地方进行检查操作。

　　(2)打开电柜门检查维修时,需注意电柜中有高电压部分,切勿触碰高压部分。

　　(3)在采用自动方式加工工件时,要首先采用单程序段运行,进给速度倍率要调低,或采用机床锁定功能,并且应在不装刀具和工件的情况下运行自动循环过程,以确认机床动作正确,以免机床动作不正常引起工件和机床本身的损害或伤及操作者。

　　(4)在机床运行之前要认真检查所输入的数据,防止数据输入错误。自动运行操作中程序或数据错误可能引起机床动作失控,从而造成事故。

　　(5)给定的进给速度应该适合于预定的操作,一般来说对于每一台机床有一个可允许的最大进给速度,不同的操作所适用的最佳进给速度不同,应参照机床说明书确定最合适的进给速度,否则会加速机床磨损,甚至造成事故。

　　(6)当采用刀具补偿功能时,要检查补偿方向和补偿量,如果输入的数据不正确,机床可能会动作异常,从而可能引起对工件、机床本身的损害或伤及人员。

　　(二)更换电子器件时的注意事项

　　(1)更换电子器件必须在关闭 CNC 电源和强电主电源情况下进行。如果只关闭 CNC 的电源,强电主电源可能仍会继续向所维修部件如伺服单元供电,在这种情况下更换新装置可能会使其损坏,同时操作人员有触电的危险。

(2) 至少要在关闭电源 20 min 后才可以更换放大器。关闭电源后,伺服放大器和主轴放大器的电压会保留一段时间,因此即使在放大器关闭后也有被电击的危险,至少要在关闭电源 20 min 后,残余的电压才会消失。

(3) 在更换电气单元时,要确保新单元的参数及其设置与原来单元的相同。错误的参数会使机床运动失控,损坏工件或机床而造成事故。

(三) 设定参数时的注意事项

(1) 为避免由于输入错误的参数造成机床失控,在修改完参数后第一次加工工件时,要关闭机床防护罩,通过利用单段程序功能、进给速度倍率功能、机床锁定功能或采用不装刀具操作方式,验证机床运行正常后,才可正式使用自动加工循环等功能。

(2) CNC 和 PLC 的参数在出厂时被设定在最佳值,所以通常不需要修改其参数,由于某些原因而必须修改参数时,在修改之前要确认你完全了解其功能,如果错误地设定了参数值,机床可能会出现意外的运动,造成事故。由于 CNC 利用电池来保存其存储器中的内容,在断电时换电池,将使存储器中的程序和参数等数据丢失。当电池电压不足时,显示出电池电压不足报警,应在 1 周内更换电池,否则 CNC 存储器的内容会丢失。更换电池按说明书所述的方法进行。

(3) 绝对脉冲编码器利用电池来保存绝对位置。如果电池电压下降,会显示低电池电压报警,当显示出低电池电压报警时,要在 1 周内更换电池,否则保留在脉冲编码器中的绝对位置数据会丢失。

(4) 保险丝的更换。在更换保险丝时,先要找出并消除引起保险丝熔断的原因,然后才可以更换新的保险丝。接受过安全和维护培训的人,才可以做这项工作。

任务六 认知数控系统的故障与诊断

一、数控系统的故障

(一) 数控系统的软件故障诊断

1. 软件配置

系统软件的配置总的来说包括如下三部分。

(1) Ⅰ部分:数控系统的生产厂家研制的启动程序、基本系统程序、加工循环程序、测量循环程序等模块。出于安全和保密的需要,这些程序在系统出厂前被预先写入 EPROM。用户可以使用这部分内容,但不能修改它。如果因为意外破坏了该部分软件,应按照所使用的机床型号和所使用的软件版本号,及时与系统的生产厂家联系,要求更换或复制软件。

(2) Ⅱ部分:由机床厂家编制的针对具体机床所用的 NC 机床数据、PLC 机床程序、PLC 机床数据、PLC 报警文本。这部分软件由机床厂家在出厂前分别写入 RAM 或 EPROM,并提供有技术资料加以说明。由于存储于 RAM 中的数据由电池进行保持,所以要做好备份。

(3) Ⅲ部分:由机床用户编制的加工主程序、加工子程序、刀具补偿参数、零点偏置参数、R 参数等。这部分程序或参数是与具体的加工密切相关的,被存储于 RAM 中。

以上几部分程序均可通过多种存储介质(如软盘、硬盘、磁带等)进行备份,以便出现故障时进行核查和恢复。

2. 数控系统的软件故障现象及其成因

数控系统的软件故障现象可以有不同的成因。如键盘有故障,参数设置与开关都存在出问题的可能。同种成因可以导致不同的故障现象,有些故障现象表面是软件故障,而究其成因时却有可能是硬件故障或干扰、人为因素所造成的,所以查阅维修档案与现场调查对于诊断分析是十分重要的。

3. 数控系统软件故障的排除

对于软件丢失或参数变化造成的运行异常、程序中断、停机故障,可对数据程序更改或清除并重新输入,恢复系统的正常工作。

对于程序运行或数据处理中发生中断而造成的停机故障,可采用先进行硬件复位或关掉数控机床总电源开关然后再重新开机的方法排除故障。

NC 复位、PLC 复位能使后继操作重新开始而不会破坏有关软件和正常处理的结果,进而消除报警。对 NC、PLC 采用清除法,可能会使数据全部丢失,应注意保护不想清除的数据。

开关系统电源是清除软件故障的常用方法,但在出现故障报警或开关机之前一定要将报警的内容记录下来,以便排除故障。

4. 零件加工程序带来的故障

零件加工程序也属于数控软件的范畴,无论对数控机床的编程人员还是维修人员来说,都要能熟练掌握和运用手工编程指令进行零件加工程序的编制。零件加工程序在运行中可能带来的故障主要有程序的语法错误报警和逻辑错误报警。事实上,在实际加工过程中还会遇到许许多多的错误现象,这要结合具体情况加以诊断和防范,操作、维修人员通常利用程序来找出机床故障的多数原因。

（二）数控系统的硬件故障诊断

1. 数控系统的硬件故障现象及其成因

有些故障现象表现为硬件不工作或工作不正常,而实际涉及的成因却可能是软件的或参数设置问题。例如,有的是控制开关位置置错的操作失误。控制开关不动作可能是在参数设置为"0"状态,而有的开关位置正常（例如急停、机床锁住与进给保持开关）可能是参数设置为"1"状态等。又如伺服轴电动机的高频振动就与电流环增益参数设置有关,因此参数设置的失匹,可以造成机床的许多控制性故障。

硬件故障常指器件发生故障,包括低压电器、传感器、总线装置、接口装置、直流电源、控制器、调节器、伺服放大器等器件故障,成因可以归为两类。

一类是器件功能丧失引起的功能故障,称硬件故障。这类故障又可分成可恢复性的和不可恢复性的。如是一种不可恢复性的故障,必须换件;而接触性、移位性、污染性、干扰性（例如散热不良或电磁干扰）以及接线错误等造成的故障是可以修复的。一般采用静态检查容易查出器件本身硬性损坏。

另一类是器件的性能参数变化使部分功能丧失的性能故障,又称软件故障,如传感器松动、机床振动、噪声、温升导致动态误差大、加工质量差等。此类故障较难查找,一般需要动态检查。

机床在工作过程中可能会遇到各种不同的状况,这些不同的状况将可能引发不同机理的硬件故障。例如:长期闲置机床上的接插件接头、保险丝卡座、接地点、接触器或继电器等触点、电池夹等易氧化与腐蚀,引发功能性故障;机床拖动弯曲电缆的疲劳折断以及含有弹簧的元器件(多见于低压电器中)弹性失效;机械手的传感器、位置开关、编码器、测速发电机等易发生松动移位;存储器电池、光电池、芯片与集成电路老化及产品寿命问题,以及直流电动机电刷磨损等;传感器、低压控制器的污染;过滤器与风道堵塞以及伺服驱动单元大功率器件失效造成温升等。这些问题既可以是功能故障又可以是性能故障。

2. 数控系统硬件故障的检查与分析

数控系统的硬件故障泛指所有的电子器件、接插件、线路板(模块)等产生的故障。其故障检查过程因故障类型而异,所用方法可穿插进行,综合分析,逐个排除,无先后之分。

(1)常规检查数控系统检测法

① 检查 MDI/CRT、机床操作面板等单元的元器件外观有无破损。

② 检查控制单元、伺服驱动器、电源单元、I/O 单元、PLC、电动机及编码器等的元器件有无不良,各元器件和电线的外表是否有破损、污染。

③ 检查各连接电缆是否破损、绝缘损坏或插接不良等。

④ 如果电缆线已经更换,则应检查更换的电缆线是否符合系统要求,屏蔽层是否已经可靠连接等。

⑤ 检查面板、机床上的操作元器件是否安装牢固。

⑥ 看空气断路器、继电器是否脱扣,继电器是否有跳闸现象,熔丝是否熔断。

⑦ 检查各接线是否正确、是否有松动脱落现象、线径是否足够大、保护地是否为单点接地、安装是否牢固等。

⑧ 若有人检修过电路板,还需检查开关位置、电位器设定、短路棒、线路更改是否与原来状态相符,并注意故障出现时的噪声、振动、焦煳味、异常发热、冷却风扇是否转动正常等现象。

⑨ 定期检查元器件易损部位。如直流伺服电动机电枢电刷、测速发电机电刷是否磨损或有污物。

⑩ 电源电压的检查。电源电压正常是机床控制系统正常工作的必要条件。电源电压不正常,一般会造成故障停机,有时还会造成控制系统动作紊乱。硬件故障出现后,检查电源电压不可忽视。检查步骤可参考调试说明书,按照电源系统依次从前(电源侧)向后地检查各种电源电压。检查时应注意到电源组件功耗大、易发热,容易出故障。多数情况下的电源故障是由负载引起的,因此更应在仔细检查后续环节后再进行处理。检查电源时还要检查电源自馈电及他馈电线路的无电源部分是否获得了正常的电压,也要注意到正常时的供电状态及故障发生时电源的瞬时变化状态。

(2)I/O 信号状态分析法

初步确定故障发生在系统内部还是系统外部。当故障发生在系统外部时,还需要判别故障是由 PLC 程序逻辑条件不满足或是机床侧的元器件故障引起的。在某些情况下,机床也可能因为系统处在等待外部信号输入的状态而暂时无动作。为此在维修时,应熟练掌握系统的自诊断技术,随时检查系统、PLC、机床的接口信号状态与系统的内部工作状态,以便判断故障原因。

在维修中,系统状态的检查包括接口信号诊断与系统状态诊断两个方面。在不同的数控系统中,状态诊断的内容与方法不尽相同,维修人员应根据机床实际使用系统情况,对照有关说明书进行。

（3）故障现象分析法

故障分析是寻找故障的特征,最好是组织机械、电气技术人员及操作者会诊,捕捉出现故障时机器的异常现象,分析产品检验结果及仪器记录的内容,必要时设备还可以运行到这种故障无危险地再现,经过分析可能因素,找到故障规律和解决问题的线索。

（4）控制系统方框图分析法

根据每一方框的功能,将方框划分为一个个独立的单元。在对具体单元内部结构了解不透彻的情况下,可不管单元内容如何,只考虑其输入和输出,简化系统,以便于维修人员排除故障。首先检查被怀疑单元的输入,如果输入中有一个不正常,该单元就可能不正常工作。这时应追查提供给该输入的上一级单元。在输入都正常的情况下而输出不正常,那么故障即在本单元内部。再把该单元输入和输出与上下有关单元脱开后,或提供必要的输入电压,观察其输出结果(要注意,有些配合方式把相关单元脱开后,给该单元供电会造成本单元损坏)。当然在使用这种方法时,要求了解该单元输入输出点的电信号性质、大小、不同运行状态及它们的作用。用类似的方法可找出独立单元中某一故障部件,缩小故障范围,直至把故障定位于某一元件。在维修的初步阶段且有条件时,对怀疑单元可采用换件诊断修理法。换件时应该对备件的型号、规格、各种标记、电位器调整位置、开关状态、跳线选择、线路更改及软件版本是否与怀疑单元相同予以确认,并确保不会由于上下级单元损坏造成的故障而损坏新单元。此外还要考虑到可能要重调新单元的某些电位器,以保证该新单元与怀疑单元性能相近,因为细微的差异就可能导致失败或造成损失。

（5）信号追踪法

按照控制系统方式从前往后或从后向前检查有关信号的有无、性质、大小及不同运行方式的状态,与正常情况相比较,看有什么差异或是否符合逻辑。如果线路中由各元件"串联"组成,则出现故障时,"串联"的所有元件和连接线都值得怀疑。在较长的"串联"电路中,适宜的做法是将电路分成两半,从中间开始向两个方向追踪,直到找到有问题的元件(单元)为止。两个相同的线路,可以对它们进行交换试验,这种方法类似于把一个电动机从其电源上拆下,接到另一个电源上试验电动机,这样可以判断出是电动机有问题还是电源有问题。但对数控机床来讲,有的问题就没有这么简单了,交换一个单元一定要保证该单元所处大环节(如位置控制环)的完整性,否则可能闭环受到破坏,或保护环节失效。例如只改用 Y 轴调节器驱动 X 轴电动机,而不改接 X、Y 轴反馈,可能机床一启动即产生轴向测量回路硬件故障报警。

① 硬接线系统(继电器-接触器系统)信号追踪法

硬接线系统具有可见接线、接线端子、测试点。故障状态可以用试电笔、万用表、示波器等简单测试工具测量电压、电流信号大小、性质、变化状态和电路的短路、断路、电阻值变化等,从而判断出故障的原因。例如:某控制板上的一个三极管元件,若 C 极、E 极间有电源电压、B 极、E 极间有可以使其饱和的电压,接法为发射极输出,如果 E 极对地间无电压,就说明该三极管有问题。当然对任何一个复杂的单元来讲,道理是一样的,不过影响它的因素多一些,关联单元间的制约多一些。

② CNC、PLC 系统状态显示法

机床面板和显示器可以进行状态显示,显示其输入、输出及中间环节标志位等状态,用于判别故障位置。但由于 CNC、PLC 功能很强且较复杂,因此要求维修人员熟悉具体控制原理和 PLC 使用的语言。如 PLC 程序中多有触发器支持,有的置位信号和复位信号都维持时间不长,有些环节动作时间很短,不仔细观察,很难发现已起过作用但状态已经消失的过程。

③ 硬接线系统的强制法

在追踪中也可以在信号线上输入正常情况的信号,以测试后续线路,但这样做是很危险的,因为这无形之中忽略了许多连锁环节。因此要特别注意:要把涉及前级的线断开,避免所加电源对前级造成损害;要将可动的机床部件移动于可以较长时间移动而不至于触碰限位装置(避免飞车碰撞);弄清所加信号是什么类型,例如是直流还是脉冲,是恒流源还是恒压源等;设定要尽可能小些(因为有时运动方式和速度与设定关系很难确定);密切注意可能忽略的联锁及其可能导致的后果;密切观察运动情况,避免飞车超程。

(6)静态测量法

静态测量法主要是用万用表测量元器件的在线电阻及晶体管上的 PN 结电压是否正常;用晶体管测试仪检查集成电路块等元件的好坏。

(7)动态测量法

动态测量法是通过直观检查和静态测量后,根据电路原理图给印制电路板加上必要的交直流电压、同步电压和输入信号,然后用万用表、示波器等对印制电路板的输出电压、电流及波形等全面诊断并排除故障。动态测量法有电压测量法、电流测量法及信号注入和波形观察法。

电压测量法是对可疑电路的各点电压进行普遍测量,根据测量值与已知值或经验值进行比较,再应用逻辑推理方法判断出故障所在。

电流测量法是通过测量晶体管和集成电路的工作电流、各单元电路电流和电源板负载电流来检查印制电路板的常规方法。

信号注入和波形观察法是利用信号发生器或直流电源在待查回路中的输入信号,用示波器观察输出波形。

二、数控系统的自诊断

现代数控机床由于采用了计算机技术,配合相应的硬件,软件功能较强,具有较强的自诊断能力。故障自诊断是数控系统十分重要的功能,当数控机床发生故障时,可以借助数控系统的自诊断功能迅速、准确地查明原因并确定故障部位。数控系统中典型监测和自诊断情况按诊断的时机一般分为启动诊断、在线诊断和离线诊断。数控系统中典型监测和自诊断情况如图 2-3 所示。

(一)启动诊断

启动诊断指数控系统从通电开始到进入正常运行状态阶段所进行的诊断。诊断目的为确认数控系统各硬件模块是否可以正常工作。

启动诊断要检查的硬件一般包括:核心单元(主模块)、存储器(工作存储器和数控加工程序存储器)、位置伺服接口和伺服装置、I/O 接口、DNC 接口、CRT/MDI 数控面板单元以及各种标准外部输入/输出设备;有些启动诊断也检查数控系统的硬件配置以确定各种模块、设备以及某些芯片是否插装到位,判断其规格型号是否正确。此外,启动诊断还可以对

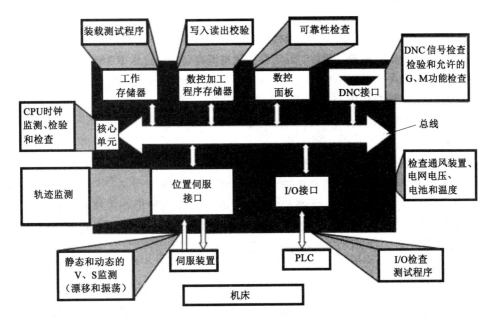

图 2-3　数控系统中典型监测和自诊断情况

电源温度、通风装置、电网电压和带电保护存储器的电池进行检查。当各项检查都正确后，数控系统才进入运行准备状态，否则数控系统将通过数控面板上显示器模块或印制电路板上的发光二极管、LED 七段显示等显示各种故障信息。

　　对核心单元 CPU 主要采用硬件的方法进行 CPU 时钟的监测，若时钟超时则通过 LED 显示报警；对系统程序存储器主要采用检验和检查，即顺序累加所有单元的二进制数据，舍弃向高位的进位，将余数（即实际检验和）与标准检验和进行比较，若不一致说明有故障。

　　对工作存储器，通常载入特定测试程序并运行，若不能正常运行说明其有故障。对数控加工程序存储器，通过比较写入和再读出的数据进行检查，若比较结果不一致，说明其有故障。

　　对开关量 I/O 接口采用自闭路方法检查，其做法是将 I/O 接口与外部电路和设备脱开，接上一个简单的测试电阻板，将每一个输入电路与其中一个输出电路通过一个电阻连接成闭合环，运行专用测试程序，使信息从输出电路输出，检查与之相连的输入电路返回信息的响应时间和准确性，若响应时间太长（＞30 ms）、无响应或响应不正确，都说明电路存在故障。

　　每隔一定的时间间隔要通过位置伺服接口对伺服装置进行一次静态与动态检查和轨迹监测。静态检查是在伺服装置无驱动信号时对漂移情况的检查；动态检查是在无负载时，使进给电动机和主轴电动机高速运行，计算在一定时间和一定电流作用下电动机的拖动距离和转速值，检查其与实际的相符情况；轨迹监测方法是使机床工作台运行在各给定位置，用测量探头或激光干涉仪测出各种位置偏差。

　　对具有 DNC 通信功能的数控系统的接口检查是通过对 DNC 信号的传输检查来实现的，即检验通信过程是否超时，通信数据域的检验和是否正确，传输的 G、M 功能是否为系统所允许等。

（二）在线诊断

在线诊断指数控系统在正常工作情况下，通过系统内部的诊断程序和相应的硬件环境，对系统运行的正确性的检查。现代数控系统中一般都存在着两种控制装置，即数控装置（CNC装置）和可编程控制器（PLC），它们分别执行不同的监测和诊断任务。

PLC主要监测数控机床的开关过程和开关状态，如扫描周期检查，限位开关、液压、气压及温度阀的工作状态检查，换刀过程检查及各种开关量的逻辑关系和互锁、自锁情况检查。

CNC装置则主要进行各数控功能和伺服系统的监测，包括对所运行的数控加工程序的正确性检查，对伺服状态的检查，对工作台运行范围的检查及对各种过程变量（刀具磨损、切削力等）的自适应调节等。CNC装置对数控加工程序的正确性检查主要是对程序的逻辑错误和语法错误进行检查。对伺服状态检查可通过对位置、速度的实际值相对给定值的跟踪状态来检查，若跟踪误差超过一定限度，表明伺服装置出了故障，通过工作台实际位置与位置边界值的比较可以检查出工作台运行范围是否出界。根据数控系统自诊断能力，还有更多的诊断措施。CNC系统的诊断信息一般包括操作故障、编程故障、伺服故障、行程开关报警、电路板间连接故障、过热报警、存储器报警、系统报警等。上述各类信息又细分为数条乃至数百条故障内容，每一条都被赋予一个故障报警号，在数控系统使用说明书中说明。当故障出现时，数控系统对同时出现的故障信息按紧迫性进行判断，显示最紧急的故障编号并附有简单说明。

（三）离线诊断

离线诊断是由专业技术人员进行的诊断，目的在于查明原因，精确确定故障部位，力求把故障定位在尽可能小的范围内，缩小到某个模块、某个线路板，甚至某个芯片或器件。现代CNC系统的离线诊断用软件，一般多以与CNC系统控制软件一起存在CNC系统中，这样维修时更为方便。

模块三　数控机床机械结构的故障诊断与维护

　　数控机床是高精度、高生产率的自动化机床,其加工过程中的动作顺序、运动部件的坐标位置及辅助功能等都是通过数字信息控制的,整个加工过程由数控系统通过数控程序自动控制完成,操作者一般除对薄弱环节和缺陷进行人为补偿操作外不再进行加工干预。因此,数控机床在机构上对性能有更高要求。

任务一　认知数控机床的机械结构

一、数控机床机械结构的组成

（一）数控机床机械结构的基本组成

　　典型数控机床的机械结构主要由基础件、主传动系统、进给传动系统、回转工作台、自动换刀装置(包括刀库)和其他机械功能部件等几部分组成。

　　数控机床的基础件通常是指床身、立柱、横梁、工作台、底座等结构件,构成了机床的基本框架。其他部件附着在基础件上,有的部件还需要沿着基础件运动。由于基础件起着支承和导向的作用,因而对基础件的首要要求是刚性好。

　　和传统机床一样,数控机床的主传动系统将动力传递给主轴,要保证系统具有切削所需要的大转矩和高速度的切削性能要求,因而要求数控机床的主轴部件具有更高的回转精度、更好的结构刚度和抗振性能。由于数控机床的主传动常采用大功率的调速电动机,不需要复杂的机械变速机构,因而主传动链比传统机床短。由于自动换刀的需要,具有自动换刀功能的数控机床主轴在内孔中要有刀具自动松开和夹紧的装置。

　　数控机床的进给驱动机械结构直接接受 CNC 发出的控制指令后,实现直线或旋转运动的进给和定位,对机床的运行精度和质量影响最明显。因此,对数控机床传动系统的主要要求是高精度、高稳定性和快速响应的能力,既要它能尽快地根据控制指令要求稳定地达到需要的加工速度和位置精度,也要尽量小地出现振荡和超调现象。

　　回转工作台分成两种类型,即数控转台和分度转台。数控转台在加工过程中参与切削,是由数控系统控制的一个进给运动坐标轴,因而对它的要求和进给传动系统的要求是一样的。分度转台只完成分度运动,主要要求分度精度指标和在切削力作用下保持位置不变的能力。

　　为了在一次安装工件后,尽可能多地完成同一工件不同部位的加工要求,并尽可能减少数控机床的非故障停机时间,数控加工中心类机床常具有自动换刀装置和自动托盘交换装置。对自动换刀装置的基本要求是结构简单、工作可靠。

　　其他机械功能部件主要指润滑、冷却、排屑和监控机构。由于数控机床生产效率高,可以长时间自动加工,因而其润滑、冷却、排屑存在的问题比传统机床更为突出。如大量切削加工需要强力冷却和及时排屑,冷却的不足或排屑不畅会严重影响刀具的寿命,致使加工无法继续进行。大量冷却和润滑液的作用还对系统的密封和防漏提出了更高要求,因此多数数控机床多采用半封闭、全封闭外形结构。

（二）数控车床的主要机械结构

典型数控车床的机械结构组成如图 3-1 所示,包括主传动系统（主轴、主轴电动机、C 轴控制主轴电动机等）、进给传动系统（丝杠、联轴器、导轨等）、自动换刀装置（刀架、刀库和机械手等）、液压与气动装置（液压泵、气泵、管路等）、辅助装置（工作台、分度头与万能铣头、卡盘、尾座、润滑与冷却装置、排屑及收集装置等）、床身等部分。

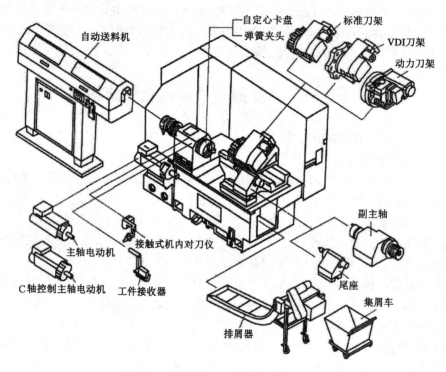

图 3-1　典型数控车床的机械结构组成

带有刀库、动力刀架、C 轴控制的数控车床通常称为车削中心。车削中心除进行车削工序外,还可以进行轴向、径向铣削、钻孔、攻螺纹等加工。

（三）数控铣床/加工中心的主要机械结构

数控铣床的主轴上装夹刀具并带动其旋转,进给系统包括实现工件直线进给运动、回转运动的机械结构。加工中心与数控铣床的区别在于其具有自动换刀装置与刀具库。图 3-2 所示为某加工中心主要机械的结构,主要由以下几部分组成。

1. 基础部件

基础部件由床身、立柱和工作台等大件组成,是加工中心的基础构件,它们可以是铸铁件,也可以是焊接钢结构,均要承受加工中心的静载荷以及在加工时的切削载荷,故必须是刚度很高的部件,也是加工中心质量和体积最大的部件。

2. 主轴组件

主轴组件由主轴箱、主轴电动机、主轴和主轴轴承等零件组成,其启动、停止和转动等动

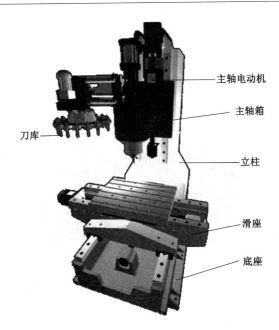

图 3-2 加工中心的主要机械结构图

作均由数控系统控制,通过装在主轴上的刀具进行切削运动,是切削加工的功率输出部件。主轴是加工中心的关键部件,其结构优劣对加工中心的性能有很大的影响。机床主轴传动连接如图 3-3 所示。

图 3-3 机床主轴传动连接

3. 伺服系统

伺服系统的作用是把来自数控装置的信号转换为机床移动部件的运动,其性能是决定机床加工精度、表面质量和生产率的主要因素之一。

4. 自动换刀装置

自动换刀装置由刀库、机械手和驱动机构等部件组成。刀库是存放加工过程中所使用的全部刀具的装置。刀库有盘式、鼓式和链式等多种形式,容量从几把到几百把。当需要换刀时,根据数控系统指令,机械手(或通过别的方式)将刀具从刀库取出并装入主轴中。机械手的结构根据刀库与主轴的相对位置及结构的不同也有多种形式,如单臂式、双臂式、回转式和轨道式等。有的加工中心不用机械手,而是利用主轴箱和刀库的相对移动来实现换刀。

不同的加工中心,尽管其换刀过程、选刀方式、刀库结构、机械手类型等各不相同,但都是在数控装置及可编程序控制器的控制下,由电动机和液压或气动机构驱动刀库和机械手实现刀具选取与交换的。当机构中装入接触式传感器时,还可以实现对刀具和工件误差的测量。加工中心刀库的机械结构如图 3-4 所示。

图 3-4　加工中心刀库的机械结构

5. 辅助系统

辅助系统包括润滑、冷却、排屑、防护和自动检测(如对刀仪、测头等)等部分。辅助系统虽不直接参加切削运动,但对提高加工中心的加工效率、加工精度和可靠性起到保障作用,因此它也是加工中心不可缺少的部分。辅助系统设备如图 3-5 所示。

自动换刀装置　　　　　　　　　　自动排屑装置

自动润滑装置　　　　液压站　　　　回转台和交换台

图 3-5　数控机床辅助系统设备

6. 自动托盘更换系统

有的加工中心为进一步缩短非切削时间,配有多个自动交换工件托盘,其中一个安装在工作台上进行加工,另一侧工位上用于工作台外装卸工件。当完成一个托盘上的零件加工后,便自动交换托盘,进行新零件的加工,这样可减少辅助时间,提高加工效率。

二、数控机床的布局

（一）数控车床的布局

数控车床的主轴、尾座等部件和普通车床床身的布局形式一样，但刀架和导轨的布局形式有很大的变化，而且其布局形式直接影响数控车床的使用性能及车床的外观和结构，刀架和导轨的布局应考虑车床和刀具的调整、工件的装卸、车床操作的方便性、车床的加工精度以及排屑性能。

数控车床床身和导轨的布局形式如图3-6所示。平床身的工艺性好，导轨面容易加工。平床身上配水平刀架时，由于平床身机件及工件重量所产生的变形方向垂直向下，它与刀具运动方向垂直，对加工精度影响较小。由于平床身刀架水平布置，其不受刀架、溜板箱自重的影响，定位精度容易提高。平床身布局的车床上，大型工件和刀具装卸方便但排屑困难，且需要三面封闭。此外，刀架水平放置也加大了机床宽度方向的结构尺寸。

斜床身的观察角度好，工件调整方便，防护罩设计较为简单，排屑性能较好。斜床身导轨倾斜角有30°、45°、60°和75°等，导轨倾斜角为90°的斜床身通常称为立式床身。倾斜角度影响导轨的导向性、受力情况、排屑、宜人性及外形尺寸与高度比例等。一般小型数控车床床身多用30°、45°，中型数控车床床身多用60°，大型数控车床床身多用75°。

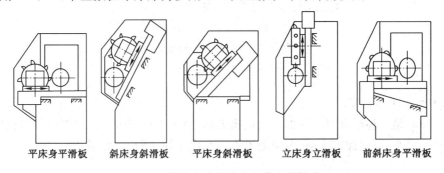

平床身平滑板　　斜床身斜滑板　　平床身斜滑板　　立床身立滑板　　前斜床身平滑板

图3-6　数控车床床身和导轨布局形式

数控车床采取水平床身配斜滑板，并配置倾斜式导轨防护罩的布局形式时，具有水平床身工艺性好的特点；与配置水平滑板相比，机床宽度方向尺寸小，且排屑方便。

立床身的排屑性能最好，但立床身车床上工件重量所产生的变形方向正好沿着垂直运动方向，对精度影响最大并且立床身结构的车床受结构限制，布置比较困难，限制了车床的性能。

一般来说，中小型规格的数控车床常用斜床身和平床身斜滑板布局，只有大型数控车床或小型精密数控车床才采用平床身，立床身采用较少。

（二）数控铣床的布局

数控铣床是一种用途广泛的机床，根据工件的重量和尺寸不同分为立式、卧式、立门式和立卧两用式4种不同的布局方案，如图3-7所示。立卧两用式数控铣床主轴（或工作台）的方向可以是立式加工方向，也可以是卧式加工方向，因此这种铣床应用范围更广，功能更全。

一般数控铣床为规格较小的升降台式数控铣床，其工作台宽度多在400 mm以下。规格较大、工作台宽度在500 mm以上的数控铣床，其功能已向加工中心靠近，进而可演变成柔性制造单元。一般情况下,数控铣床上只能用来加工平面曲线的轮廓。对于有特殊要求的数控铣床,还可以增加一个回转的 A 或 C 坐标。如增加一个数控回转工作台,数控系统即变为四坐标数控系统,可用来加工螺旋槽、叶片等立体曲面零件。

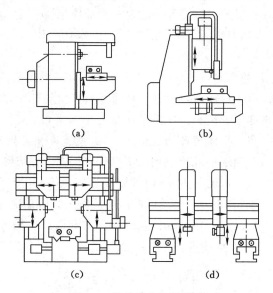

图 3-7　数控铣床布局形式

(a) 卧式;(b) 立式;(c) 立门式;(d) 立卧两用式

(三) 加工中心的布局

加工中心是一种配有刀库并能自动更换刀具,对工件进行多工序加工的数控机床,可分为卧式加工中心、立式加工中心、五面加工中心和虚拟加工中心,如图 3-8 所示。

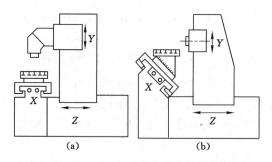

图 3-8　五面加工中心的布局形式

(a) 主轴做 90°旋转布局;(b) 工作台带动工件做 90°旋转布局

1. 立式加工中心

立式加工中心通常采用固定立柱式,主轴箱吊在立柱一侧,其平衡重锤放置在立柱中。工作台为十字滑台,可以实现 X、Y 两个坐标轴方向的移动,主轴箱沿立柱导轨运动实现 Z 坐标轴方向的移动。现代的立式加工中心也有采用滑枕式、整体床身的布局。

2. 卧式加工中心

卧式加工中心通常采用立柱移动式,T 形床身。一体式 T 形床身的刚度和精度保持性较好,但其铸造和加工工艺性差。分离式 T 形床身的铸造和加工工艺性较好,但需用大螺栓紧固连接,保证刚度和精度。

3.五面加工中心

五面加工中心兼有立式和卧式加工中心的功能,工件一次装夹后能完成除安装面外的所有侧面和顶面等 5 个面的加工。

三、数控机床机械结构的特点

数控机床是按数控系统给出的指令自动地进行加工的,与普通机床在加工过程中需要人手动进行操作、调整的情况不大相同,这就要求数控机床的机械结构要适应自动化控制的需要。数控机床要有很高的加工精度、加工效率以及稳定的加工质量,还要有加工工序集中、一机多用的特点。这就要求数控机床的机械结构不仅要有较好的刚度和抗振性,还要尽量减少热变形和运动部件产生温差引起的热负载。数控机床还要满足工艺复合化和功能集成化的要求。"工艺复合化"就是一次装夹,多工序加工;"功能集成化"则是指集成了工件的自动定位、机内对刀、刀具破损监控、机床与工件精度检测和补偿等功能。

数控机床为实现高精度、高效率、高自动化程度,其机械结构具体应有以下特点。

(一)高刚度

数控机床要在高速和重载下工作,所以机床的床身、主轴、立柱、工作台和刀架等主要部件均需具有很高的刚度,工作中应无变形或振动。例如,床身应合理布置加强肋,能承受重载与重切削力;工作台与滑板应具有足够的刚度,能承受工件重量并使工作平稳;主轴在高速运转下,应能承受大的径向扭矩和轴向推力;立柱在床身上移动,应平稳且能承受大的切削力;刀架在切削加工中应十分平稳且无振动。

(二)高灵敏性

数控机床工作时,要求精度比通用机床高,因而运动部件应具有高灵敏度。导轨部件通常用贴塑导轨、静压导轨和滚动导轨等,以减少摩擦力,在低速运动时无爬行现象。工作台的移动,由直流或交流伺服电动机驱动,经滚珠丝杠或静压丝杠传动。主轴既要在高刚度和高速度下回转,又要有高灵敏度,因而多采用滚动轴承或静压轴承提高灵敏性。

(三)高抗振性

数控机床的运动部件除了应具有高刚度、高灵敏度外,还应具有高抗振性,在高速重载下应无振动,以保证加工工件的高精度和高表面质量。

(四)热变形小

机床的主轴、工作台、刀架等运动部件,在运动中易产生热量,为保证部件的运动精度,要求各运动部件的发热量少,防止产生热变形。因此立柱一般采用双壁框式结构,在提高刚度的同时,使零件结构对称,防止因热变形而产生倾斜偏移。为使主轴在高速运动中产生的热量少,通常采用恒温冷却装置。为减少电动机运转发热的影响,在电动机上安装有散热装置或热管消热装置。

(五)高精度保持性

为了保证数控机床具有长期稳定的加工精度,要求其具有高精度保持性。除了各有关零件应正确选材外,还要求采取一些工艺措施,如淬火磨削导轨、粘贴耐磨塑料导轨等,以提高运动部件的耐磨性。

（六）高可靠性

数控机床在自动或半自动条件下工作,尤其是在柔性制造系统中的数控机床,在 24 h 运转中无人看管,因此要求机床具有高可靠性。除保证运动部件、电气和液压系统不出故障外,动作频繁的刀库、换刀机构、工作台交换装置等辅助部件也必须保证长期可靠地工作。

（七）高性能刀具

数控机床要充分发挥效能,实现高精度、高效率、高自动化,除了机床本身应满足上述要求外,刀具也必须保证有高耐用度与高精度性能。

任务二　认识数控机床机械装调常用工具

一般中小型数控机床无须做单独的地基处理,只需在硬化好的地面上采用活动垫铁（图 3-9）,稳定机床的床身并调整支承机床的水平,如图 3-10 所示。数控机床装调维修所用的工具大都是通用工具,本任务通过让学生参观总结来掌握这些工具的应用。

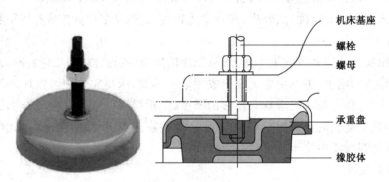

图 3-9　活动垫铁

图 3-10　用活动垫铁支承的数控机床

数控机床机械装调维修部分常用拆卸及装配工具如图 3-11～图 3-15 所示。

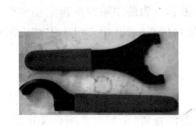

图 3-11　单手钩子扳手（月牙扳手）

图 3-12　液压拔削器

图 3-13　三爪拔轴承

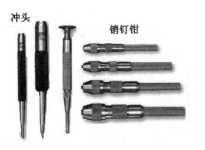

图 3-14　冲头及销钉钳

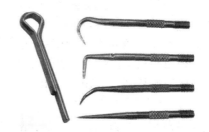

图 3-15　开口销及拉销扳手

拆卸及装配工具作用说明见表 3-1。

表 3-1　　　　　　　　　　　　拆卸及装配工具的作用

名称	说明
单头钩形扳手	分为固定式和调节式,可用于扳动在圆周方向上开有直销或孔的圆螺母
端面带槽或孔的圆螺母扳子	分为套筒式扳手和双销叉形扳手
弹性挡圈装拆用钳子	分为轴用和孔用两类
弹性锤子	分为木槌和铜锤
测量锥度平键工具	分为冲击式和抵拉式
拔销器	拉带内螺纹小轴、圆锥销工具,分手动与液压两类
拉卸工具	拆装在轴上的滚动轴承、带轮式联轴器等零件。分为螺杆式与液压式两类,有两爪式、三爪式和铰链式
扭矩扳手	又称限力扳手、扭力扳手,分为电子式及机械式

任务三　数控机床机械结构的故障诊断及维护

机械故障主要表现为机床中各机械执行部件的运动故障,即功能故障。还有切削加工过程中表现出来的振动噪声、刀具磨损、工件质量问题等故障现象。故障部位主要为机床执行机构,如主轴、刀架、工作台、自动换刀装置、工作台自动交换装置、液压系统、气压系统和其他辅助装置在完成功能的运动过程中发生的故障。维修诊断主要从各部件运动、传动的原理出发来剖析其可能发生的故障及发生故障的原因。

一、机械故障的分类

数控机床是集机、电、液、气、自动控制等为一体的自动化机床,利用各部分的执行功能,共同完成机械执行机构的移动、转动、夹紧、松开、变速和换刀等各种动作,实现切削加工任务。在机床工作时,它们的各项功能相互结合,发生故障时也混在一起,故障现象与故障原因并非简单的一一对应关系,而往往可能出现一种故障现象是由几种不同原因引起的,或一种原因引起几种故障,即大部分故障是以综合故障形式出现的,给故障诊断及排除带来了很大困难。一般来说,机床的机械故障可分为以下几类。

(1)功能性故障。主要指工件加工精度方面的故障,表现为加工精度不稳定、加工误差大、运动方向误差大、工件表面粗糙。

（2）动作型故障。主要指机床各执行部件动作故障，如主轴不转动、液压变速不灵活、工件或刀具夹不紧或松不开、刀架或刀库转位定位不太准等。

（3）结构型故障。主要指主轴发热、主轴箱噪声大、切削时产生振动等。

（4）使用型故障。主要指使用和操作不当引起的故障，如由过载引起的机件损坏、撞车等。

在机械故障出现以前，可以通过精心维护保养来延长机件的寿命。当故障发生以后，一般轻微的故障可以通过精心调整来解决，如采取调整配合间隙、供油量、液（气）压力、流量、轴承及滚珠丝杠的预紧力、堵漏等措施。对于已磨损、损坏或丧失功能的零部件，则通过修复或更换的办法来排除故障。

二、机械故障诊断方法

机床在运行过程中，机械零部件受到力、热、摩擦以及磨损等多种因素的作用，运行状态不断变化，一旦发生故障，往往会导致不良后果。因此，必须在机床运行过程中对机床的运行状态及时做出判断并采取相应的措施。运行状态异常时，必须停机检修或停止使用，这样就大大提高了机床运行的可靠性，进一步提高了机床的利用率。

数控机床机械故障诊断包括对机床运行状态的识别、预测和监视三个方面的内容。通过对数控机床机械装置的某些特征参数（如振动、噪声和温度等）进行测定，将测定值与规定的正常值进行比较，以判断机械装置的工作状态是否正常。若对机械装置进行定期或连续监测，便可获得机械装置状态变化的趋势性规律，从而对机械装置的运行状态进行预测和预报。

在诊断技术上，既有传统的"实用诊断方法"，又有利用先进测试手段的"现代诊断方法"。实用诊断技术的方法也称机械检测法，它是由维修人员使用一般的检查工具或凭感觉器官对机床进行问、看、听、触、嗅等诊断。它能快速测定故障部位，监测劣化趋势，以选择有疑难问题的故障进行精密诊断。

（一）问

弄清故障是突发的，还是渐发的，机床开动时有哪些异常现象。对比故障前后工件的精度和表面粗糙度，以便分析故障产生的原因。弄清传动系统是否正常，力是否均匀，背、吃刀量和进给量是否减小等；润滑油品牌号是否符合规定，用量是否适当；机床何时进行过保养检修等。

（二）看

（1）看转速。观察主传动速度的变化。例如：带传动的线速度变慢，可能是传动带过松或负荷太大。主传动系统中的齿轮，主要看它是否跳动、摆动。传动轴，主要看它是否弯曲或晃动。

（2）看颜色。主轴和轴承运转不正常就会发热，长时间升温会使机床外表颜色发生变化，大多呈现黄色。油箱里的油也会因温升过高而变稀，颜色改变；也会因长久不换油、杂质过多或油变质而成深墨色。

（3）看伤痕。机床零部件碰伤损坏部位很容易发现。若发现裂纹，应做记号，隔一段时间后再比较它的变化情况，以便进行综合分析。

（4）看工件。若车削后的工件表面粗糙度 Ra 数值大，主要原因是主轴与轴承之间的间隙过大,溜板、刀架等压板、镶条有松动以及滚珠丝杠预紧松动等。若是磨削后的表面粗糙度 Ra 数值大,主要是主轴或砂轮动平衡差,机床出现共振以及工作台爬行等原因引起的。工件表面出现波纹,则看波纹数是否与机床主轴传动齿轮的齿数相等,如果相等,则表明主轴齿轮啮合不良是故障的主要原因。

(5)看变形。观察机床的传动轴、滚珠丝杠是否变形,大直径的带轮和齿轮的端面是否有轴向跳动。

(6)看油箱与冷却箱。主要观察油或切削液是否变质,确定其能否继续使用。

(三)听

一般运行正常的机床,其声音具有一定的音律和节奏,并保持持续的稳定。机械运动发出的异常声音与故障现象的关系见表 3-2。异常声音主要是机件的磨损、变形、断裂、松动和腐蚀等原因,致使在运行中发生碰撞、摩擦、冲击和振动所引起的。有些异常声音,表明机床中某一零件产生了故障;还有些异常声音,则是机床可能发生更大事故性损伤的预兆。

表 3-2　　　　　　　　　　　　　　异常声音与故障现象的关系

故障现象	说明
振动	① 振动频率与异常声音的声频一致,据此便可进一步确诊和验证异常声音零件; ② 如对于动不平衡引起的冲击声,其声音次数与振动频率相同
爬行	在液压传动机构中,若当液压系统内有异常声音,且执行机构伴有爬行现象,则可证明液压系统混有空气;如果在液压泵中心线以下还有"吱嗡吱嗡"的噪声,就可进一步确诊是液压泵吸空导致液压系统混入空气
发热	① 有些零件产生故障后,不仅有异常声音,而且发热; ② 某一轴上有两个轴承,其中有一个轴承产生故障,运行中发出"隆隆"声,这时只要用手一摸,就可确诊发热的轴承即为损坏的轴承

(四)触

(1)人手指的触觉是很灵敏的,能相当可靠地判断各种异常的温升。

(2)轻微振动可用手感鉴别,至于振动的大小,可以找一个固定基点,用一只手去同时触摸不同设备,便可以比较出振动的大小。

(3)用肉眼看不清的伤痕和波纹,若用手指去摸则可很容易地感觉出来。摸的方法是:对圆形零件要沿切向和轴向分别去摸;对平面则要左右、前后均匀地去摸。摸时不能用力太大,只轻轻把手指放在被检查面上接触便可。

(4)对于松或紧,用手转动主轴或摇动手轮,即可感到接触部位的松紧是否均匀适当。

(五)嗅

剧烈摩擦或电气元件绝缘破损短路,使附着的油脂或其他可燃物质发生氧化、蒸发或燃烧,产生油烟气、焦煳气等异味,应用嗅觉诊断的方法可收到较好的效果。

现代诊断技术是根据实用诊断技术选择出的疑难故障解决方法,由专职人员利用先进测试手段进行精确的定量检测与分析,根据故障位置、原因和数据,确定应采取的最合适的修理方法和时间的诊断法。

一般情况都采用实用诊断技术来诊断机床的现时状态,只有对那些在实用诊断中提出疑难问题的机床,才进行下一步的诊断,综合应用两种诊断技术能取得满意的诊断效果。

任务四　主传动系统主轴部件的故障诊断及维护

一、主传动系统

数控机床主传动系统的任务是将主轴电动机的原动力通过该传动系统变成可供切削加工用的切削力矩及速度。数控机床的主传动系统要有较宽的转速范围及相应的输出转矩。此外,由于主轴部件将直接装夹刀具对工件进行切削,因而对加工质量(包括加工精度、加工粗糙度等)及刀具寿命有很大的影响,所以对主传动系统的要求是很高的。为了能高效率地加工出高精度、高质量的工件,必须要有一个具有良好性能的主传动系统和一个具有高精度、高刚度、振动小、热变形及噪声均能满足需要的主轴部件。

机床主传动系统主要包括主轴部件、主轴箱、主轴调速电动机。

(一)主传动系统结构特点

现代数控机床的主传动系统广泛采用交流伺服电动机,通过带传动或主轴箱的变速齿轮带动主轴旋转。由于这种电动机调速范围广,又可无级调速,使得主轴箱的结构大为简化。主轴电动机在额定转速时输出全部功率和最大转矩,随着转速的变化,功率和转矩将发生变化。在调压范围内(从额定转速调到最低转速)为恒转矩调速,功率随转速成正比例下降。在调速范围内(从额定转速调到最高转速)为恒功率调速,转矩随转速升高成正比例减小。这种变化规律是符合正常加工要求的,即低速切削所需转矩大,高速切削消耗功率大。同时也可以看出电动机的有效转速范围并不一定能完全满足主轴的工作需要,所以主轴箱一般仍需要设置2～4挡机械变速,图3-16所示为主轴两挡变速实装图。机械变挡一般采用液压缸推动滑移齿轮来实现,这种方法结构简单,性能可靠。有些小型的或者调速范围不太大的数控铣床,也常采用由电动机直接带动主轴或用同步齿形带传动使主轴旋转。

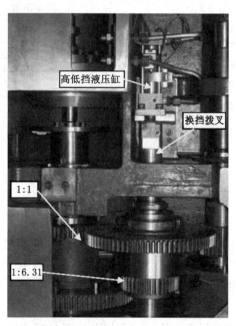

图 3-16　主轴两挡变速实装图

为了满足主传动系统的高精度、高刚度和低噪声的要求,主轴箱的传动齿轮一般都用花键传动,采用内径定心。侧面定心的花键对降低噪声更为有利,因为这种定心方式传动间隙小,接触面大,但加工需要专门的刀具和花键磨床。带传动容易产生振动,在传动带长度不一致的情况下振动更为严重。因此,在选择传动带时,应尽可能缩短带的长度,如带长度无法缩短,可增设压紧轮,将带压紧减少振动。

(二)主传动系统的分类

为了适应不同的加工要求,目前主传动系统大致可以分为四类,如图 3-17、图 3-18所示。

带传动（经过一级降速）经过一级齿轮的带传动

图 3-17　带传动和一级齿轮传动的
主轴传动机构

图 3-18　多级降速齿轮传动和电主轴
的主轴传动机构

（1）带传动：这种形式可避免齿轮传动引起的振动和噪声，但只能用在低扭矩的情况下。这种配置在小型数控机床中经常使用。

（2）电动机与主轴直连：这种形式的特点是结构紧凑，但主轴转速的变化及转矩的输出和电动机的输出特性一致，易耦合，因而使用受到一定的限制。

（3）变速齿轮：滑移齿轮的换挡常采用液压拨叉或直接由液压缸驱动，还可通过电磁离合器直接实现换挡。这种配置方式在大中型数控机床中采用较多。

（4）电主轴：电主轴通常作为现代机电一体化的功能部件被用在高速数控机床上，其主轴部件结构紧凑，重量轻，惯量小，高启动、停止的响应特性，有利于控制振动和噪声，缺点是制造和维护困难，且成本较高。

二、主轴部件的维护

（一）主轴部件的润滑维护

数控机床的主轴部件主要有以下几个部分：主轴本体及密封装置、支承主轴的轴承、配置在主轴内部的刀具卡进及吹屑装置、主轴的准停装置等。

数控机床主轴部件是影响机床加工精度的主要部件，要求主轴部件具有与本机床工作性能相适应的高回转精度、刚度、抗振性、耐磨性和低温升性能，其结构必须能很好地解决刀具和工具的装夹、轴承的配置、轴承间隙调整和润滑密封等问题。根据数控机床的规格、精度，主轴部件采用不同的轴承。一般来说，中小规格数控机床的主轴部件多采用成组高精度滚动轴承，重型数控机床采用液体静压轴承，高精度数控机床采用气体静压轴承，转速达20 000 r/min 以上的主轴采用磁力轴承或用氮化硅材料制成的陶瓷滚珠轴承。

1.主轴润滑

为了保证主轴良好的润滑，减少摩擦发热，同时又能把主轴组件的热量带走，通常采用循环式润滑系统，用液压泵供油强力润滑，在油箱中使用油温控制器控制油液温度。现在许多数控机床的主轴采用高级锂基润滑脂封闭方式润滑，每加一次油脂可以使用 7～10 年，简化了结构，降低了成本，且维护保养简单。但是需要防止润滑油和油脂混合，通常采用迷宫式密封方式。为了适应主轴转速向高速化发展的需要，新的润滑冷却方式相继开发出来。这些新的润滑冷却方式不仅能减少轴承温升，还能减少轴承内外圈的温差，可以保证主轴热变形小，其方式如下。

（1）油气润滑方式。这种润滑方式近似于油雾润滑方式，所不同的是，油气润滑是定时定量地把油雾送进轴承空隙中，这样既实现了油雾润滑，又不至于油雾太多而污染周围空气;后者则是连续供给油雾。

（2）喷注润滑方式。它用较大流量的恒温油液（每个轴承 3～4 L/min）喷注到主轴轴承以达到润滑冷却的目的。需要特别指出的是,较大流量的油不是自然回流,而是用排油泵强制排油,同时,采用专用高精度大容量恒温油箱（油温变动控制在 ±0.5 ℃）控制油温。

2. 防泄漏

在密封件中,造成泄漏的基本原因是流体从密封面上的间隙中溢出,或是由于密封部件内、外两侧密封介质的压力差或浓度差过大,而致使流体向压力或浓度低的一侧流动。图 3-19 所示为卧式机床主轴前支承的密封结构。

卧式加工中心主轴前支承处采用双层小间隙密封装置。主轴前端车出两组锯齿形护油槽,在法兰盘 4 和 5 上开沟槽及泄漏孔,当喷入轴承 2 内的油液流出后被法兰盘 4 内壁挡住,并经其下部的泄油孔 9 和套筒 3 上的回油斜孔 8 流回油箱,少量油液沿主轴 6 流出时,主轴油槽中渗漏油在离心力的作用下被甩至法兰盘 4 的沟槽内,经回油斜孔 8 重新流回油箱,达到了防止润滑介质泄漏的目的。

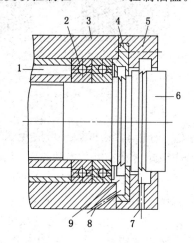

图 3-19　主轴前支承的密封结构
1——进油孔;2——轴承;3——套筒;
4,5——法兰盘;6——主轴;7——泄漏孔;
8——回油斜孔;9——泄油孔

当外部切削液、切屑及灰尘等沿主轴 6 与法兰盘 5 之间的间隙进入时,经法兰盘 5 的沟槽,由泄漏孔 7 排出,少量的切削液、切屑及灰尘进入主轴前锯齿沟槽,在主轴 6 高速旋转的离心力作用下仍被甩至法兰盘 5 的沟槽内,由泄漏孔 7 排出,达到了主轴端部密封的目的。

要使间隙密封结构能在一定的压力和温度范围内具有良好的密封防漏性能,必须保证法兰盘 4 和 5 与主轴及轴承端面的配合间隙合理。

（1）法兰盘 4 与主轴 6 的配合间隙应控制在 0.1～0.2 mm（单边）范围内。如果间隙偏大则泄漏量将按间隙的 3 次方扩大;若间隙过小,由于加工及安装误差,主轴局部接触使局部升温并产生噪声。

（2）法兰盘 4 内端面与轴承端面的间隙应控制在 0.15～0.3 mm 之间。小间隙可使压力油直接被挡住并沿法兰盘 4 内端面下部的泄油孔 9 经回油斜孔 8 流回油箱。

（3）法兰盘 5 与主轴的配合间隙应控制在 0.15～0.25 mm（单边）范围内。间隙太大,进入主轴 6 内的切削液及杂物会显著增多。间隙太小,则易与主轴接触。法兰盘 5 沟槽深度应大于 10 mm（单边）,泄漏孔 7 应大于 $\phi 6$ mm,并位于主轴下端靠近沟槽内壁处。

（4）法兰盘 4 的沟槽深度大于 12 mm（单边）,主轴上的锯齿尖而深,一般在 5～8 mm 范围内,以确保具有足够的甩油空间。法兰盘 4 处的主轴锯齿向后倾斜,法兰盘 5 处的主轴锯齿向前倾斜。

（5）法兰盘 4 上的沟槽与主轴 6 上的护油槽对齐,以保证被甩至法兰盘沟槽的油液能流回油箱。

（6）套筒前端斜孔 8 及法兰盘 4 的泄油孔 9 流量为进油孔 1 的 2～3 倍,保证压力油顺利流回油箱。

在油脂润滑状态下使用该密封结构时,取消了法兰盘泄油孔及回油斜孔,并且有关配合间隙适当放大,经正确加工及装配后同样可达到较为理想的密封效果。

3. 刀具的夹紧

在刀具自动夹紧装置中,刀杆常采用 7∶24 的大锥度 BT40～BT50 刀柄,既利于定心,也为松刀带来方便。用碟形弹簧通过拉杆及夹头拉住刀柄的尾部,使刀具锥柄和主轴锥孔紧密配合,夹紧力达 10 000 N 以上。松刀时,通过液压缸活塞推动拉杆来压缩碟形弹簧,使夹头张开,夹头与刀柄上的拉钉脱离,刀具即可拔出,进行新、旧刀具的交换,新刀装入后,液压缸活塞后移,新刀具又被碟形弹簧拉紧。

在活塞推动拉杆松开刀柄的过程中,压缩空气由喷气头经过活塞中心孔和拉杆中的孔吹出,将锥孔清理干净,防止主轴锥孔中掉入切屑和灰尘,把主轴锥孔表面和刀杆的锥柄划伤。

对于中小型立式加工中心,为了降低成本,不用液压站,通常解决方法是采用气压缸来取代液压缸,采用标准的 5～7 kg/cm² 气源压力,切换内部油路满足油路压力松刀。

(二)主传动链维护

(1)熟悉数控机床主传动链的结构、性能参数,严禁超性能使用。

(2)主传动链出现不正常现象时,应立即停机,排除故障。

(3)操作者应注意观察主轴箱温度,检查主轴润滑恒温油箱,调节温度范围,使油量充足。

(4)使用带传动的主轴系统,定期调整主轴驱动皮带的松紧程度,防止因皮带打滑造成丢转现象。

(5)由液压系统平衡主轴箱重量的平衡系统,需定期观察液压系统的压力表,当油压低于要求值时,要进行补油。每月对平衡配重块链条加润滑油脂一次。

(6)使用液压拨叉变速的主传动系统,必须在主轴停车后变速。

(7)使用啮合式电磁离合器变速的主传动系统,离合器必须在低于 1～2 r/min 的转速下变速。

(8)注意保持主轴与刀柄连接部位及刀柄的清洁,防止对主轴的机械碰击。

(9)每年对主轴润滑恒温油箱中的润滑油更换一次,并清洗过滤器。

(10)每年清理润滑油池底一次,并更换液压泵滤油器。

(11)每天检查主轴润滑恒温油箱,使其油量充足,工作正常。不足时补充 3 号锭子油(锭子油为低黏度锭子轴承油,也叫主轴油)。

(12)防止各种杂质进入润滑油箱,保持油液清洁。

(13)经常检查轴端及各处密封,防止润滑油液泄漏。

(14)刀具夹紧装置长时间使用后,会使活塞杆和拉杆间的间隙加大,造成拉杆位移量减少,使碟形弹簧张闭伸缩量不够,影响刀具的夹紧,故需及时调整液压缸活塞的位移量。

(15)经常检查压缩空气气压,调整标准值。足够的气压能使主轴锥孔中的切屑和灰尘清理彻底。

(三)主轴支承故障诊断与维修

1. 开机后主轴不转动的故障排除

(1)故障现象:开机后主轴不转动。

（2）故障分析：检查电动机情况良好，传动键没有损坏；调整 V 带松紧程度，主轴仍无法转动；检查并测量电磁制动器的接线和线圈均正常，拆下制动器发现弹簧和摩擦盘也完好；拆下传动轴发现轴承因缺乏润滑而烧毁，将其拆下，手动转动主轴正常。

（3）故障处理：更换轴承后主轴转动正常，但因主轴制动时间较长，还需调整摩擦盘和衔铁之间的间隙。具体做法是先松开螺母，均匀地调整 4 个螺钉，使衔铁向上移动，将衔铁和摩擦盘间隙调至 1 mm 之后，用螺母将其锁紧再试车，主轴制动迅速，故障排除。

2. 孔加工时表面粗糙度值太大的故障维修

（1）故障现象：零件孔加工时表面粗糙度值太大，无法使用。

（2）故障分析：此故障的主要原因是主轴轴承的精度降低或间隙增大。

（3）故障处理：调整轴承的预紧量。经几次调试，主轴精度恢复，加工孔的表面粗糙度也达到了要求。

任务五　数控机床进给传动系统的装调与维修

数控机床进给传动系统的任务是实现执行机构（刀架、工作台等）的运动。数控机床的机械结构较之传统机床已大大简化，大部分是由进给伺服电动机经过联轴器与滚珠丝杠直接相连，只有少数早期生产的数控机床，伺服电动机还要经过 1～2 级齿轮或带轮降速再传动丝杠，然后由滚珠丝杠副驱动刀架或工作台运动。进给传动系统的故障直接影响数控机床的正常运行和工件的加工质量，加强对进给传动系统的维护和修理也是一项非常重要的工作。

进给传动系统的故障大部分是由于运动质量下降所造成的，例如机械执行部件达不到规定位置、运动中断、定位精度下降、反向间隙过大、机械出现爬行、轴承磨损严重、噪声过大、机械摩擦过大等。因此，经常通过调整各运动副的预紧力、调整松动环节、调整补偿环节等排除故障，达到保证运动精度的目的。

一、进给元件

典型的数控机床进给传动系统通常由位置比较器、放大元件、驱动单元、机械传动装置和检测反馈元件等几部分组成。机械传动装置包括减速装置、丝杠副等中间传动机构。各部分的作用和要求见表 3-3。

表 3-3　　　　　　　　　　　进给传动元件的作用和要求

名称	作用和要求
导轨	导轨是机床基本结构要素之一，其作用是支撑和引导运动部件沿一定的轨道运动。数控机床对导轨的要求高，如高速进给时不振动、低速进给时不爬行、有高的灵敏度、能在重负载下连续工作、耐磨性高、精度保持性好等都是数控机床导轨需满足的条件
丝杠副	丝杠副的作用是实现直线运动与回转运动的相互转换；数控机床对丝杠副的要求：传动效率高，传动灵敏，摩擦力小，动、静摩擦力之差小，能保证运动平稳，不易产生低速爬行现象；轴向运动精度高，施加预紧力后可消除轴向间隙；反向时无空行程
轴承	轴承主要用于支承丝杠，使其能够高速高精度转动，在丝杠的两端均要安装轴承

名称	作用和要求
丝杠支架	该支架内安装轴承,在基座的两端均安装一个,主要用于安装滚珠丝杠,从而带动工作台或刀架运动
联轴器	联轴器是伺服电动机与丝杠之间的连接元件,电动机的转动通过联轴器传递给丝杠使丝杠转动,从而带动工作台运动
伺服电动机	伺服电动机是工作台或刀架移动的动力元件,传动系统中传动元件的动力均由伺服电动机产生,每根丝杠都装有一个伺服电动机
润滑系统	润滑系统可减少阻力和摩擦、磨损,避免低速爬行,降低高速时的温升,并且可防止导轨面、滚珠丝杠副锈蚀。常用的润滑剂有润滑油和润滑脂,其中导轨主要用润滑油,丝杠主要润滑脂

二、同步齿形带传动副

数控机床进给系统最常用的同步齿形带的工作面有梯形齿和圆弧齿两种,其中梯形齿同步带最为常用。同步齿形带传动综合了带传动和链传动的优点,运动平稳,吸振好,噪声小。缺点是对中心距要求高,带和带轮制造工艺复杂,安装要求高。同步齿形带的带型从最轻型到超重型共分七种。选择同步齿形带时,首先根据要求传递的功率和小带轮的转速选择同步齿形带的带型和节距,然后根据要求传递的速率比确定小带轮和大带轮的直径。通常在带速和安装尺寸条件允许时,小带轮直径尽量取大一些。再根据初选轴间距计算的带长,选取标准同步带。最后确定带宽和带轮的结构和尺寸。

同步齿形带传动的主要失效形式是皮带的疲劳断裂、带齿剪切,以及同步皮带两侧和带齿的磨损,因而同步皮带传动校核主要是限制单位齿宽的拉力,必要时还要校核工作齿面的压力。

三、齿轮传动副

由于数控机床进给系统的传动齿轮副存在间隙,在开环系统中会造成进给运动的位移值滞后于指令值,反向时会出现反向死区,影响加工精度。在闭环系统中,由于有反馈作用,滞后量可得到补偿,但反向时会使伺服系统产生振荡而不稳定。为了提高数控机床伺服系统的性能,在设计时必须采取相应的措施,使间隙减小到允许的范围内,通常采取下列方法消除间隙。

(一)刚性调整法

刚性调整法是调整之后,齿侧间隙不能自动补偿的调整法,因此齿轮的周节公差及齿厚要严格控制,否则影响传动的灵活性。这种调整方法结构比较简单,且有较好的传动刚度。其主要的方法有偏心套调整法、轴向垫片调整法、斜齿轮垫片调整法。

(二)柔性调整法

柔性调整法是调整之后,齿侧间隙仍可自动补偿的调整法。这种方法一般都采用调整压力弹簧的压力来消除齿侧间隙,并在齿轮的齿厚和周节有变化的情况下保持无间隙啮合,但这种结构较复杂,轴向尺寸大,传动刚度低,传动平稳性也差。其主要的方法有轴向压簧调整法和周向弹簧调整法。

四、滚珠丝杠螺母副

（一）滚珠丝杠螺母副的结构

滚珠丝杠螺母副（图 3-20）的作用是把由进给电动机带动的旋转运动转化为刀架或工作台的直线运动。

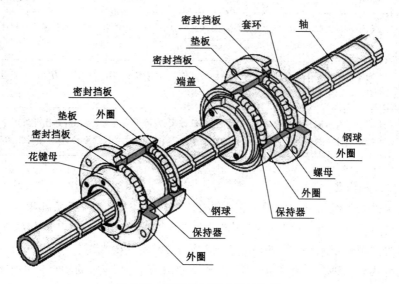

图 3-20　滚珠丝杠螺母副结构图

在丝杠和螺母上加工有弧形螺旋槽，当它们套装在一起时形成螺旋滚道，并在滚道内装上滚珠。当丝杠对螺母相对旋转时，螺母产生了轴向位移，而滚珠则沿着滚道滚动。螺母螺旋槽的两端用回珠器连接起来，使滚珠能够周而复始地循环运动，管道的两端还起着挡珠的作用，以防滚珠沿滚道掉出。

丝杠副内滚珠回道运动方式分内、外循环式两种结构。内循环式滚珠丝杠结构尺寸小，但由于循环器受尺寸所限，滚珠循环及散热条件差，制约了丝杠高速旋转。外循环式滚珠丝杠循环器有局部在丝母外，散热好，但安装尺寸较大。滚珠丝杠螺母副必须有可靠的轴向消除间隙的机构，并易于调整安装。

（二）滚珠丝杠副间隙的调整方法

为了保证滚珠丝杠副的反向传动精度和轴向刚度，必须消除滚珠丝杠副的轴向间隙，为此常采用双螺母结构，即利用两个螺母的相对轴向位移，使两个螺母中的滚珠分别贴紧在螺旋滚道的两个相反的侧面上。用这种方法预紧消除轴向间隙时，应注意预紧力不宜过大（小于 1/3 最大轴向载荷），否则会使空载力矩增加，从而降低滚珠丝杠副的传动效率，缩短其使用寿命。

滚珠丝杠螺母预紧方式可分为单螺母和双螺母两种。单螺母丝杠副的预紧力是在出厂时完成的，基本上是一次性的，也就是说进入使用阶段后很难再调整了。双螺母丝杠副的预紧力虽然在出厂时已经调好，但是进入使用环节后，特别是使用一段时间需要调整丝杠副间隙时，可以通过增减调整垫的厚度进行再次预紧。常用的双螺母丝杠间隙的调整方法有：

（1）垫片调隙式。如图 3-21 所示，原理是通过增加垫片厚度，使两个螺母在相对的方向上产生轴向力，消除间隙，增加预紧力。

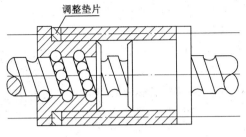

图 3-21 垫片调隙式

（2）螺母调隙式。如图 3-22 所示，原理同垫片调隙式，只是调整的手段不是垫片，而是两个锁紧螺母。

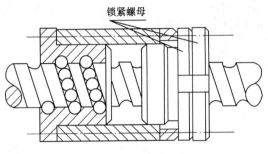

图 3-22 螺母调隙式

（3）齿差调隙式。如图 3-23 所示，其原理是通过在两个螺母凸缘上的圆柱外齿轮，分别与固紧在套筒两端的内齿圈相啮合，其齿数分别为 Z_1、Z_2，并相差一个齿。调整时，先取下内齿圈，让两个螺母相对于套筒同方向都转动一个齿，然后再插入内齿圈，则两个螺母便产生相对角位移，其轴向位移量为：

$$S = \left(\frac{1}{Z_1} - \frac{1}{Z_2}\right)P_h$$

式中，Z_1、Z_2 为齿轮的齿数；P_h 为滚珠丝杠的导程。

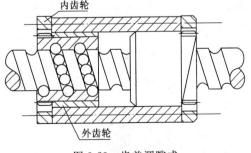

图 3-23 齿差调隙式

目前许多丝杠螺母副预紧力采用"双螺母加垫"预紧调整，维修时这种方法为常见形式。

（三）滚珠丝杠间隙消除与润滑

1. 双螺母滚珠丝杠副的间隙消除

首先判断丝杠间隙：如果丝杠无间隙，有一定的预紧力时，转动丝母时会感觉到有一定的阻力,似乎有些"阻尼",并且全行程均如此,说明丝杠没有间隙,不需要调整。相反,如果丝杠和丝母之间会很松垮地配合,则说明丝杠和丝母之间存在间隙,就需要调整了。

步骤1:将丝母上的键式定位销固定螺钉松开,取下定位销。注意丝母上相隔180°有两个键式定位销,均需要拆卸下来,如图3-24所示。

步骤2:将已经分离的前后螺母反方向旋转,将其完全松开,取下两个半月板。

步骤3:根据丝杠副之间的空载力矩情况(手感),选择塞尺与半月板同时插入两丝杠螺母之间,并将丝杠螺母锁紧到位,锁紧到位的标志是键销定位槽对齐。

图3-24　滚珠丝杠副外观

这时再转动丝杠螺母,直至手感有些阻力,同时键销定位槽又能够对齐,说明厚度正好。

步骤4:将两螺母松开,测量半月板和所插入塞尺的总厚度,重新制作半月板,试装。

步骤5:如果厚度适宜,丝杠和丝杠螺母配合良好,安装丝杠螺母上的两个键销,键销上紧固定螺丝。

2. 滚珠丝杠螺母副的密封与润滑

滚珠丝杠螺母副密封与润滑的日常检查是我们在操作使用中要注意的问题。对于丝杠螺母的密封,就是要注意检查密封圈和防护套,以防灰尘和杂质进入滚珠丝杠螺母副。

对于丝杠螺母的润滑,如果采用油脂润滑,则应按照说明书定期注入润滑脂(不同型号的丝杠,使用不同的润滑脂,注油周期不同)。如果使用稀油润滑时则要定期检查注油孔是否畅通,一般在检修时观察丝杠上面的油膜即可。需要注意的是,当采用稀油润滑时,一般导轨和丝杠采用的是同一个集中润滑系统,油路从集中润滑泵定量输出,通过分配器输送到各轴的导轨及丝杠润滑点。

五、滚珠丝杠副的安装

(一)滚珠丝杠副的安装方式

滚珠丝杠副的安装方式如图3-25所示,最常用的通常有以下几种。

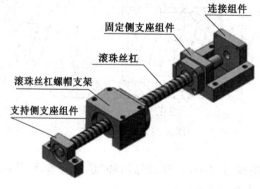

连接组件

固定侧支座组件

滚珠丝杠

滚珠丝杠螺帽支架

支持侧支座组件

图3-25　滚珠丝杠副的安装示意图

1. 固定与自由方式

如图 3-26 所示,丝杠一端固定,另一端自由。固定端轴承同时承受轴向力和径向力,这种支承方式用于行程小的短丝杠或者用于全闭环的机床,因为这种结构的机械定位精度是最不可靠的,特别是对于长径比大的丝杠(滚珠丝杠相对细长),热变性是很明显的,1.5 m 长的丝杠在冷、热的不同环境下变化 0.05～0.10 mm 是很正常的。但是由于它的结构简单,安

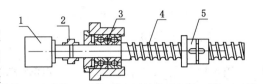

图 3-26　滚珠丝杠副固定与自由方式
1——电动机;2——弹性联轴器;3——轴承;
4——滚珠丝杠;5——滚珠丝杠螺母

装调试方便,许多高精度机床仍然采用这种结构,但是必须加装光栅,采用全闭环反馈,如德国马豪的机床大都采用此结构。

2. 固定与支承方式

如图 3-27 所示,丝杠一端固定,另一端支承。固定端同时承受轴向力和径向力;支承端只承受径向力,而且能做微量的轴向浮动,可以减少或避免因丝杠自重而出现的弯曲,同时丝杠热变形可以自由地向一端伸长。这种结构使用最广泛,目前国内中小型数控车床、立式加工中心等均采用这种结构。

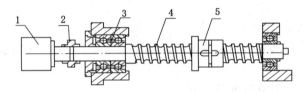

图 3-27　滚珠丝杠副固定与支承方式
1——电动机;2——弹性联轴器;3——轴承;4——滚珠丝杠;5——滚珠丝杠螺母

3. 固定与固定方式

如图 3-28 所示,丝杠两端均固定。固定端轴承都可以同时承受轴向力,这种支承方式可以对丝杠施加适当的预紧力,提高丝杠支承刚度,部分补偿丝杠的热变形。大型机床、重型机床以及高精度机床常采用此种方案。

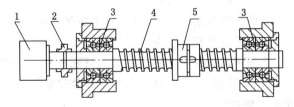

图 3-28　滚珠丝杠副固定与固定方式
1——电动机;2——弹性联轴器;3——轴承;4——滚珠丝杠;5——滚珠丝杠螺母

这种丝杠的调整比较烦琐,如果两端的预紧力过大,将会导致丝杠最终的行程比设计行程要长,螺距也要比设计螺距大,如果两端锁母的预紧力不够,会导致相反的结果,并容易引起机床振荡,精度降低,所以这类丝杠在拆装时一定要按照原厂商说明书调整或借助仪器(双频激光测量仪)调整。

（二）滚珠丝杠副的安装步骤及注意事项

1. 安装步骤

具体操作见表 3-4。

表 3-4   滚珠丝杠副的安装步骤

步骤	说明
1	把丝杠的两端底座预紧
2	用游标卡尺分别测量丝杠两端与导轨之间的距离,保证其相等,以保持丝杠的同轴度
3	丝杠的同轴度测量完毕后,把杠杆百分表放在导轨上的滑块上,分别测量导轨上螺栓的高度,在低的一端底座下边垫上铜片,保证导轨两端在同一高度上
4	若底座下面垫铜片,底座位置变了,丝杠与导轨之间的距离会变,则进行下一步;若底座没垫铜片,丝杠正好在要求高度时,而底座没动,就不用进行下一步
5	再用游标卡尺分别测量丝杠两端与导轨之间的距离,使之相等,以保持丝杠的对称度。目的:丝杠在运动时,保证丝杠的同轴度、对称度,可防止丝杠变形
6	测完后把各个螺栓拧紧

2. 安装滚珠丝杠副时的注意事项

（1）丝杠的中心线必须和与之配套导轨的中心线平行,两端的轴承座与螺母座必须三点成一线。

（2）螺母安装应尽量靠近支承轴承。

（3）滚珠丝杠安装到机床时,不要把螺母从丝杠轴上卸下来。如必须卸下来,要使用辅助轴套,否则装卸时滚珠有可能脱落。

3. 螺母装卸时的注意事项

（1）辅助套筒外径应小于丝杠小径 0.1～0.2 mm。

（2）辅助套筒在使用中必须靠紧丝杠轴肩。

（3）装卸时不可使用过大力,以免损坏螺母。

（4）螺母装入安装孔时要避免撞击和偏心。

工作经验:将辅助套筒推至螺纹起始端面,从丝杠上将螺母旋至辅助套筒上,连同螺母、辅助套筒一并小心取下,注意不要使滚珠散落。

注意:滚珠丝杠的安装顺序与拆卸顺序相反。必须特别小心谨慎地安装,否则螺母丝杠或其他内部零件可能会受损或掉落,导致滚珠丝杠传动系统提前失效。

六、滚珠丝杆螺母副的维护

（1）滚珠丝杠的防护:滚珠丝杠副和其他滚动摩擦的传动元件一样,应避免硬质灰尘或切屑等污物进入,因此必须有防护装置。如滚珠丝杠副在机床上外露,应采用封闭的防护罩,如采用螺旋弹簧带套管、伸缩套管以及折叠式套管。安装时将防护罩的一端连接在滚珠螺母的端面,另一端固定在滚珠丝杠的支承座上。如果处于隐蔽的位置,则可采用密封圈防护,密封圈装在螺母的两端。接触式的弹性密封圈用耐油橡胶或尼龙制成,其内孔做出与丝杠螺纹滚道相配的形状,接触式密封圈的防尘效果好,但因有接触压力,而使摩擦力矩略有增加。非接触式密封圈又称迷宫式密封圈,它用硬质塑料制成,其内孔与丝杠螺纹滚道的形状相反,并稍有间隙,这样可避免摩擦力矩,但防尘效果差。工作中应避免碰击防护装置,防护装置一旦损坏要及时更换。

(2)滚珠丝杠副的润滑:润滑剂可提高耐磨性及传动效率。润滑剂可分为润滑油和润滑脂两大类。润滑油为一般全损耗系统用油或90～180号汽轮机油、140号或N15主轴油,而润滑脂一般采用锂基润滑脂。润滑脂通常加注在螺纹滚道和安装螺母的壳体空间内,而润滑油则经过壳体上的油孔注入螺母的内部。通常每半年应对滚珠丝杠上的润滑脂更换一次,清洗丝杠上的旧润滑脂,涂上新的润滑脂。润滑脂的给脂量一般为螺母内部空间容积的1/3,滚珠丝杠副出厂时在螺母内部已加注锂基润滑脂。用润滑油润滑的滚珠丝杠副,则可在每次机床工作前加油一次,给油量随使用条件等的不同而有所变化。

(3)若滚珠丝杠副在机床上外露,应采用封闭的防护罩。常用的防护罩有螺旋弹簧钢带套管、伸缩套管、锥形套筒及折叠式的塑料或人造革防护罩,以防止尘埃和磨粒黏附到丝杠表面。安装时,将防护罩的一端连接在滚珠螺母的端面,另一端固定在滚珠丝杠的支承座上。防护罩的材料要有耐蚀和耐油的性能。

(4)支承轴承的定期检查:应定期检查丝杠支承与床身的连接是否有松动,以及支承轴承是否损坏等。如有以上问题,要及时紧固松动部位并更换支承轴承。

常见滚珠丝杠副的故障诊断与维修方法见表3-5。

表 3-5 滚珠丝杠副的故障诊断与维修方法

序号	故障现象	故障原因	排除方法
1	加工件表面粗糙值高	导轨润滑油不足,致使溜板爬行	加润滑油,排除润滑故障
		滚珠丝杠有局部拉毛或研损	更换或修理丝杠
		丝杠轴承损坏,运动不平稳	更换损坏轴承
		伺服电动机未调整好,增益过大	调整伺服电动机控制系统
2	反向误差大,加工精度不稳定	丝杠与电动机轴之间的联轴器锥套松动	重新紧固并用百分表反复测试
		丝杠滑板配合压板过紧或过松	重新调整或修研,以0.03 mm塞尺不能塞入为合格
		丝杠轴滑板配合镶块过紧或过松	重新调整或修研,使接触率达70%以上,以0.015 mm塞尺不能塞入为合格
		滚珠丝杠预紧力过紧或过松	调整预紧力。检查轴向窜动值,使其误差不大于0.015 mm
		滚珠丝杠螺母端面与接合面不垂直,接合过松	修理、调整或加垫处理
		丝杠支座轴承预紧力过紧或过松	修理调整
		滚珠丝杠制造误差大或轴向窜动	用控制系统自动补偿功能消除间隙,用仪器测量并调整丝杠窜动
		润滑油不足或没有	调节至各导轨面均有润滑油
		其他机械干涉	排除干涉部位

序号	故障现象	故障原因	排除方法
3	滚珠丝杠在运转中转矩过大	两滑板配合压板过紧或研损	重新调整或修研压板,以 0.04 mm 塞尺不能塞入为合格
		滚珠丝杠螺母反向器损坏,滚珠丝杠卡死或轴端螺母预紧力过大	修复或更换丝杠并精心调整
		丝杠研损	更换丝杠
		电动机与滚珠丝杠连接不同轴	调整同轴度并紧固连接座
		无润滑油	调整润滑油路
		超程开关失灵造成机械故障	检查故障并排除
		伺服电动机过热报警	检查故障并排除
4	丝杠、螺母润滑不良	分油器不分油	检查定量分油器
		油管堵塞	清除污物使油管畅通
5	滚珠丝杠副噪声过大	滚珠丝杠轴承压盖压合不良	调整压盖,使其压紧轴承
		滚珠丝杠润滑不良	检查分油器和油路,使润滑油充足
		滚珠产生破损	更换滚珠
		电动机与丝杠联轴器松动	拧紧联轴器,锁紧螺钉
6	滚珠丝杠不灵活	轴向预加载荷太大	调整轴向间隙和预加载荷
		丝杠与导轨不平行	调整丝杠支座位置,使丝杠与导轨平行
		螺母轴线与导轨不平行	调整螺母座的位置
		丝杠弯曲变形	矫直丝杠

任务六 机床导轨的装调与维修

导轨主要用来支承和引导运动部件沿一定的轨道运动。在导轨副中,运动的部分叫作动导轨,不动的部分叫作支承导轨。动导轨相对于支承导轨的运动,通常是直线运动和回转运动。

机床导轨是机床基本结构要素之一。从机械结构的角度来说,机床的加工精度和使用寿命很大程度上由机床导轨的产品质量决定。如高速进给时不振动、低速进给时不爬行、高的灵敏度、能在重负载下长期连续工作、耐磨性高、精度保持特性好等都是机床导轨所必须满足的要求。

数控机床所用的导轨,从其类型上看,用得最广泛的是塑料导轨、滚动导轨和静压导轨三种。

一、塑料导轨

塑料导轨多与铸铁导轨或淬硬钢导轨配合使用,对于塑料滑动导轨,由于其自身诸多的优点,如摩擦因数小,动、静摩擦系数差很小,运行平稳,能防止低速爬行现象,定位精度高,耐磨性好,抗撕伤能力强等,已非常广泛地被各种类型的数控机床所采用。

塑料导轨按工艺可分为贴塑导轨和注塑导轨。导轨带及机床实例如图 3-29 所示。

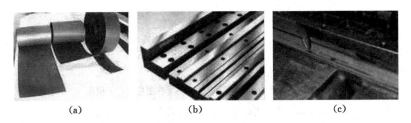

图 3-29　镶钢导轨与聚四氟乙烯贴塑带

(a) 聚四氟乙烯带；(b) 镶钢导轨；(c) 机床实例

（一）贴塑导轨

贴塑导轨是在动导轨的摩擦表面上贴一层塑料软带，以降低摩擦系数，提高导轨的耐磨性。导轨软带材料是聚四氟乙烯（PTFE），它以聚四氟乙烯为基体，加入青铜粉、二硫化铝和石墨等填充物混合烧结，并做成软带状。与之相配的导轨副多为铸铁导轨或淬硬钢导轨。可在原导轨面上进行黏结，不受导轨形式的限制。加工性和化学稳定性好，工艺简单，成本低，并有良好的自润滑性和抗振性。这种导轨出现的主要故障多为黏结时工艺掌握不好，使软带与导轨基面黏结不牢而造成的，解决起来较为容易。这种导轨摩擦系数为 0.03～0.05，且耐磨性、减振性、工艺性均好，广泛应用于中小型数控机床。

导轨软带的使用工艺简单，先将导轨黏贴面加工至表面粗糙度值 Ra 为 3.2～1.6 μm，有时为了起定位作用，还要在导轨黏贴面加工 0.5～1 mm 深的凹槽，清洗黏贴面后，用黏结剂黏结，加压固化后，再进行精加工即可，如图 3-30 所示。

这类典型的导轨软带有美国生产的 Turcite-B 导轨软带、Rulon 导轨软带，国产的 TSF 软带以及配套用的 DJ 黏结剂（用于聚四氟乙烯导轨软带黏结的黏结剂为导轨胶，主

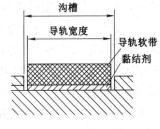

图 3-30　贴塑导轨

要有两类：无氟导轨胶和含氟导轨胶。无氟导轨胶有国产的 F-4S、F-4D、FS 等牌号。含氟导轨胶有国产的 F-2、F-3、FN 等牌号和美国 Raychem 公司生产的氟树脂黏结剂等）。贴塑导轨有逐渐取代滚动导轨的趋势，不仅适用于数控机床，而且还适用于其他各种类型机床的导轨。此外，贴塑导轨的应用可使旧机床修理和数控化改装中机床结构的修改减少，因而更扩大了塑料导轨的应用领域。

（二）注塑导轨

注塑导轨又称为涂塑导轨，其抗磨涂层是环氧型耐磨导轨涂层。抗磨涂层以环氧树脂和二硫化钼为基体，加入增塑剂，混合成膏状为一组分，固化剂为另一组分的双组分塑料涂层。注塑导轨有良好的可加工性、良好的摩擦特性及耐磨性，其抗压强度比聚四氟乙烯导轨软带要高，特别是可在调整好支承导轨和运动导轨间的相对位置精度后注入塑料，能节省很多工时，适用于大型和重型机床。

使用时，先将导轨涂层面加工成锯齿形，如图 3-31 所示，清洗与塑料导轨配合的金属导轨面并涂上一薄层硅油或专用脱模剂（以防与耐磨导轨涂层黏结），将涂层涂抹于导轨面，固化后，将两导轨分离。

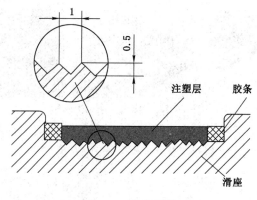

图 3-31　注塑导轨

（三）导轨黏结工艺

（1）准备：黏结场地需清洁无尘，环境温度以 10～40 ℃为宜，相对湿度小于 75%。软带采用单面化学处理，深褐色一面为黏结面，蓝绿色一面为工作面。用剩的软带和专用胶需防潮、避光保存。相配导轨应略宽于软带导轨。

（2）裁剪：软带裁剪尺寸可按金属导轨黏结面的实际尺寸适当放一些余量，宽度单边可放 2～4 mm，以防黏贴时滑移；长度单边可放 20～60 mm，便于黏贴时两端拉紧。

（3）清洗：黏结前需对金属导轨黏结面除锈去油，可先用砂布、砂纸或钢丝刷清除锈斑杂质，然后再用丙酮擦洗干净、晾干；若旧机床油污严重，可先用 NaOH 碱液洗刷，然后再用丙酮擦洗；有条件的话，也可对金属导轨黏结面做喷砂处理，同时用丙酮擦洗软带的深褐色黏结面，晾干备用。

（4）配胶：专用胶须随配随用，按 A 组分∶B 组分＝1∶1 的重量比称量混合，搅拌均匀后即可涂胶。

（5）涂胶：可用"带齿刮板"或 1 mm 厚的胶木片进行涂胶。专用胶可纵向涂于金属导轨上，横向涂于软带上，涂层应均匀，胶层不宜太薄或太厚，厚度宜控制在 0.08～0.12 mm 之间。

（6）黏贴：软带刚黏贴在金属导轨上时需前后左右蠕动一下，使其全面接触；用手或器具从软带长度中心向两边挤压，以赶走气泡；对大中型机床，可用封箱带（BOPP）黏贴定位。

（7）固化：固化在室温下进行，固化时间 24 h，固化压力 0.06～0.1 MPa，加压必须均匀，可利用机床工作台自身的重量反转压在床身导轨上，必要时再加重物。若产品上批量使用，也可定制压铁作配压件。为避免挤出的余胶黏住床身导轨，可预先在床身导轨面上铺一层油封纸或涂一层机油。

（8）加工：固化后，应先将工作台沿导轨方向推动一下，然后再抬起翻转，清除余胶，并沿着金属导轨黏结面方向切去软带的工艺余量并倒角。软带具良好的刮削性能，可研磨、铣削或手工刮研至精度要求，机加工时必须用冷却液充分冷却，且进刀量要小；配刮则可按通常刮研工艺进行，接触面均匀达 70%即可。软带开油孔、油槽方式与金属导轨相同，但建议油槽一般不要开透软带，油槽深度可为软带厚度的 1/2～2/3，油槽离开软带边缘 6 mm 以上。

（四）导轨黏贴工艺技术准则

（1）剪切软带时，为防止其变形，宜在平板上用切刀切开。

（2）黏贴前需要用丙酮把待贴金属和软带表面清洗干净。

（3）使用黏结剂时，其胶层厚度一般宜为 0.08～0.13 mm，使用温度范围 5～120 ℃，保存期应在一年之内（5～15 ℃可保存 2 年）。

（4）与导轨软带相匹配的金属表面粗糙度 $Ra=0.35\sim0.5$。金属表面可以磨削或用砂纸打磨。

（5）黏合后需均匀施加一定的接触压力，以使软带在导轨面上黏结更为牢固。其接触压力范围以 75 kPa 为宜，可以直接压在导轨上，压力不够可加重物。在黏结固化过程中，接触压力必须恒定，且存放在远离振源的地基超过 24 h。

（6）如果导轨软带表面几何精度不能满足使用要求，可对导轨软带进行任何方式的精加工。

（7）导轨软带表面上可以开油槽，其加工方法与加工铸铁相类似。油槽的形状和深度必须合理：油槽绝不允许穿透导轨软带，油槽与软带边缘的距离不能小于 3 mm。

（8）待胶调好后，即可采用毛刷涂刷，也可以用塑料板刮，为取得较好的黏结效果，可在经活化处理的导轨软带面（黑褐色面）横向涂刷一遍，在拖板导轨面纵向涂刷两遍，总厚度控制在 0.08～0.13 mm，以便使合拢时胶纹成网状，压实后胶遍布整个导轨面。

（9）待刷胶后，等胶出现拉丝现象，即可黏结，黏结时将软带从一端逐渐铺至另一端，避免内有空气。铺好后用手将导轨软带按实，然后在床身导轨上铺上油光纸，以免导轨软带与床身黏上，最后将溜板配压在床身导轨上。为防止固化时导轨软带变形和出现气泡，在滑板上垂直于导轨软带方向适当加压，待 36 h 即可固化完成。

（10）修整加工。黏结完后，应修切多余的飞边，使导轨软带尺寸比溜板导轨基体在各边都窄 1～2 mm，并做成 45°或 60°倒角，以防机加工或使用中剥离。对于普通级的机床如普通车床、铣床，黏结时不考虑留出余量，按计算尺寸黏好后即可使用。对于精密机床可留 0.1～0.2 mm 余量，然后进行机械加工或刮研。最后在导轨软带上加工出油眼和油槽，这样使工件润滑能更佳。对于车床尾座底板导轨的修理同样采取黏结导轨软带，与溜板导轨黏结方法相同。

二、静压导轨

（一）液体静压导轨

液体静压导轨的滑动面之间开有油腔，将有一定压力的油通过节流器输入油腔，形成压力油膜，使运动部件浮起，导轨工作表面处于纯液体摩擦状态，不产生磨损，精度保持性好。同时，摩擦系数极低（$\mu=0.000\,5$），使驱动功率大大降低；其运动不受速度和负载的限制，低速无爬行，承载能力大，刚度好；油液有吸振作用，抗振性好，导轨摩擦发热也小。其缺点是结构复杂，要有供油系统，油的清洁度要求高。

液体静压导轨由于承载的要求不同，可分为开式静压导轨和闭式静压导轨两种，工作原理与液体静压轴承完全相同。

（1）开式静压导轨的结构：开式静压导轨是指不能限制工作台从导轨上分离的静压导轨，如图 3-32 所示。这种导轨的载荷总是指向导轨，不能承受相反方向的载荷，并且不易达到很高的刚性。这种静压导轨用于运动速度比较低的重型机床。

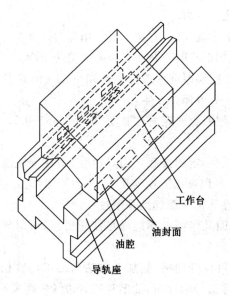

图 3-32　开式静压导轨

　　(2) 闭式静压导轨的结构:闭式静压导轨是指导轨设置在机座的几个面上,能够限制工作台从导轨上分离的静压导轨。闭式静压导轨承受载荷的能力小于开式静压导轨,但闭式静压导轨具有较高的刚性且能够承受反向载荷,因此常用于可承受倾斜覆盖力矩的场合。

　　(二)气体静压导轨

　　气体静压导轨利用恒定压力的空气膜,使运动部件之间均匀分离,以得到高精度的运动,其摩擦系数小,不易引起发热变形。但是气体静压导轨中的空气膜会随空气压力波动而发生变化,承载能力小,故常用于载荷不大的场合,如数控坐标磨床和三坐标测量机。

　　三、滚动导轨

　　(一)滚动导轨的特点

　　滚动导轨适用于要求移动部件运动平稳、灵敏及实现精密定位的场合,在数控机床上得到了广泛的应用。滚动导轨的导轨工作面之间有滚动体,导轨面的摩擦为滚动摩擦。滚动导轨摩擦系数小($\mu=0.002\,5\sim0.005$),动、静摩擦系数很接近,不受运动速度变化的影响,因而具有以下优点:运动轻便灵活,所需驱动功率小;摩擦发热少,磨损小,精度保持性好;低速运动时,不易出现爬行现象,定位精度高;滚动导轨可以预紧,显著提高刚度。滚动导轨的缺点是结构较复杂、制造较困难、成本较高。此外,滚动导轨对脏物较敏感,因此必须要有良好的防护装置。

　　(二)滚动导轨的种类

　　滚动导轨分为开式滚动导轨和闭式滚动导轨两种,其中开式滚动导轨用于加工过程中载荷变化较小、颠覆力矩较小的场合。当颠覆力矩较大、载荷变化较大时则用闭式滚动导轨,此时采用预加载荷的方法,消除其间隙,减小工作时的振动,并能大大提高导轨的接触刚度。

　　滚动导轨也可以按照滚动体的滚动是否沿封闭的轨道返回做连续运动分为滚动体循环

式滚动导轨和滚动体不循环式滚动导轨两类。滚动体循环式滚动导轨按滚动体的不同又可分为滚珠式滚动导轨和滚柱式滚动导轨两种。这种导轨常做成独立的标准化部件,由专业工厂生产,简称为滚动导轨支承。在一条动导轨上,根据导轨长度不同而固定不同数量的滚动导轨支承。

滚动导轨支承由于结构紧凑、使用方便、刚度良好并可应用在任意行程长度的运动部件上,故国内外精密数控机床都逐渐采用这种滚动导轨支承。

（三）滚动导轨的结构形式

1. 滚动导轨块

滚动导轨块已做成独立的标准部件,如图 3-33(a) 所示,它是一种滚动体在导轨上做循环运动的滚动导轨单元。运动部件移动时,滚动体沿封闭轨道做循环运动,具有刚度高、承载能力大、便于拆装等特点,可直接装在任意行程长度的运动部件上,结构形式如图 3-33(b) 所示。1 为防护板,端盖 2 与导向片 4 引导滚动体返回,5 为保持器。使用时,用螺钉将滚动导轨块紧固在导轨面上。当运动部件移动时,滚柱 3 在导轨面与本体 6 之间滚动且不接触,同时又绕本体 6 循环滚动,因而该导轨面不需硬磨光。

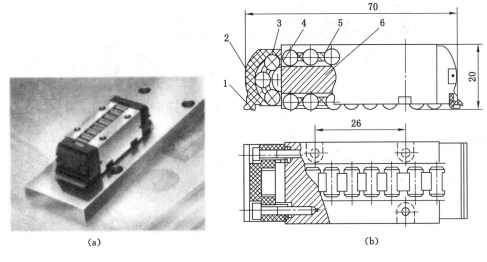

(a)　　　　　　　　　　　　(b)

图 3-33　滚动导轨块

(a) 外观;(b) 结构

1——防护板;2——端盖;3——滚柱;4——导向片;5——保持器;6——本体

2. 直线滚动导轨

直线滚动导轨由专业生产厂家生产,又称为单元直线滚动导轨(直线导轨),如图 3-34 所示。直线滚动导轨除导向外还能承受颠覆力矩(倾覆力矩),它制造精度高,可高速运行,并能长时间保持高精度,通过预加负载可提高刚度,具有自调节的能力,安装基面许用误差大。图 3-35 所示为 TBA-UU 型直线滚动导轨。它由 4 列滚珠组成,分别配置在导轨的两个肩部,可以承受任意方向(上、下、左、右)的载荷。

直线滚动导轨摩擦系数小、精度高、安装和维修都很方便,并且由于它是一个独立部件,对机床支承导轨的部分性能要求不高,不需淬硬,也不需磨削或刮研,只要精铣或精刨。由

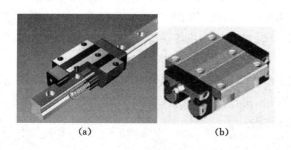

图 3-34　直线导轨外观图

（a）直线导轨副；（b）直线导轨滑块

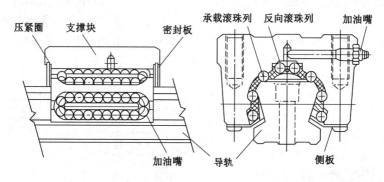

图 3-35　TBA-UU 型直线滚动导轨结构图

于这种导轨可以预紧，因而比滚动体不循环的滚动导轨刚度高，承载能力大，但上述性能不如滑动导轨。另外，直线滚动导轨的抗振性能也低于滑动导轨，为提高直线滚动导轨抗振性，可在其导轨上安装抗振阻尼滑座，同时有过大振动和大惯性及冲击载荷的机床不宜应用直线导轨。

　　直线运动滚动导轨的移动速度可以达到 60 m/min，在数控机床和加工中心上得到了广泛的应用。

　　本次任务所叙述的不同导轨的形式与适用特点见表 3-6。

表 3-6　　　　　　　　　　　　　　导轨形式及适用特点

导轨形式	结构	特点	适用	容易产生的故障
镶钢贴塑导轨	钢导轨与工作台下面的聚四氟乙烯面以及它们之间的油膜产生滑动摩擦	刮研后接触面好，稳定性高，强力切削性能好。静惯性矩大，启动力矩大，动态特性稍差	强力重切削机床钢件、不锈钢件，目前中型数控机床广泛使用	贴塑面对润滑要求严，一旦缺少润滑，贴塑面很快损坏，维修成本高，必须刮研修复
静压导轨	通过压力油分布在导轨面各点，工作台浮在导轨上面	摩擦系数小，受力好，结构复杂，制造成本高	大型龙门或大型镗铣床，工作台承重大	压力点不平衡，出油口堵塞，工作台飘浮低于允差，压力点平衡调整难度大

续表 3-6

导轨形式	结构	特点	适用	容易产生的故障
气浮导轨	通过小孔气压,将工作台浮在导轨上运动	摩擦系数小,受力好,对环境要求严,适用于高速加工	专用高速加工机床	对环境要求高,气候和环境质量非常重要
直线导轨	滑块与导轨之间通过滚珠滚动产生相对运动	滚动摩擦惯性矩小、动态特性好,点群接触,强力切削性差	切削力适中的高速加工机床,如铝材箱体加工等	磨损快,滑块与导轨一旦产生间隙,切削时机床易产生振动。维修更换容易
滚动导轨与滑块	与直线导轨原理相似,但链式滑块多为滚针形式	线接触,滚动摩擦惯性矩小、动态特性好,受力条件比直线导轨好,工艺性比直线导轨差	中型机床或龙门机床横梁多采用这一结构	滑块寿命周期有限,但更换维护容易

四、导轨副的安装与维护

(一)导轨副的安装

以直线滚动导轨副的安装为例介绍导轨副的安装。

(1)检查装配面设备,导轨的基准侧面[图 3-36(a)]与安装台阶的基准侧面相对[图 3-36(b)]。

(2)检查螺栓的位置,确认螺栓孔位置正确[图 3-36(c)]。

(3)拧紧固定螺钉,使导轨基准侧面与安装台阶侧面相接[图 3-36(d)]。

(4)最后拧紧安装螺钉,依次拧紧滑块的紧固螺钉[图 3-36(e)、图 3-36(f)]。

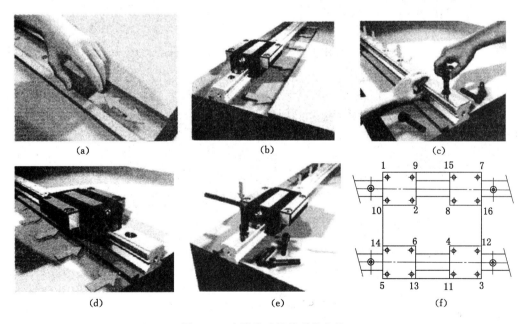

图 3-36　直线滚动导轨副的安装

注意:安装时首先正确区分基准导轨副与非基准导轨副,一般基准导轨副上有"J"的标记,滑块儿上有磨光的基准侧面,如图 3-37 所示;其次认导轨副安装时所需的基准侧面,如图 3-38 所示。

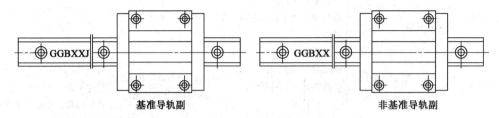

图 3-37　基准导轨副与非基准导轨副的符号区分

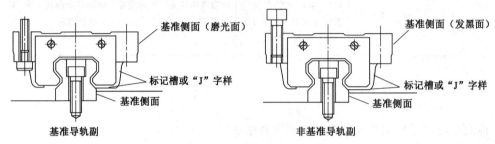

图 3-38　基准侧面的区分

(二)导轨副的维护

1.间隙调整

导轨接合面之间的间隙大小直接影响导轨的工作性能。间隙过小不仅会增加运动阻力,而且还会加速导轨磨损;间隙过大又会导致导向精度降低,易引起振动。因此,导轨必须设置间隙调整装置以利于保持合理的导轨间隙。常用压板和镶条来调整导轨间隙。

(1)压板:压板是矩形导轨常用的几种间隙调整装置,如图 3-39(a)所示,这种结构刚性好,结构简单,但调整费时,适用于不经常调整间隙的导轨;图 3-39(b)所示是在压板和动导轨接合面之间放几片垫片,这种结构调整方便,但刚度较差,且调整量受垫片厚度限制;图 3-39(c)所示是在压板和支承导轨面之间装一平镶条,这种结构调整方便,但由于镶条与螺钉只有几个点接触,刚度较差,多用于需要经常调整间隙、刚度要求不高的场合。

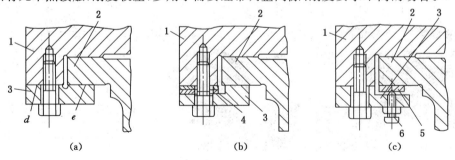

(a)　　　　　　　(b)　　　　　　　(c)

图 3-39　压板

(a)带沟槽压板;(b)带垫片压板;(c)带平镶条压板

1——动导轨;2——支承导轨;3——压板;4——垫片;5——平镶条;6——螺钉

（2）镶条：常用的镶条有平镶条与斜镶条两种。图 3-40 所示是平镶条的两种形式，用来调整矩形导轨和燕尾形导轨的间隙，特点与图 3-39(c) 所示的结构类似。

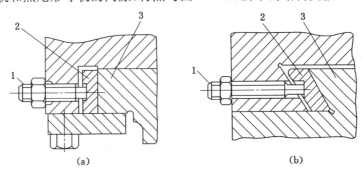

图 3-40　平镶条的结构

(a) 用于调整矩形导轨；(b) 用于调整燕尾形导轨

1——螺钉；2——平镶条；3——支承导轨

斜镶条指两侧面分别与动导轨和支承导轨均匀接触，且镶条在高度方面做成倾斜状，纵向没有斜度，其刚度比平镶条高，制造工艺性较差。

图 3-41 所示是斜镶条的三种结构。斜镶条的斜度在 1∶100～1∶40 之间选取，镶条长，可选较小斜度；镶条短，则选较大斜度。图 3-41(a) 所示的结构是用螺钉 1 推动镶条 2 移动来调整间隙的，其结构简单，但螺钉与镶条上的沟槽之间的间隙会引起镶条在运动中窜动，从而影响导向精度和刚度。为防止镶条窜动，可在导轨另一端再加一个与图示结构相同的调整结构。图 3-41(b) 所示的结构是通过修磨开口垫圈 3 的厚度来调整间隙，这种结构的缺点是调整麻烦。图 3-41(c) 所示的结构是用螺母 6、7 来调整间隙的，用螺母 5 锁紧。其特点是工作可靠，调整方便。

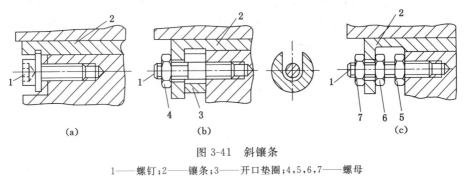

图 3-41　斜镶条

1——螺钉；2——镶条；3——开口垫圈；4,5,6,7——螺母

间隙调整方法为：T 形压板用螺钉固定在运动部件上，运动部件内侧和 T 形压板之间放置斜镶条，调整时，借助压板上几个推拉螺钉使镶条上下移动，从而调整间隙。

2. 滚动导轨的预紧

预紧滚动导轨可提高滚动导轨的接触刚度和消除间隙。立式滚动导轨预紧可防止滚动体脱落和歪斜。

3. 导轨副的润滑

导轨副表面进行润滑后，可降低摩擦系数，减少磨损，并且可以防止导轨面锈蚀。导轨副常用的润滑剂有润滑油和润滑脂,前者用于滑动导轨,而滚动导轨则两种都可用。滚动导轨在 $v<15$ m/min 低速运行时,推荐用锂基润滑脂润滑。导轨副的润滑方式如下:

(1) 最简便的导轨副润滑方法是人工定期加油或用油杯供油,这种方法操作简单,成本低,但不可靠。一般适用于调节用的辅助导轨及运动速度低、工作不频繁的滚动导轨。

(2) 数控机床润滑系统采用专门的供油系统。因其加工速度较高,导轨润滑主要采用压力循环润滑和定时定量润滑两种润滑方式。供油系统采用润滑泵加压力油强制润滑,这样不但可以连续或间歇给导轨进行润滑,而且还可以利用油的流动冲洗和冷却导轨表面。

常用润滑油有国外的 JAX、道康宁、克鲁勃及国内精润、可赛、亚杜等品牌,用油型号有 L-AN10(类别代号:L——润滑剂和有关产品;A——全损耗系统油;N——电器绝缘油;10——质量指标,参考 GB/T 7631.13—2012)、L-AN15、L-AN32、L-AN46、L-AN68,精密机床导轨油 L-HG68(H——液压油;G——导轨油),汽轮机油 L-TSA32、L-TSA46 等。油液牌号不能随便选,要求润滑油黏度随温度的变化要小,以保证有良好的润滑性能和足够的油膜刚度,且油中杂质应尽可能少,避免侵蚀机件。

4. 导轨副的防护

为了防止切屑磨粒或切削液散落覆盖在导轨面上而引起磨损、擦伤和锈蚀,导轨面上应设置有可靠的防护罩。在机床使用过程中,应防止损坏防护罩,对叠层式防护罩应经常用刷子蘸机油清理移动接缝,以避免碰壳卡夹现象的产生。

五、进给传动机构的维护

(1) 每次操作机床前都要先检查润滑油箱油位是否在使用范围内,如果低于最低油位,需加油后方可操作机床。注意开机时加油不要加到油箱上液位,否则可能会在停机后溢出油液,污损场地。

(2) 操作结束时,要及时清扫工作台、导轨防护罩上的切屑。

(3) 如果机床停放时间过长没有运行,特别是春季(北方春季及南方夏季气候潮湿)停机时间太长没有运行,进给传动零件容易生锈,维护时应先打开导轨、滚珠丝杠的防护罩,将导轨、滚珠丝杠等零件擦干净,然后加上润滑油再开机运行。

(4) 每月检查并及时对加工中心各轴的行程开关进行清洁,保持其灵敏度。

模块四 液压气动装置及辅件的维修维护

任务一 数控机床液压装置维护

现代数控机床在实现整机的全自动化控制中,还需要配备液压和气动装置来辅助实现整机的自动运行功能,所用的液压和气动装置要求结构紧凑、工作可靠、易于控制和调节。

液压传动装置机械结构紧凑、动作平稳可靠、易于调节、噪声较小,但要配置液压泵和油箱,防止油液泄漏污染环境。机床可以不再单独配置气动动力源,气动装置结构简单,工作中速度控制和动作频率高,适合用于完成频繁启动的辅助工作。装置过载时比较安全,不易发生过载时部件损坏事故。

一、液压系统的应用

液压传动系统在数控机床的机械控制与系统调整中占有很重要的位置,它所担任的控制、调整任务仅次于电气系统。液压传动系统被广泛应用到主轴液压卡盘的卡紧与松开、主轴箱的液压平衡、主轴箱齿轮的调挡变速、主轴轴承的润滑、机械手的自动换刀、静压导轨与回转工作台及尾座的伸缩等结构中。

液压系统液压站油箱的应用如图4-1所示。

图 4-1 液压站与油箱的应用

二、液压系统的维护要点

(1)控制油液污染、保持油液清洁是确保液压系统正常工作的重要措施。油液污染会加速液压元件的磨损,液压系统的故障有 80% 是由于油液污染所引发的。

(2) 控制液压系统中油液的温升是减少能源消耗、提高系统效率的一个重要环节。一台机床的液压系统,若油温变化范围大,其产生后果如下:

① 影响液压泵的吸油能力及容积效率。

② 系统工作不正常,压力、速度不稳定,动作不可靠。

③ 液压元件内外泄漏增加。

④ 加速油液的氧化变质。

(3) 控制液压系统泄漏。因为泄漏和吸空是液压系统常见的故障。要控制泄漏,首先是提高液压元件零部件的加工精度、装配质量以及管道系统的安装质量;其次是提高密封件的质量,注意密封元件的安装使用与定期更换;最后是加强日常维护。

(4) 防止液压系统振动与噪声。振动影响液压元件的性能,使螺钉松动、管接头松脱,从而引起漏油。因此要防止和排除振动现象。噪声影响人身健康与生产效率。

(5) 严格执行日常点检制度。液压系统故障存在着隐蔽性、可变性和难以判断性。应对液压系统的工作状态进行点检,把可能产生的故障现象记录在日检维修卡上,减少故障的发生。

(6) 严格执行定期清洗、过滤和更换制度。液压设备在工作过程中,由于冲击振动、磨损和污染等因素,容易产生管件松动、金属件和密封元件磨损,因此必须对液压件及油箱等定期清洗和维修,对油液、密封元件执行定期更换制度。

三、液压系统的点检

液压系统除了要进行维护外还要进行点检。所谓点检,就是按有关维护文件规定,对数控机床进行定点和定时的检查和维护。液压系统具体点检内容有:

(1) 各液压阀、液压缸、软管与接头是否有外漏。

(2) 液压泵或液压电动机运转时是否有异常噪声等现象。

(3) 液压缸移动时,工作是否正常平稳。

(4) 液压系统的各点压力值是否在规定的范围内,压力是否稳定。

(5) 油液的温度是否在允许的范围内。

(6) 液压系统工作时有无高频振动。

(7) 电气控制或撞块(凸轮)控制的换向阀工作是否灵敏可靠。

(8) 油箱内油量是否在油标刻线范围内。

(9) 行程开关或限位挡块的位置是否有变动。

(10) 液压系统手动或自动工作循环时是否有异常现象。

(11) 定期对油箱内的油液进行取样化验,检查油液质量,定期过滤或更换油液。

(12) 定期检查蓄能器的工作性能。

(13) 定期检查冷却器和加热器的工作性能。

(14) 定期检查和紧固重要部位的螺钉、螺母、接头和法兰。

(15) 定期检查更换密封件。

(16) 定期检查、清洗或更换液压件。

(17) 定期检查、清洗或更换滤芯。

(18) 定期检查、清洗油箱和管道。

模块四　液压气动装置及辅件的维修维护

作为液压系统,其主要元件有:液压缸、液动机、液压阀、蓄能器、泵装置、油箱、压力表、滤油器、管路、管接头、加热器和冷却器等。这些液压元件的常见故障及其诊断和排除方法见表 4-1～表 4-3。

表 4-1　　　　　　　　　　　　液压泵常见故障及其排除方法

序号	故障现象	故障原因	排除方法
1	噪声严重及压力波动大	泵的滤油器被污物阻塞	用干净的清洗油将滤油器去除污物
		油位不足,吸油位置太高,吸油管露出油面	加油到油标位,降低吸油位置
		泵的主动轴与电动机联轴器不同心,有扭曲摩擦	调整泵的主动轴与电动机联轴器的同心度,不超过 0.2 mm
		泵齿轮啮合精度不够	对研齿轮,使其达到齿轮啮合精度
		泵轴的油封骨架脱落,泵体不密封	更换合格泵轴油封
2	输油量不足	轴向间隙与径向间隙过大	由于运动磨损而造成,间隙过大时更换零件
		泵体裂纹与气孔泄漏	出现裂纹要更换泵体,出现泄漏要在泵体与泵盖间加入纸垫,紧固各连接处螺钉
		油液黏度太高或油温过高	20 号机械油适用于 10～50 ℃的温度工作。若三班工作,应装冷却装置
		电动机反转	纠正电动机旋转方向
		滤油器有污物,管道不畅通	清除污物,更换油液,保持油液清洁
		压力阀失灵	修理或更换压力阀
3	油泵运转不正常或有咬死现象	泵轴向间隙及径向间隙过小	更换零件,调整轴向或径向间隙
		滚针转动不灵活	更换滚针轴承
		盖板与轴的同心度不好	更换盖板,使其与轴同心
		压力阀失灵	检查压力阀弹簧是否失灵,阀体小孔是否被污物堵塞,滑阀和阀体是否失灵。更换弹簧,清除阀体小孔污物或换滑阀
		泵轴与电动机间联轴器同心度不够	调整泵轴与电动机联轴器同心度,不超过 0.2 mm
		泵中有杂质	清除杂质,去除污物

表 4-2　　　　　　　　　　　　整体多路阀常见故障及其排除方法

序号	故障现象	故障原因	排除方法
1	工作压力不足	溢流阀调定压力偏低	调整溢流阀压力
		溢流阀的滑阀卡死	拆开清洗,重新组装
		调压弹簧损坏	更换弹簧
		管路压力损失太大	更换管路或在允许压力范围内调整溢流阀压力

序号	故障现象	故障原因	排除方法
2	工作油量不足	系统供油不足	检查油源
		阀内泄漏量大	若由于油温过高、黏度下降所引起,则降低油温;若油液选择不当,则更换油液;若滑阀与阀体配合间隙过大,则更换相应零件
		复位失灵由弹簧损坏引起	更换弹簧
		Y 形密封圈损坏	更换 Y 形密封圈
		油口安装法兰面密封不良	检查相应部位紧固与密封
		各接合面螺钉、调压螺钉松动	紧固相应部件

表 4-3   电磁换向阀常见故障及其排除方法

序号	故障现象	故障原因	排除方法
1	滑阀动作失灵	阀被拉坏	修整滑阀与阀孔的毛刺及拉坏表面
		阀体变形	调整安装螺钉的压紧力、安装转矩,不得大于规定值
		复位弹簧折断	更换弹簧
2	电磁线圈烧损	线圈绝缘不良	更换线圈
		电压太低	使用电压应在额定电压的 90% 以上
		工作压力和流量超过规定值	调整工作压力,或采用性能更高的阀
		回油压力过高	检查背压,应在规定值以下,如 16 MPa

四、润滑与冷却系统的维护

数控机床上的润滑与冷却系统与普通机床有很大的差别。在普通机床上,一般采用手工润滑与单管冷却的方式。在数控机床上,一般采用自动润滑,润滑间隔时间可以根据需要而调整。数控机床一般采用多管淋浴式冷却方式。

(一)润滑系统的维护

(1)每天检查润滑器中润滑油是否足够,不足时通过给油口及时添加高品质的润滑油,如 68 号油。

(2)每月定期检查给油口滤网,清除杂质。每年对整个润滑油箱清洗一次。

(3)定期检查液压泵各接头有无堵塞。

(4)定期将工作台 X、Y、Z 轴防护伸缩板移开,深入工作台下逐个拆开油排各个接口,检查是否有油通过,判断油路是否堵塞。

(二)冷却系统的维护

(1)适时更换切削液。每 2~3 天检查切削液浓度及状况,并调配好切削液与水的比例,防止机床生锈。

(2)保持切削液循环畅通。每周定期清除切削液水槽过滤网上的积屑。

(3)定期清洁切削液水箱。清洁水箱时将切削液抽干,冲洗水箱及水管,清洁过滤网后再添加切削液。

任务二　数控机床气动装置的维护

数控机床常利用气动来控制和实现机床部分功能。数控车床配有气动刀塔、气动卡盘等装置。加工中心有实现主轴吹气等功能的气动装置,有的加工中心还利用气动装置来完成刀具的夹紧和松开等动作。

一、空液分离器的应用

(1) 每日检查设备,通过气压调节阀进行调节,保持气源压力 6～8 kgf/cm²(1 kgf/cm² = 98 066.5 Pa),流量 200 L/min。

(2) 每日给空压三点组合装置排水,上推排水管即可,如图 4-2 所示。

(3) 每月检查并及时添加 10 号锭子油,保持气压管路的润滑。给油至容器的油量上限 80% 即可,油加太满时不会动作。

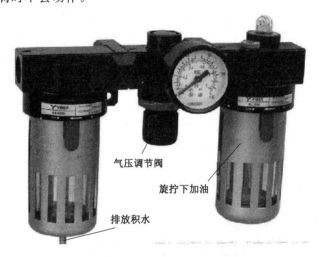

气压调节阀

旋拧下加油

排放积水

图 4-2　三点组合式空液分离器

二、气动系统的维护

气动系统中的空液分离器和油雾器应定期放水与清洗。气动系统在数控机床中主要用于对工件、刀具定位面(如主轴锥孔)和交换工作台的自动吹屑,清理定位基准面,工件的夹紧、放松等。

(1) 保证供给洁净的压缩空气。压缩空气中通常都含有水分、油分和粉尘等杂质。水分会使管道、阀门和气缸等元件腐蚀;油分会使橡胶、塑料等材料变质;粉尘还可造成阀体动作失灵。选用合适的过滤器清除压缩空气中的杂质,使用过滤器时应及时排除积存的液体,否则,当积存液体接近挡水板时,气流仍可将积存物卷起。

(2) 保证空气中含有适量的润滑油。大多数气动执行元件和控制元件都要求适度的润滑,如果润滑不良将会发生以下故障:

① 由于摩擦阻力增大而造成气缸推力不足,阀芯动作失灵。

② 由于密封材料的磨损而造成空气泄漏。

③ 由于生锈而造成元件的损伤及动作失灵。

润滑的方法一般采用油雾器进行喷雾润滑,油雾器一般安装在过滤器和减压阀之后。油雾器的供油量一般不宜过多,通常每 10 m³ 的自由空气供 1 mL 的油量(即 40～50 滴油)。检查润滑是否良好的一个方法是找一张清洁的白纸放在换向阀的排气口附近,如果阀在工作 3～4 个循环后,白纸上有很轻的油斑点,表明润滑是良好的。

(3) 保持气动系统的密封性。漏气不仅增加了能量的消耗,也会导致供气压力的下降,甚至造成气动元件工作失常。严重的漏气在气动系统停止运行时,由漏气引起的响声很容易发现。轻微的漏气则利用仪表或用涂抹肥皂水的办法进行检查。

(4) 保证气动元件中运动零件的灵敏性。从空气压缩机排出的压缩空气,包含有粒度为 0.01～0.08 μm 的压缩机油微粒,在排气温度为 120～220 ℃的高温下,这些油粒会迅速氧化,氧化后油粒颜色变深,黏性增大,并逐步由液态固化成油泥,这种微米级以下的颗粒一般过滤器无法滤除。当它们进入到换向阀后便附着在阀芯上,使阀的灵敏度逐步降低,甚至出现动作失灵。为了清除油泥,保证灵敏度,可在气动系统的过滤器之后安装油雾分离器,将油泥分离出来。此外,定期清洗阀也可以保证阀的灵敏度。

(5) 保证气动装置具有合适的工作压力和运动速度。调节工作压力时,压力表应当工作可靠,读数准确。减压阀与节流阀调节好后,必须紧固阀盖的锁紧螺母,防止松动。

三、气动系统点检要点

气动系统除了进行日常维护外,重点要进行点检与定检工作。

(1) 管路系统点检:主要内容是对冷凝水和润滑油的管路冷凝水的排放,一般应当在气动装置运行之前进行,但是当夜间温度低于 0 ℃时,为防止冷凝水冻结,气动装置运行结束后,就应开启放水阀门将冷凝水排放。补充润滑油时,要检查油雾器中油的质量和滴油量是否符合要求,此外点检还应包括检查供气压力是否正常、有无漏气现象等。

(2) 气动元件的点检:主要内容是彻底处理系统的漏气现象。例如,更换密封元件,处理管接头或连接螺钉松动等,定期检验测量仪表、安全阀和压力继电器等。气动元件的点检内容见表 4-4。

表 4-4   气动元件的点检内容

元件名称	点检内容
气缸	(1) 活塞杆与端盖之间是否漏气; (2) 活塞杆是否划伤、变形; (3) 管接头、配管是否松动、损伤; (4) 气缸动作时,有无异常声音; (5) 缓冲效果是否合乎要求
电磁阀	(1) 电磁阀外壳温度是否过高; (2) 电磁阀动作时,阀芯工作是否正常; (3) 气缸行程到末端时,通过检查阀的排气口是否有漏气,确定电磁阀是否漏气; (4) 螺栓及管接头是否松动; (5) 电压是否正常,电线有否损伤; (6) 通过检查排气口是否被油润湿,或排气是否会在白纸上留下油斑点,来判断润滑是否正常

元件名称	点检内容
油雾器	(1) 油杯内油量是否足够,润滑油是否变色混浊,油杯底部是否有沉积和水层; (2) 滴油量是否适当
减压阀	(1) 压力表读数是否在规定范围内; (2) 调压阀盖或锁紧螺母是否锁紧; (3) 有无漏气
过滤器	(1) 储水杯中是否积存冷凝水; (2) 滤芯是否应该清洗或更换; (3) 冷凝水排放阀动作是否可靠
安全阀与 压力继电器	(1) 在调定压力下,动作是否可靠; (2) 校验合格后,是否有铅封或锁紧未解除; (3) 电线是否损伤,绝缘是否合格

四、气动系统常见的故障

(一)执行元件的故障

数控机床常用的气动执行元件是气缸。气缸的种类很多,但其故障形式有着一定的共性,主要是气缸的泄漏导致输出力不足、动作不平稳、缓冲效果不好以及外载荷造成的气缸损坏等。

产生上述故障的原因有:密封圈损坏、润滑不良、活塞杆偏心或有损伤;缸筒内表面有锈蚀或缺陷,进入了冷凝水杂质;活塞或活塞杆卡住;缓冲部分密封圈损坏或性能差;调节螺钉损坏,气缸速度太快;由偏心负载或冲击负载等引起的活塞杆折断。

排除上述故障的办法通常是在查清故障原因后,有针对性地采取相应措施。常用的有更换密封圈、加润滑油、清除杂质、重新安装活塞杆使之不受偏心负荷、过滤器检查有问题要更换、定期更换缓冲装置调节螺钉或其密封圈、避免偏心载荷和冲击载荷作用在活塞杆上、在外部或回路中设置缓冲机构等。这些办法有时要多管齐下,才能将同时出现的几种故障现象予以消除。

(二)控制元件的故障

数控机床所用气动系统中控制元件的种类较多,主要是各种阀类,如压力控制阀、流量控制阀和方向控制阀等。这些元件在气动控制系统中起着信号转换、放大、逻辑控制作用,以及压缩空气的压力、流量和流动方向的控制作用。对它们可能出现的故障进行诊断及有效地排除,是保证数控机床气动系统正常工作的前提。

(1)减压控制阀常见故障有:二次压力升高、压力降很大(流量不足)、漏气、阀泄漏、异常振动等。

造成这些故障的原因有:调压弹簧损坏、阀座有伤痕或阀座橡胶有剥离、阀体中进入灰尘、阀活塞导向部分摩擦阻力大、阀体接触面有伤痕等。排除方法较为简单,首先是找准故障部位,查清故障原因,然后对出现故障的地方进行处理。如更换损坏了的弹簧、阀体、阀座、密封件等;清洗、检查过滤器,不再让杂质混入。注意所选阀的规格要与需要相适应等。

(2)安全阀(溢流阀)常见的故障有:压力虽已上升但不溢流、压力未超过设定值却溢出、有振动发生、从阀体和阀盖向外漏气。

产生这些故障的原因多数是阀内部混入杂质或异物,将孔堵塞或将阀的移动零件卡死。调压弹簧损坏,阀座损伤、膜片破裂、密封件损伤、压力上升速度慢、阀放出流量过多引起振动等。解决方法通常是更换破损的零件、密封件、弹簧。清洗阀内部,微调溢流量使其与压力上升速度相匹配。

（3）流量控制阀较为简单,如出现故障可参考前面所述方法解决。

（4）方向控制阀中以换向阀的故障最为常见且典型。常见故障为阀不能换向、阀泄漏、阀产生振动等。造成这些故障的原因如下:润滑不良,滑动阻力和始动摩擦力大、密封圈压缩量大或膨胀变形、尘埃或油污等被卡在滑动部分或阀座上、弹簧卡住或损坏、密封圈压缩量过小或有损伤、阀杆或阀座有损伤、壳体有缩孔、压力低(先导式)、电压低(电磁阀)等。其解决办法也很简单,即针对故障现象,有目的地进行清洗,更换破损零件和密封件,改善润滑条件,提高电源电压,提高先导阀操作压力。

任务三　刀架与换刀装置的装调与维修

刀架一般用在以加工轴类零件为主的数控车床上,刀具沿 X、Z 向进行各种车削、镗削、钻削等加工,所加工孔的中心线一般都与 Z 轴重合,偏心孔加工则要靠夹具协助完成。车削中心上的动力刀具可以沿 Y 轴运动,完成中心线与 Z 轴不重合的孔加工,实现工序集中的目的,刀架外观如图 4-3 所示。

（a）　　　　　　　　　　（b）

图 4-3　刀架

（a）带动力头的转塔刀架;（b）电动刀架

一、经济型数控车床方刀架

（一）车床方刀架的结构

经济型数控车床方刀架是在普通车床四方刀架的基础上发展的一种自动换刀装置,其功能和普通四方刀架一样,有四个刀位,能装夹四把不同功能的刀具,方刀架回转 90°时刀具交换一个刀位,方刀架的回转和刀位号的选择是由加工程序指令控制的。

换刀时,方刀架的动作顺序是:刀架抬起、刀架转位、刀架定位和夹紧。上述动作要由相应的机构来实现,下面就以 WZD4 型刀架为例说明其结构。

如图 4-4 所示,刀架可以安装四把不同的刀具,转位信号由加工程序指定。当刀指令发出后,电动机 1 启动正转,通过平键套筒联轴器 2 使蜗杆轴 3 转动,从而带动蜗轮 4 转动。蜗轮的上部外圆柱加工有外螺纹,所以该零件也称为蜗轮丝杠。刀架体 7 内孔加工有内螺纹,与蜗轮丝杠旋合。蜗轮丝杠内孔与刀架中心轴外圆是滑配合(即间隙配合或过渡配合),在转位换刀时,中心轴固定不动,蜗轮丝杠环绕中心轴旋转。当蜗轮开始转动时,由于在刀架底座 5 和刀架体 7 上的端面齿处在啮合状态,且蜗轮丝杠轴向固定,刀架体 7 抬起。当刀架体抬至一定距离后,端面齿脱开,转位套 9 通过销钉与蜗轮 4 连接,随蜗轮丝杠一同转动。当端面齿完全脱开,转位套正好转过 160°(A—A 截面),球头销 8 在弹簧力的作用下进入转位套 9 的槽中,带动刀架体转位。刀架体 7 转动时带动电刷座 10 转动,当转到程序指定的刀号时,粗定位销 15 在弹簧的作用下进入粗定位盘 6 的槽中进行粗定位,同时电刷 13、14 接触导通,使电动机 1 反转。由于粗定位槽的限制,刀架体 7 不转动,只在该位置垂直落下,刀架体 7 和刀架底座 5 上的端面齿啮合,实现精确定位。电动机继续反转,此时蜗轮停止转动,蜗杆轴 3 继续转动,夹紧力增加,转矩不断增大,当达到一定值时,电动机 1 在传感器的控制下停止转动。

译码装置由发信盘 11 和电刷 13、14 组成,电刷 13 发信号,电刷 14 判断位置,当刀架不定期出现过位或不到位时,可松开螺母 12,调好发信盘 11 与电刷 14 的相对位置。

(二)刀架故障的案例分析与处理

1. 经济型数控车床刀架旋转不停的故障分析与排除

故障现象:刀架旋转不停。

故障分析:刀架刀位信号未发出。应检查发信盘的弹性片触头是否磨坏、地线是否断路。

故障处理:更换弹性片触头或调整发信盘地线。

2. 经济型数控车床刀架转不到位的故障分析与排除

故障现象:刀架转不到位。

故障分析:发信盘触点与弹簧片触点错位。应检查发信盘夹紧螺母是否松动。

故障排除:重新调整发信盘与弹簧片触点位置,锁紧螺母。

3. 经济型数控车床自动刀架不动的故障分析与排除

故障现象:刀架不动。

故障分析:① 电源无电或控制箱开关位置不对。② 电动机相序接反。③ 夹紧力过大。④ 机械卡死,当用 6 mm 六角扳手插入蜗杆端部顺时针转不动时,即为机械卡死。

故障处理:① 检查电动机是否旋转。② 检查电动机是否反转。③ 可用 6 mm 六角扳手插入蜗杆端部顺时针旋转,如用力时可转动,但下次夹紧后仍不能启动,则可将电动机夹紧电流按说明书稍调小一些。④ 观察夹紧位置,检查反靠定位销是否在反靠棘轮槽内。如果定位销在反靠棘轮槽内,将反靠棘轮与蜗杆连接销孔回转一个角度,重新钻孔连接。检查主轴螺母是否锁死,如螺母锁死应重新调整。检查润滑情况,如因润滑不良而造成旋转零件研死,应拆开处理。

4. SAG210/2NC 型数控车床刀架不转的故障分析与排除

故障现象:上刀体抬起但转动不到位。

故障分析:该车床所配套的刀架为 LD4-1 四工位电动刀架。根据电动刀架的机械原理,上刀体不能转动的原因可能是粗定位销在锥孔中卡死或断裂。拆开电动刀架,更换新的定位销后,上刀体仍然不能旋转到位。重新拆卸,发现在装配时,上刀体与下刀体的四边不对齐,且齿牙盘没有完全啮合,而装配要求是装配上刀体时,应与下刀体的四边对齐,而且齿牙盘必须啮合。

故障处理:按照上述要求装配。

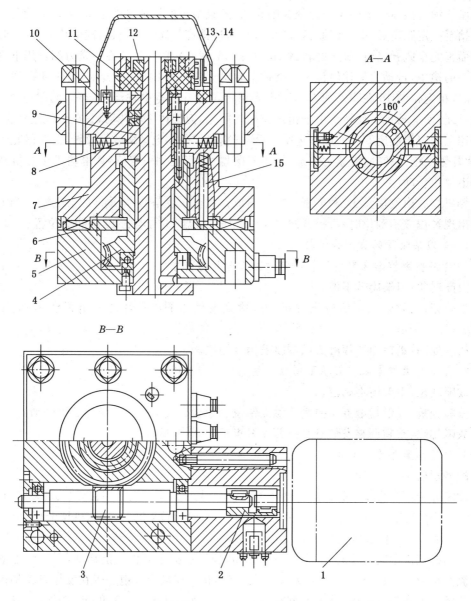

图 4-4 WZD4 型刀架

1——电动机；2——平键套筒联轴器；3——蜗杆轴；4——蜗轮；5——刀架底座；6——粗定位盘；7——刀架体；
8——球头销；9——转位套；10——电刷座；11——发信盘；12——螺母；13,14——电刷；15——粗定位销

5. CKD6140 型数控车床刀架不能动作的故障分析与排除

故障现象：电动机无法启动，刀架不能动作。

故障分析：数控车床配套的刀架为 LD4-1 四工位电动刀架。分析该故障产生的原因，可能是电动机相序接反或电源电压偏低，但调整电动机电枢线及电源电压后，故障仍不能排除，这说明故障为机械原因所致。将电动机罩卸下，旋转电动机风叶，发现阻力过大。打开电动机进一步检查发现，蜗杆轴承损坏，电动机轴与蜗杆离合器质量差，使电动机旋转遇到阻力。

故障处理：更换轴承，修复离合器。

（三）方刀架常见故障排除方法

方刀架在经济型数控车床及普通车床中广泛应用。该刀架配置较低，精度不高，一般用来加工一些批量大、精度低、大切削量的工件，相对来说机床刀架的故障就会频频产生。经济型数控车床一般配装经济型电动刀架，它由普通三相异步电动机驱动机械换位并锁紧工件，其常见的故障及排除方法如下。

1. 刀架因机械故障卡死

粗定位销(2个)折断；中轴弯曲或折断；蜗轮蜗杆损坏；电动机与刀架体之间的联轴器损坏。更换相应部件。

2. 刀架转位不停

磁铁位置不正确，调整它与传感元件的相对位置，左右对正、前后距离适中（一般为2～3 mm）；被换位的传感元件损坏或连线折断，更换传感元件，恢复连线；刀架没有连上＋24 V电源，重新连接＋24 V电源。

3. 刀架换位正常，有锁紧动作，但锁不紧

中轴弯曲需更换；反转时间不足。需修改相应参数解决故障。

4. 执行换位命令时无动作

电动机缺相，需恢复其动力电路；电动机损坏。需更换解决故障。

二、转塔刀架(双齿盘转塔刀架)

转塔刀架由刀架换刀机构和刀盘组成。转塔刀架的刀盘用于刀具的安装，刀盘的背面装有端齿盘，用于刀盘的圆周定位。换刀机构是刀盘实现开机定位、转动换刀位、定位和夹紧的传动机构。换刀时，刀盘的定位机构首先脱开，驱动电动机带动刀盘转动。当刀盘转动到位后，定位机构重新定位，并由夹紧机构夹紧。加工时，如果端齿盘上的定位销拔出，切削力过大或撞刀，刀盘会产生微量转动，这时圆光栅会检测到刀架的转动信号，数控系统收到信号后通过 PLC 发出刀架过载报警信号，机床会迅速停止。

转塔刀架的换刀动力刀具装置由三部分组成：动力源、变速装置和刀具附件（如钻孔和铣削附件等）。

（一）动力刀具装置

如车削中心加工工件端面或圆柱面上与工件不同心表面时，主轴带动工件做分度运动或直接参与插补运动，切削加工的主运动由动力刀具来实现。图 4-5 所示为车削中心转塔刀架上的动力刀具结构。

当动力刀具在转塔刀架上转到工作位置时[图 4-5(a)位置]，定位夹紧后发出信号，驱动液压缸 3 的活塞杆通过杠杆带动离合齿轮轴 2 左移，离合齿轮轴左端的内齿圈与动力刀具传动轴 1 右端的齿轮啮合，此时由大齿轮 4 驱动动力刀具旋转。当控制系统接收到转塔刀架上动力刀具需要转位的信号时，驱动液压缸活塞杆带动离合齿轮轴右移至转塔刀盘体内，脱开主传动后动力刀具在转塔刀架上才开始转位换位。

（二）刀架的维护

刀架的维护主要包括以下几个方面：

(1) 每次上、下班时清扫散落在刀架表面上的灰尘和切屑。刀架体内的部件容易积留一些切屑，几天就会粘连成一体，清理起来很费事，且容易与切削液混合发生氧化腐蚀等化学反应。特别是刀架体都要旋转时抬起，到位后反转落下，容易将未及时清理的切屑卡在装

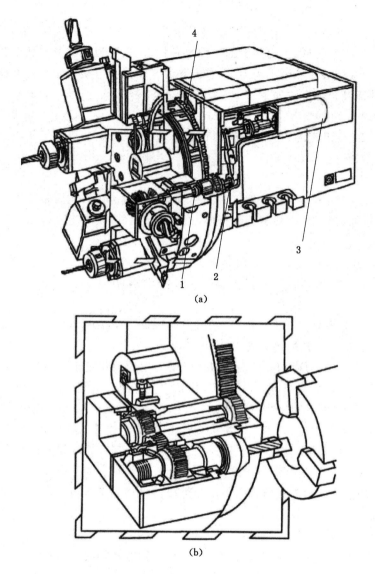

图 4-5　车削中心上的动力刀具结构

（a）总体结构；（b）反向设置的动力刀具

1——动力刀具传动轴；2——离合齿轮轴；3——液压缸；4——大齿轮

置里。故应在每次上、下班时清理刀架表面。

（2）及时清理刀架体上的异物，防止其进入刀架内部，保证刀架换位的顺畅无阻，利于刀架回转精度的保持；及时拆开并清洁刀架内部机械接合处，减少故障发生。如内齿盘上有碎屑就会造成夹紧不牢或加工尺寸不稳定。定期对电动刀架进行清洁处理，包括拆开电动刀架、对定位齿盘进行清扫。

（3）严禁超负荷使用。

（4）严禁撞击、挤压通往刀架的连线。

（5）减少刀架被间断撞击（断续切削）的机会，严防刀架与卡盘、尾座等部件碰撞。

（6）保持刀架的润滑良好，定期检查刀架内部润滑情况，避免造成旋转件研死，导致刀架不能启动。

（7）尽可能减少腐蚀性液体的喷溅。如无法避免，应在下班后及时擦拭干净，并涂油保养。

（8）注意刀架预紧力的大小要适度，如过大会导致刀架不能转动。

（9）经常检查并紧固连线、元件传感器（发信盘）、磁铁等部件。注意发信盘螺母连接紧固，如果松动，易引起刀架的越位过冲或转不到位。

（10）定期检查刀架内部机械配合是否松动，否则容易造成刀架不能正常夹紧。

（11）定期检查刀架内部反靠定位销、弹簧、反靠棘轮等是否起作用，以免造成机械卡死。

三、自动换刀装置（ATC）的故障诊断

（一）斗笠式换刀装置的结构和动作原理

自动换刀装置（ATC）是数控机床加工中心的重要执行机构，如图 4-6 所示，它的可靠性将直接影响机床的加工质量和生产率。

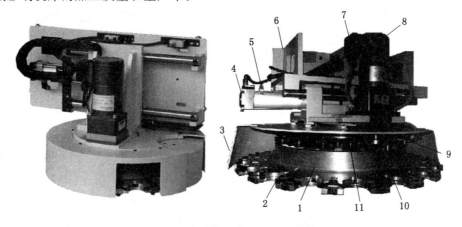

图 4-6　自动换刀装置（ATC）结构

1——刀盘；2——卡簧；3——防护罩；4——气缸；5——磁性开关（2 个）；6——刀库支架；
7——电动机接线盒；8——刀盘驱动电动机；9——接近开关；10——槽轮；11——马氏槽轮

自动换刀是指机床自动换刀系统发出控制指令后，机械手将机床主轴与刀库之间的刀具进行自动交换，也有数控机床是通过主轴与刀库的相对运动而直接交换刀具。数控车床及车削中心的换刀装置大多是依靠电动或液压回转刀架完成的，对于小直径零件也有用排刀式刀架完成换刀。刀库的结构类型很多，大都采用链式、盘式结构。换刀系统的动力多采用电动机、液动机、减速机、气动缸等。

ATC 结构较复杂，且又在工作中频繁运动，所以故障率较高，就目前的水平来看，机床上有 50% 以上的故障都与之有关。ATC 的常见故障有刀库运动故障、定位误差过大、机械手夹持刀柄不稳定、机械手动作误差过大等。这些故障最后都造成换刀动作卡位，整机停止工作。由于 ATC 装置是由 PLC 可编程序控制器通过应答信号控制的，因此大多数故障出现在反馈环节（电路或反馈元件）上，需通过电路信号综合分析元件动作、故障现象、故障定位等有关环节来判断故障所在，难度较大。

（二）刀库及换刀机械手的应用

（1）严禁把超长、超重的刀具装入刀库，防止机械手换刀时掉刀或刀具与工件、夹具等发生碰撞。

（2）必须注意刀具放置在刀库中的顺序要正确，也要注意所换刀具是否与所需刀具一致，防止换错刀具导致事故发生。

（3）往刀库上装刀时，要确保装到位、装牢靠。检查刀座上的锁紧是否可靠。

（4）经常检查刀库的回零位置是否正确，检查机床主轴回换刀点位置是否到位，并及时调整，否则不能完成换刀动作。

（5）要注意保持刀具、刀柄和刀套的清洁。

（6）开机时应先使刀库和机械手空运行，检查各部分工作是否正常，特别是各行程开关和电磁阀能否正常动作。检查机械手液压系统的压力是否正常，刀具在机械手上锁紧是否牢靠。不正常时及时处理。

（三）刀库的故障诊断

（1）刀库不能转动或转动不到位。刀库不能转动的可能原因：连接电动机的轴与蜗杆轴的联轴器松动；变频器故障，查变频器的输入、输出电压正常与否；PLC 无控制输出，可能是接口板中的继电器失效；机械连接过紧；电网电压低于 380 V。刀库转动不到位的可能原因：电动机转动故障；传动机构误差。

（2）刀套夹不紧刀具的可能原因：刀套上的调整螺母松动，或弹簧太松，造成卡紧力不足；刀具超重。

（3）刀套上下不到位的可能原因：装置调整不当或加工误差过大而造成拨叉位置不正确；限位开关安装不准或调整不当而造成反馈信号错误。

（4）刀套不能拆卸或停留一段时间才能拆卸，应检查操纵刀套拆卸的气阀是否松动，气压足不足，刀套的转动轴是否锈蚀。

（四）换刀机械手故障诊断

（1）刀具夹不紧的可能原因：风泵气压不足；增压漏气；刀具卡紧液压缸漏油；刀具松开弹簧上的螺帽松动。将主轴拉钉和刀柄夹头的螺纹连接用螺纹锁固、密封胶锁固及锁紧螺母锁紧后，故障消除。

（2）刀具夹紧后松不开的可能原因：松锁刀的弹簧压合过紧。应逆时针旋松卡刀簧上的螺帽，使最大载荷不超过额定数值。

（3）刀具从机械手中脱落应检查刀具是否超重，机械手卡紧销是否损坏，或没有弹出来。

（4）刀具交换时掉刀。换刀时主轴箱没有回到换刀点或换刀点漂移，机械手抓刀时没有到位就开始拔刀，都会导致换刀时掉刀。这时应重新操作主轴箱运动，使其回到换刀点位。

（5）机械手换刀速度过快或过慢等，可能是因气压太高或太低和换刀气阀节流开口太大或太小。应调整气压大小和节流阀开口大小。

任务四　数控机床辅助装置的装调与维修

数控机床的辅助装置是数控机床上不可缺少的装置,在数控加工中起辅助作用,是由机床制造商以数控系统为依据,根据相关标准,如 EIA 标准、ISO 标准等,结合实际情况而设定的。不同的机床生产厂家即使采用相同的数控系统,其辅助功能也是有差异的。

一、数控机床工作台的维护

(1) 及时清理工作台上的切屑和灰尘,应每班清扫。

(2) 每班工作结束,应在工作台表面涂上润滑油。

(3) 矩形工作台传动部分分别按丝杠、导轨副等装置的防护保养方法进行维护。

(4) 定期调整数控回转工作台的间隙。工作台回转间隙主要由于蜗轮磨损而形成。当机床工作大约 5 000 h 时应检查回转轴的回转间隙,若间隙超过规定值就应进行调整。检查用百分表测定回转间隙的正反转回转法,即用百分表触及工作台 T 形槽→用扳手正向回转工作台→百分表清零→用扳手反向回转工作台→读出百分表数值。此数值即为反向回转间隙,当数值超过一定值时,就需进行调整。

(5) 维护好数控回转工作台的液压装置。对数控回转工作台应进行以下维护工作:定期检查油液是否充足,油液的温度是否在允许的范围内,液压马达运动时是否有异常噪声,限位开关与撞块是否工作可靠、位置是否变动,夹紧液压缸移动时是否正常,液压阀、液压缸及管接头处是否外漏,液压回转工作台的转位液压缸是否研损,工作台液压阀控制抬起、夹紧是否被切屑卡住。液压件及油箱等定期清洗和维修;对油液、密封件进行定期更换。

(6) 定期检查与工作台相连接的部位是否有机械研损,如工作台回转轴及轴承等机械是否研损。

案例:某工作台中途停止,不能回转到位。

故障现象:输入指令要工作台回转 180°或回零时,工作台只能转约 114°的角度就停下来。当停顿时用力推动,工作台也会继续转下去,直到到位为止,但再次分度工作时,仍出现同样故障。

故障分析:在显示器上检查回转状态时,发现每次工作台在转动时,传感器显示正常,表示工作台上升到规定的高度。但如果工作台中途停转或晃动工作台,传感器不能维持正常工作状态,拆开工作台后发现传感器部位传动杆中心线偏离传感器中心线距离较大。

故障处理:调整传感器中心线距离。

二、分度头的装调与维修

(一) 常用数控分度头

数控分度头的作用是按照控制装置的信号或指令做分度回转或连续回转进给运动,使数控机床能完成指定的加工工序。数控分度头一般与数控铣床、立式加工中心配套,用于加工轴套类工件。数控分度头可以由独立的控制装置控制,也可以通过相应的接口由主机的数控装置控制,下列为常用规格。

(1) FKNQ 系列数控气动等分分度头。它是数控镗铣、加工中心等数控机床的配套附件,以端齿盘作为分度元件,靠气动驱动分度,可完成以 5°为基数的整数倍的水平回转坐标的高精度等分分度工作。

（2）FK14 系列数控分度头。它是数控镗铣床、加工中心常用附件,可完成回转坐标的任意角度或连续分度工作。采用精密双导程蜗杆作为定位元件,使得调整啮合间隙简便易行,有利于精度保持。

（3）FK15 系列数控立卧两用型分度头。它是加工中心等机床的主要附件之一,分度头与相应的数控装置或机床本身特有的控制系统连接,并与$(4\sim6)\times10^5$ Pa压缩气接通,可自动完成工件的夹紧、松开和任意角度的圆周分度工作。

（4）FK53 系列数控等分分度头。它是以端齿盘定位锁紧,以压缩空气推动齿缸实现工作台的松开、紧固,以伺服电动机驱动工作台旋转的具有间断分度功能的机床附件。该产品专门和加工中心及数控镗、铣床配套使用,工作台可以立卧两用,完成 5°整数倍的分度工作。

（二）分度头的维护

（1）及时调整挡铁与行程开关的位置。

（2）定期检查油液是否充足,保持系统压力,使工作台能抬起并保持夹紧液压缸的夹紧压力。

（3）控制油液污染与泄漏。对液压件及油箱等定期清洗和维修,对油液、密封件定期更换,定期检查各接头处的外泄漏。检查是否有液压缸研损、活塞拉毛及密封圈损坏等问题。

（4）检查齿盘式分度工作台上下齿盘有无松动、两齿盘间有无污物、夹紧液压阀有无被切屑卡住等。

（5）检查与工作台相连的机械部分是否研损。

（6）如为气动分度头,保证供给洁净的压缩空气,保证空气中含有适量的润滑油。润滑的方法一般采用油雾器进行喷雾润滑,油雾器一般安装在过滤器和减压阀之后。油雾器的供油量一般不宜过多,通常每 10 m³ 的自由空气供 1 mL 的油量（即 40～50 滴油）。检查润滑是否良好的一个方法是:找张清洁的白纸放在换向阀的排气口附近,如果阀在工作 3～4 个循环后,白纸上只有很轻的斑点时,表明润滑良好。

（7）经常检查压缩空气气压或液压,调整到要求值。足够的气压或液压才能使分度头动作。

（8）保持气动及液压分度头气动与液压系统的密封性。系统如有严重的漏气或漏液,在系统停止运动时,由泄漏引起的响声很容易发现。而轻微的漏气则应利用仪表,或用涂抹肥皂水的办法进行检修。

（9）保证气动元件中运动零件的灵敏性。从空气压缩机排出的压缩空气,包含有粒度为 0.01～0.8 μm 的压缩机油微粒,在排气温度为 120～220 ℃ 的高温下,这些油粒会迅速氧化,氧化后油粒颜色变深,黏度增大,并逐步由液态固化成油泥。这种微米级以下的颗粒一般过滤器无法滤除。当它们进入换向阀后便附着在阀芯上,使阀的灵敏度逐步降低,甚至出现动作失灵。为了清除油泥,保证灵敏度,可在气动系统的过滤器之后安装油雾分离器将油泥分离出来。此外,定期清洗阀也可以保证阀的灵敏度。

案例:机床开机后,第四轴报警。

故障分析:数控系统为 FANUC 0MC 的某机床,其数控分度头（即第四轴）过载报警,原因多为电动机缺相或反馈信号与驱动信号不匹配导致机械负载过大。打开电器柜,先用万用表检查第四轴驱动单元控制板上的熔断器、断路器和电阻是否正常。因 X、Y、Z

轴和第四轴的驱动控制单元均属同一规格型号的电路板,所以采用替代法,把第四轴的驱动控制单元和其他任一轴的驱动控制单元对换安上,开机,断开第四轴,测试与第四轴对换的那根轴运行是否正常。若正常,证明第四轴的驱动控制单元是好的,否则证明第四轴的驱动控制单元是坏的。更换后继续检查第四轴内部驱动电动机是否缺相,检查第四轴与驱动单元的连接电缆是否完好。检查结果是由于连接电缆长期浸泡在油液中产生老化,且随着机床来回运动电缆反复弯折,直至折断,最后导致电路短路使第四轴过载。

故障处理:更换连接电缆。

三、卡盘与尾座的装调与维修

(一)卡盘的维护与维修

1.卡盘的维护

(1)每班工作结束时,及时清扫卡盘上的切屑。

(2)卡盘长期工作以后,在其内部会积一些细屑引起故障,所以每6个月进行一次拆装,清理卡盘。

(3)每周一次用润滑油润滑卡爪周围。

(4)定期检查主轴上卡盘的夹紧情况,防止卡盘松动。

(5)采用液压卡盘时,要经常观察液压夹紧力是否正常,否则因液压力不足,而导致卡盘失压。工作中禁止压碰卡盘液压夹紧开关。

(6)及时更换卡紧液压缸密封元件,检查卡盘各摩擦副的滑动情况,检查电磁阀芯的工作可靠性。

(7)装卸卡盘时,床面要垫木板,不准开机时装卸卡盘。不可借助电动机的力量摘取卡盘。

(8)及时更换液压油,如油液黏度太高,会导致数控机床开机时液压站响声异常。

(9)注意液压电动机轴承保持完好。

(10)注意液压站输出油管不要堵塞,否则会产生液压冲击发出异常噪声。

(11)卡盘运转时,夹持一个工件运转。禁止卡爪张开过大空载运行,因为卡盘空载运行时容易松动,会导致卡爪飞出伤人。

(12)液压卡盘的液压缸必须在工作压力范围内应用,不得任意提高。

(13)及时紧固液压泵与电动机连接处,及时紧固液压缸与卡盘之间连接拉杆的调整螺母。

2.卡盘故障检修

数控机床卡盘常见故障诊断及处理方法见表4-5。

表 4-5　　　　　　　　　　　　　数控机床卡盘常见故障诊断及处理方法

状况	可能原因	状况
卡盘无法动作	卡盘零件损坏	拆下并更换
	滑动件研伤	拆下,然后去除研伤零件的损坏部分并修理,或者更换新件
	液压缸无法动作	测试液压系统

状况	可能原因	状况
底爪的行程不足	卡盘内部残留大量的碎屑	分解并清洁之
	连接管松动	拆下连接管并重新锁紧
	底爪的行程不足	重新选定工件的夹持位置,以便使底爪能够在行程中点附近的位置进行夹持
	夹持力量不足	确认油压是否达到设定值
工件打滑	软爪的成形直径与工件不符	依照正确的方式重新成形
	切削力量过大	重新推算切削力,并确认此切削力是否符合卡盘的规格要求
	底爪及滑动部位失油	自黄油嘴处加注润滑油,空车做夹持动作数次
	转速过高	降低转速直到能够获得足够的夹持力
精度不足	卡盘偏摆	确认卡盘圆周及端面的偏摆度,然后锁紧螺栓予以校正
	底爪与软爪的齿状部位积尘,软爪的固定螺栓没有锁紧	拆下软爪,彻底清扫齿状部位,并按规定扭力锁紧螺栓
	软爪的形成方式不正确	确认成形圆是否与卡盘的端面相对面平行,成形圆是否会因夹持力而变形。同时,亦须确认成形时的油压,成形部位表面粗糙度等
	软爪高度过高,软爪变形或软爪固定螺栓已拉伸变形	降低软爪的高度(更换标准规格的软爪)
	夹持力量过大而使工件变形	将夹持力降低到机械加工得以实施而工件不会变形的程度

卡盘故障案例 1:液压卡盘失效的故障分析与排除。

故障现象:某 FANUC 0TD 的数控机床,在开机后发现液压站发出异响,液压卡盘无法正常装夹。

故障分析:经现场观察,发现机床开机启动液压泵后,即产生异响,而液压站输出部分无液压油输出,因此,可断定产生异响的原因出在液压站上。

故障产生的原因可能有如下几点:

(1)液压站油箱内液压油太少,而导致液压泵因缺油而产生空转。

(2)液压站油箱内液压油由于长久未换,污物进入油中,导致液压油黏度太高而产生异响。

(3)由于液压站输出油管某处堵塞,而产生液压冲击,发出声响。

(4)液压泵与电动机连接处产生松动而发出声响。

(5)液压泵损坏。

(6)液压电动机轴承损坏。

故障检修:检查发现液压泵启动后在泵出口处压力为零。油箱内油位处于正常位置,液压油比较干净。进一步拆下液压泵,检查叶片泵正常。液压电动机转动正常,因此液压泵和液压电动机轴承均正常。而该泵与电动机连接的联轴器为尼龙齿式联轴器,该机床使用时间较长,液压站的输出压力调得太高,导致联轴器的啮合齿损坏,当液压电动机旋转时,联轴器不能很好地传递转矩,产生异响。

故障排除:更换联轴器。

卡盘故障案例 2:卡盘无松开、夹紧动作的故障分析与排除。

故障现象:液压卡盘无松开、夹紧动作。

故障分析:造成此类故障的原因可能是电气故障或液压部分故障。如液压压力过低、电磁阀损坏、夹紧液压缸密封环破损等。

故障排除:相继检查上述部位,调整液压系统压力或更换损坏的电磁阀及密封圈等。

(二)尾座的维护及故障排除

1.尾座的维护

(1)尾座精度调整。如尾座精度不够高时,先以百分表测出其偏差,稍微放松尾座固定杆把手,再放松底座紧固螺钉,然后利用尾座调整螺钉调整到所要求的尺寸和精度,最后再拧紧所有被放松的螺钉,即完成调整工作。另外注意:机床精度检查时,按规定尾座套筒中心应略高于主轴中心。

(2)定期润滑尾座本身,如图 4-7 所示,及时填油与除锈。

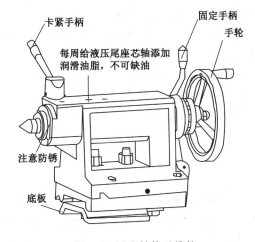

图 4-7　尾座结构及维护

(3)及时检查尾座套筒上的限位挡铁或行程开关的位置是否有变动。

(4)定期检查更换密封元件。

(5)定期检查和紧固尾座上的螺母、螺钉等,确保尾座的定位精度。

(6)定期检查尾座液压油路控制阀工作是否可靠。

(7)检查尾座套筒是否出现机械磨损。

(8)定期检查尾座液压缸移动时是否工作平稳。

(9)液压尾座液压缸的使用压力必须在许用范围内,不得任意提高。

(10)主轴启动前,要仔细检查尾座是否顶紧。

(11)定期检查尾座液压系统测压点压力是否在规定范围内。

(12)注意尾座套筒及尾座与所在导轨的清洁和润滑工作。

2.尾座常见故障

液压尾座的常见故障是尾座顶不紧或不运动,其故障原因及维修方法见表 4-6。

表 4-6　　　　　　　　　　　　　尾座常见故障及维修方法

状况	可能原因	维修方法
尾座顶不紧	压力不足	用压力表检查
	液压缸活塞拉毛或研损	更换或维修
	密封圈损坏	更换密封圈
	液压阀断线或卡死	清洗、更换阀体或重新接线
尾座不运动	以上使尾座顶不紧的原因均可能造成尾座不运动	分别同上述各维修方法
	操作者保养不善、润滑不良使尾座研死	数控设备无自动润滑装置的附件,应保证做到每天人工注油润滑
	尾座端盖密封不好,进了切屑及切削液,套筒锈蚀或研损,尾座研死	检查密封装置,采取特殊手段,避免切屑和切削液的进入,修理研损部件
	尾座体较长时间未使用,尾座研死	较长时间不使用时,要定期使其活动,做好润滑工作

四、数控机床排屑与防护系统的装调与维修

数控机床加工效率高,在单位时间内数控机床的金属切削量大大高于普通机床,而金属在变成切屑后所占的空间也成倍增大,切屑如果占用加工区域不及时清除,就会覆盖或缠绕在工件或刀具上。一方面,会使机床无法继续进行自动加工;另一方面,这些炽热的切屑向机床或工件散发热量,会使机床或工件产生变形,影响加工精度。因此现代数控机床通过排屑与防护功能装置,防止在数控加工中切屑飞出等意外事故的发生,迅速有效地排除切屑问题,保证数控机床正常加工。

(一)排屑与防护装置分类

1. 排屑装置

排屑装置是数控机床的必备附属装置,其主要作用是将切屑从加工区域排出数控机床之外。切屑中往往都混合着切削液,排屑装置从其中分离出切屑,并将它们送入切屑收集箱(车)内,而切削液则被回收到切削液箱。数控镗铣床、加工中心的工件安装在工作台上,切屑不能直接落入排屑装置,故往往需要采用大流量切削液冲刷,或利用压缩空气吹扫等方法使切屑进入排屑槽,然后回收切削液并排出切屑。排屑装置的种类繁多,常见的有以下几种。

(1)平板链式排屑装置。该装置以滚动链轮牵引钢制平板链带在封闭箱中运转,加工中的切屑落到链带上,经过提升将废屑中的切削液分离出来,切屑排出机床,落入存屑箱。这种装置主要用于收集和输送各种卷状、团状、条状、块状切屑,广泛应用于各类数控加工中心和柔性生产线等自动化程度高的机床。它还可作为冲压小型零件机床的输送机,也可以作为组合机床切削液处理系统的主要排屑功能部件。该装置适应性强,在车床上使用时多与机床切削液箱合为一体,简化机床结构。

(2)刮板式排屑装置。该装置的传动原理与平板链式的基本相同,只是链板不同,它带有刮板链板。刮板两边装有特制滚轮链条,刮屑板的高度及间距可随机设计,有效排屑宽度多样化,因而该排屑装置具有传动平稳、结构紧凑、强度好、工作效率高等特点。该装置常用于输送各种材料的短小切屑,尤其是在处理磨削加工中的砂粒、磨粒以及汽车行业中的铝屑时效果比较好,排屑能力较强,可广泛应用于数控加工中心、磨床和自动线。因其负载大,故

需采用较大功率的驱动电动机。

（3）螺旋式排屑装置。该装置是采用电动机经减速装置驱动安装在沟槽中的一根长螺旋杆进行驱动的。螺旋杆转动时,沟槽中的切屑即由螺旋杆推动连续向前运动,最终排入切屑收集箱。螺旋杆有两种形式,一种是用扁形钢条卷成螺旋弹簧状,另一种是在轴上焊接螺旋形钢板。螺旋式排屑装置主要用于输送金属、非金属材料的粉末状、颗粒状和较短的切屑。这种装置占据空间小,传动环节少,安装使用方便,故障率极低,尤其适于排屑空隙狭小的场合。螺旋式排屑装置结构简单,排屑性能良好,但只适合沿水平或小角度倾斜直线方向排屑,不能用于大角度倾斜提升或转向排屑。

（4）磁性板式排屑装置。该装置是利用永磁材料强磁场的磁力吸引磁材料的切屑,在不锈钢板上滑动达到收集和输送切屑的目的(不适用大于 100 mm 长卷切屑和团状切屑)。它广泛用在加工铁、磁材料的各种机械加工工序的机床和自动线,也是水冷却和油冷却加工机床切削液处理系统中分离铁、磁材料切屑的重要排屑装置,尤其以处理铸铁碎屑、铁屑及齿轮机床落屑效果最佳。

2. 防护装置

（1）机床防护门。数控机床配置的机床防护门多种多样。数控机床在加工时,应关闭机床防护门。

（2）拖链系列。各种拖链可有效地保护电线、电缆、液压与气动的软管,可延长保护对象的寿命,降低消耗,并改善管线分布零乱状况,增强机床整体艺术造型效果。常用的拖链如下。

① 桥式工程塑料拖链。它是由玻璃纤维强尼龙注塑而成,移动速度快,允许温度为 −40～＋130 ℃,耐磨、耐高温、低噪声、装拆灵活、寿命长,适用于距离短和承载轻的场合。

② 全封闭式工程塑料拖链。其材料与性能均与桥式工程塑料拖链相同,且在外形上做成了全封闭式。

③ DGT 导管防护套。它是用不锈钢及工程塑料制成的,全封闭型的外壳极为美观,适用于短的移动行程和较低的往返速度,能完美地保护电线、电缆、软管、气管。

④ JR-2 型矩形金属软管。该管采用金属结构,适用于各类切削机床及切割机床,用来防止高热切屑对电、水、气等线路的损伤。

⑤ 加重型工程塑料拖链、S 形工程塑料拖链。加重型工程塑料拖链由玻璃纤维强尼龙注塑而成,强度较大,主要用于运动距离较长、较重的管线。S 形拖链主要用于机床设备中多维运动的线路。

⑥ 钢制拖链。它是由碳钢侧板和铝合金隔板组装而成的,主要用于重型、大型机械设备管线的保护。

（二）排屑与防护装置维护

1. 排屑装置的维护

（1）正确地使用是有效维护的前提,应根据机床加工时切屑等情况选择合适的排屑装置。

（2）每日清洁排屑机。注意清除金属碎屑在 A 处及 B 处缠绕、在 C 处传动链条上缠绕的卷屑(图 4-8)。

（3）经常清理排屑器内切屑,检查有无卡住等问题。每季度需将排屑器拉出机床外面进行全面检查。排屑机在机床加工中需保持自动运转,使机床加工所产生的切屑及时排出。严禁排屑机积压过多切屑,若有过多切屑排出时,易将此处钣金挤爆。

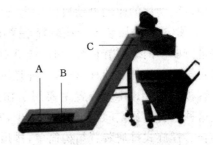

图 4-8　排屑装置的卷屑易缠点

(4)平板链式排屑装置是一种具有独立功能的附件。接通电源之前应先检查减速器润滑油是否低于油面线,如果不足,应加入型号为 L-AN68 的全损耗系统用油至油面线。电动机启动后,应立即检查链轮的旋转方向是否与箭头所指方向相符,如不符应立即改正。

(5)排屑装置链轮上装有过载保险离合器,在出厂调试时已做了调整。如果电动机启动后发现摩擦片有打滑现象,应立即停止开动,检查链带是否被异物卡住或其他原因,解除问题后再启动电动机。

2.防护装置的维护

(1)严禁踩踏防护罩,造成防护罩变形,导致防水或防屑功能降低引发的螺杆及轴承损坏。

(2)每天需要将机床防护部分及滑动面裸露部分擦拭干净,涂上防锈油。

(3)每班加工结束后应清除切削区内防护装置上的切屑与脏物,以免切屑堆积,损坏防护罩。

(4)每周用导轨润滑油润滑伸缩式滚珠丝杠罩、用润滑脂润滑导轨罩,每周使用润滑脂润滑各保护环。

(5)检查机床防护门运动是否灵活,有没有错位、卡死、关不严现象,如有及时修理。

(6)定期检查折叠式防护罩的衔接处是否松动。

(7)对折叠式防护罩应经常用刷子蘸机油清理接缝,以避免碰壳现象的发生。

(8)不要用压缩空气清洁机床内部,因为吹起的碎屑有可能伤害到人,而且碎屑可能会进入机床防护罩和主轴,引起各种各样的问题。

(9)每月检查机床导轨等防护装置有无松动,定期检查各部位的防护罩有无漏水,若有,用软布擦净。

(10)检查各轴的防护罩,必要时应更换。如果防护罩不好,会直接加速导轨的磨损;较大的变形会加重机床的负载,加大对导轨的伤害。如防护装置有明显的损坏、严重的划痕与裂纹,应当予以更换。

(11)定期更换防护玻璃。机床的防护门和防护窗的玻璃具有特殊的防护作用,由于它们经常处于切削液和化学物质的侵蚀下,其强度会渐渐削弱。切削液最有害的是矿物油,当使用有过于强烈的化学成分的切削液时,防护玻璃每年要损失约 10% 的强度。因此一定要定期更换防护玻璃,最好每两年更换一次。

(12)每年应根据维护需要,对各防护装置进行全面的拆卸清理。每周清洁机床电器箱处热交换器过滤网,车间环境较差时需 2~3 天清洁一次。

模块五 数控机床电气维修

数控机床的电气系统可以分为强电部分和弱电部分。强电部分是指控制系统中的主电路或者高压、大功率电路中各个电气元器件所组成的控制电路。弱电部分是指控制系统中以电子元器件、集成电路为主的控制部分,如数控机床的 CNC、伺服驱动单元等。

本模块要掌握数控机床控制系统的强电部分,包括认知数控机床常用的电气元器件,掌握电气控制系统图的识读和绘制方法,以及完成机床典型控制电路的电气接线。

任务一 认知机床常用电气元器件

数控机床的强电控制电路中会使用各种机床电气元器件,电气元器件是机床控制电路中不可缺少的组成部分。数控机床常用的电气元器件主要是指低压电器(即指工作在交流电压 1 200 V、直流电压 1 500 V 及以下的电器),低压电器按其用途又可分为低压配电电器和低压控制电器。

低压配电电器包括熔断器、断路器、接触器、继电器(过电流继电器与热继电器)及各类低压开关等,主要用于低压配电电路、低压电网的动力装置中,对电路设备起保护、通断、转换电源的作用。

低压控制电器包括控制电路中用于发布命令或控制程序的开关电器(电气传动控制器、电动机启/停/正反转兼作过载保护的启动器)、电阻器与变阻器(不切断电路的情况下可以分级或平滑地改变电阻值)、操作电磁铁、中间继电器(速度继电器与时间继电器)等。在接近开关中,光电式接近开关与霍尔式接近开关在数控机床中应用得比较多。

一、按钮

(一)功能和结构

按钮是一种结构简单、应用广泛的主令电器。在数控机床控制电路中,按钮主要用于发布手动控制指令。按钮的结构形式有多种,例如紧急式(有突出的蘑菇形按钮帽)、指示灯式(装有用于信号显示的指示灯)、旋钮式(用手旋转操作)、钥匙式等。按钮通常由按钮帽、复位弹簧、触点和外壳组成。按钮帽的颜色有红色、绿色、黄色、黑色、白色等多种。

(二)电气工作过程

按钮的电气符号可以分为常开按钮、常闭按钮和复合按钮,其电气符号如图5-1所示。按下按钮的按钮帽,按钮的常闭触点断开、常开触点闭合;松开按钮帽,常开和常闭触点在复位弹簧的作用下全部复位。

(三)选用方法

按钮的主要技术要求有规格、结构、触点对数和颜色。机床常用按钮的额定电压为交流220 V、额定电流为 5 A。按钮的类型选用应根据使用场合和具体用途确定,例如控制柜面

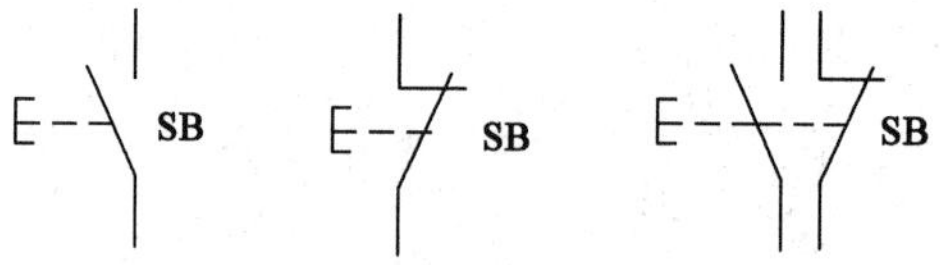

图 5-1　按钮的电气符号

(a) 常开按钮；(b) 常闭按钮；(c) 复合按钮

板上的按钮一般选用开启式，需显示工作状态的按钮选用指示灯式。在需要防止无关人员误操作的重要设备上，通常选用钥匙式的按钮。

按钮的颜色根据工作状态指示和工作情况要求选择，通常红色表示停止按钮，绿色表示启动按钮，黄色用于表示制止异常情况，黑色或白色可以表示其他控制信号。按钮的触点数量应根据电气控制电路的需要选用。

二、刀开关与组合开关

（一）功能和结构

刀开关是一种结构简单、应用广泛的手动电器，主要用于通断小电流工作电路，作为照明设备和小型电动机不频繁操作的电源开关用。刀开关按极数可分为单极、双极、三极和四极刀开关，按切换位置数可以分为单掷和双掷刀开关，刀开关如图 5-2(a)所示。

组合开关是一种多触点、多位置式的旋转电器，也称为转换开关，用于电源的引入和隔离。组合开关比刀开关轻巧而且组合性强，能组合成各种不同的控制电路。组合开关主要由若干动触片和静触片（与外部接线相连）组成，动触片装在有手柄的绝缘方轴上，方轴随手柄旋转，于是动触片也随方轴旋转并变换其与静触片的分、合位置，如图 5-2(b)所示。组合开关按极数也分为单极、双极和多极三类。

（二）电气工作过程

三极刀开关与组合开关的电气符号如图 5-3 所示。

手动合上刀开关，触点接通，电路引入电源；断开刀开关、触点断开，电路断开电源。手动旋转组合开关的手柄，可以接通或者断开某个电路的电源。

图 5-2　刀开关与组合开关实物图

(a) 刀开关；(b) 组合开关

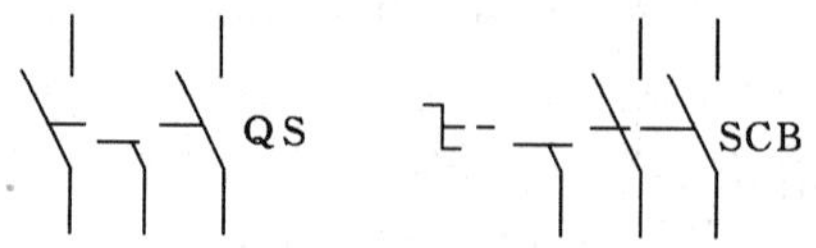

图 5-3　三极刀开关与组合开关电气符号

(a) 三极刀开关；(b) 组合开关

（三）选用方法

刀开关一般用在额定电压是交流 380 V、直流 440 V 的电路中作电源隔离用。组合开关的主要技术参数有额定电压、额定电流、允许操作频率、极数等。组合开关用作隔离开关时，其额定电流应大于被隔离电路中各负载电流的总和；用于控制电动机时，其额定电流一一般取电动机额定电流的 1.5～2.5 倍。应根据电气控制电路中的实际需要,确定组合开关接线方式,正确选择符合接线要求的组合开关规格。

三、行程开关

(一)功能和结构

行程开关是一种利用机械运动部件的碰撞使触点动作,从而实现控制电路的接通或分断,达到控制目的元器件。常用的行程开关有直动式、单轮旋转式、双轮旋转式等,部分行程开关如图 5-4 所示。行程开关一般由操作头、触点系统和外壳组成。在实际应用中,将行程开关安装在预先安排的位置,当装于生产机械运动部件(如机床工作台)上的模块撞击行程开关时,行程开关的触点动作,实现电路的切换。

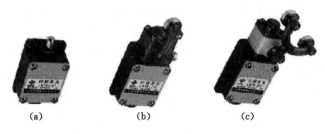

(a)　　　　　　　(b)　　　　　　　(c)

图 5-4　行程开关实物图

(a)直动式;(b)单轮旋转式;(c)双轮旋转式

(二)电气工作过程

行程开关在使用时,其触点的形式可以分为常开触点、常闭触点和复合触点。

当生产机械运动部件碰撞到行程开关的操作头时,行程开关的常闭触点会断开、常开触点会闭合。行程开关的复位方式有自动复位和非自动复位两种。对于直动式和单轮旋转式行程开关,当生产机械运动部件离开行程开关的操作头时,常闭和常开触点在复位弹簧的作用下自动复位。对于双轮旋转式行程开关,不能自动复位,它是依靠运动机械反向移动时,挡铁碰撞另一滚轮将其复位。行程开关的结构如图 5-5 所示。

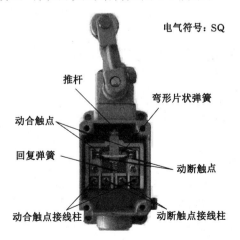

图 5-5　行程开关结构图

（三）选用方法

行程开关的主要技术参数有额定电压、额定电流、触点数量、操作频率、触点转换时间等。行程开关选用时根据使用场合和控制对象确定行程开关种类。例如，当机械运动速度不太快时，通常选用一般用途的行程开关；在机床行程通过路径上不宜装直动式行程开关，而应选用凸轮轴转动式行程开关。行程开关的额定电压与额定电流则根据控制电路的电压与电流值选用。

四、断路器

（一）功能和结构

断路器主要由触点、灭弧装置和脱扣器组成。断路器可以用于不频繁地接通和断开电路，当电路发生过载、短路或欠电压等故障时，能够自动断开电路，有效地保护电气设备。触点在分断电流的瞬间会产生电弧，电弧的高温能将触点烧损引起其他事故，所以为了提高接触器的分断能力，在其主触点上装有灭弧装置。脱扣器是断路器的感受元件，当电路出现过载、短路或欠电压等故障时，脱扣器可以感测到故障信号，从而断开电路，实现电气保护。断路器按极数有单极、双极、三极和四极之分，如图5-6所示。

图 5-6　断路器实物图及其电气符号

（a）单极；（b）双极；（c）三极；（d）四极；（e）电气符号

（二）电气工作过程

断路器正常工作时，可以人工手动操作实现电路的接通或者切断。当出现过载、短路或欠电压等故障时，断路器可以自动切断故障电路，实现机床电气设备的自动保护。

（三）选用方法

断路器的主要技术参数有额定电压、壳架等级额定电流、脱扣器额定电流、极数等。低压断路器的额定电流和额定电压值应不低于电气控制电路中所有正常工作设备的工作电流和工作电压，极限通断能力应不低于电路的最大短路电流。欠电压脱扣器的额定电压应等于电气控制电路的额定电压，过电流脱扣器的额定电流应不低于电气控制电路的最大负载电流。

五、熔断器

（一）功能和结构

熔断器可以实现电路的过载和短路保护。熔断器是一种最简单的保护电器，由熔体（常见的是将锡铅合金、锌或者银、铜制成丝状或者片状，俗称保险丝）和熔管（座）（安装熔体的绝缘管或者绝缘底座）组成。常见的熔断器有插入式、螺旋式和管式 3 种，如图5-7所示。

（二）电气工作过程

熔断器使用时，需串联在所保护的电路中。当电路发生过载或短路故障时，如果通过熔

图 5-7　熔断器实物图及其电气符号

(a) 插入式；(b) 螺旋式；(c) 管式；(d) 电气符号

体的电流达到或者超过了某一定值，则熔体熔断，切断故障电流，起到保护作用。

（三）选用方法

熔断器的主要技术参数有额定电压、额定电流。熔断器的额定电压必须大于或等于电路的工作电压，熔体的额定电流根据负载情况选择。

六、接触器

（一）功能和结构

接触器是电力拖动控制系统中应用最广泛的一种控制电器，它能够频繁地接通和断开交、直流主电路及大容量的控制电路。接触器主要由电磁机构、触点系统和灭弧装置组成。铭牌上的额定电压和额定电流指的是主触点的额定值。接触器实物及施耐德型号定义如图 5-8 所示。

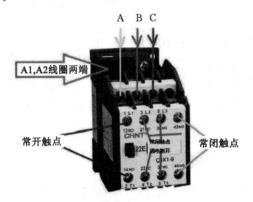

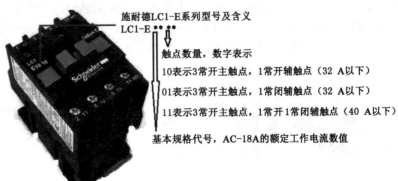

图 5-8　接触器实物图及施耐德型号定义

（二）电气工作过程

接触器的触点分为主触点和辅助触点。当接触器线圈通电后，线圈电流会产生磁场，产生的磁场使铁芯产生电磁吸力吸引衔铁，同时带动交流接触器各触点动作，如常闭触点断开、常开触点（包括主触点和辅助触点）闭合。当线圈断电时，电磁吸力消失，衔铁在释放弹簧力的作用下释放，使触点复位，即常开触点断开，常闭触点闭合。电气符号如图5-9所示。

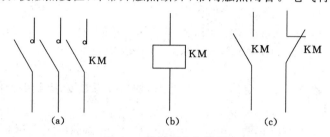

图5-9　接触器电气符号

（a）主触点；（b）线圈；（c）辅助常开、常闭触点

（三）选用方法

接触器的主要技术指标有电流类型、额定电压、额定电流、额定操作频率、线圈额定电压等参数。

（1）电流类型。应根据电路中负载电流的种类，选择接触器类型。交、直流负载分别选用交流、直流接触器。当直流负载容量较小时，可用交流接触器替代直流接触器，但要选触点额定电流较大的交流接触器。

（2）额定电压。接触器的额定电压应不低于负载电路的电压。

（3）额定电流。接触器的额定电流应不低于被控制电路的额定电流。

（4）线圈额定电压。线圈额定电压等于所接的控制电路电压。当电气控制电路比较简单且所用接触器较少时，可选用380 V或220 V；当电气控制电路较为复杂时，为保证安全一般选用较低的110 V。

七、中间继电器

（一）功能和结构

中间继电器用来增加控制电路中的触点数量及容量，多用在保护控制与自动控制的系统中传递中间信号。中间继电器的结构和工作原理与交流接触器基本相同。它与接触器的主要区别在于接触器的主触点可以通过较大电流，而中间继电器的触点只能通过小电流。中间继电器实物及电气符号如图5-10所示。

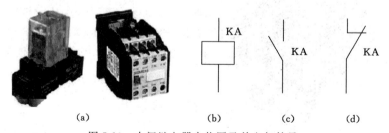

图5-10　中间继电器实物图及其电气符号

（a）实物图；（b）主触点；（c）常开触点；（d）常闭触点

（二）电气工作过程

中间继电器只能用于控制电路中。因为其过载能力比较小，它用的全部都是辅助触点，但数量比较多。当中间继电器线圈通电后，它的所有触点动作，常闭触点断开，常开触点闭合。当线圈断电时，所有触点复位，常开触点断开，常闭触点闭合。

八、热继电器

（一）功能和结构

热继电器主要用来保护电动机或其他负载免于长期过载，以及作为三相电动机的断相保护。热继电器由发热元件、双金属片、触点及一套传动和调整机构组成。发热元件是一段阻值不大的电阻丝，串接在被保护电动机的主电路中。双金属片由两种不同热膨胀系数的金属片碾压而成，下层金属片的热膨胀系数大，上层金属体的热膨胀系数小。热继电器实物及其电气符号如图 5-11 所示。

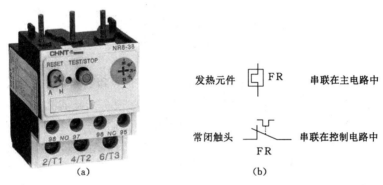

图 5-11　热继电器实物图及其电气符号

（a）实物图；（b）电气符号

（二）电气工作过程

热继电器发热元件串接在电动机主电路中，常闭触点一般串接在控制电路中。当电动机过载时，通过热继电器发热元件的电流超过给定电流，双金属片受热向上弯曲脱离扣板，使常闭触点断开。由于常闭触点一般是接在电动机的控制电路中的，它的断开最终会使得电动机断电，从而实现了过载保护。热继电器动作后，双金属片经过一段时间冷却，按下复位按钮即可复位。

具有断相保护能力的热继电器可以在三相中的任意一相或两相断电时动作，自动切断电气控制电路中接触器的线圈，从而使主电路中的主触点断开，使得电动机获得断相保护。

（三）选用方法

电动机断相运行是电动机烧毁的主要原因。星形连接的电动机绕组过载保护采用三相结构热继电器即可。而对于三角形连接的电动机，断相时在电动机内部绕组中电流较大的一相绕组的相电流将超过额定相电流，由于热继电器发热元件串接在电源进线位置，所以其不会动作，导致电动机绕组因过热而烧毁，因此必须用带断相保护的热继电器。

热继电器发热元件的额定电流按被保护电动机的额定电流选用，即发热元件的额定电流应接近或略大于电动机额定电流。对于星形连接的电动机选用两相结构的热继电器，而对于三角形连接的电动机则选用三相结构或三相结构带断相保护的热继电器。

九、变压器

(一)功能和结构

如图 5-12 所示,变压器是利用电磁感应的原理来改变交流电压的装置,主要功能包括电压变换、电流变换、阻抗变换以及隔离和稳压作用。变压器按相数分为两种:单相变压器,用于单相负荷和三相变压器组;三相变压器,用于三相系统的升压和减压。

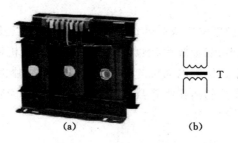

图 5-12　变压器实物图及其电气符号

(a) 实物图；(b) 电气符号

数控机床强电控制电路中,经常用到变压器的电压变换和隔离稳压功能。其主要结构由一次绕组、二次绕组和铁芯(磁芯)构成。当一次绕组中通有交流电流时,铁芯(或磁芯)中便产生交流磁通,使二次绕组中感应出电压(或电流)。如变压器一次绕组的匝数为 N_1、二次绕组的匝数为 N_2,一次绕组侧的输入电压为 U_1、二次绕组侧的输出电压为 U_2,则 $U_2/U_1 = N_2/N_1$。

(二)常用变压器连接形式

单相(控制)变压器适用于频率为 50～60 Hz、输入电压不超过交流 660 V 的电路中,常作为各类机电设备中一般电器的控制电源、局部照明及指示灯的电源。机床电气控制电路中常用三相绕组共用一个铁芯的三相变压器,各相的高压绕组首端和末端分别用 U1、V1、W1 和 U2、V2、W2 表示,而各相低压绕组的首端和末端分别用 u1、v1、w1 和 u2、v2、w2 表示。高压绕组可采用星形或三角形连接,而低压绕组则采用星形连接,常用的三相变压器连接形式如图 5-13 所示。

(三)工作过程

输入电压接变压器的输入端子,经过变压器的隔离或者变压等作用,输出相应的电压到输出端子。

十、开关电源

(一)功能和结构

开关电源是利用电子器件(如晶体管、场效应晶体管、晶闸管等)完成通与断的设备,它通过控制电路,使电子器件不停地"接通"和"关断",让电子器件对输入电压进行脉冲调制,从而实现 DC/AC,DC/DC 电压变换,输出可调与自动稳压的电压。现代开关电源有两种,分别是直流开关电源与交流开关电源。

直流开关电源是将电能质量较差的原生态电源(粗电,如市电电源或蓄电池电源)转换成满足设备要求的质量较高的直流电源(精电)。常用的开关电源实物如图 5-14(a)所示。

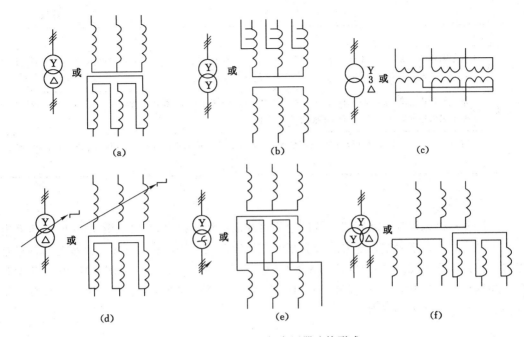

图 5-13　常用的三相变压器连接形式

(a) 星-三角连接的三相变压器；(b) 具有 4 个抽头的星-星连接的三相变压器；(c) 单相变压器组成的三相变压器；
(d) 具有分接开关的三相变压器；(e) 中性点引出的星形曲折连接的三相变压器；(f) 星-星-三角连接的三相变压器

（二）电气工作过程

开关电源电气符号如图 5-14(b)所示。

输入交流电压到开关电源的输入端子，经过开关电源内部电路的控制，输出稳定的电压到输出端子处。

上述数控机床常用电气元器件的功能和电气符号均根据 JB/T 2739—2008 查得。

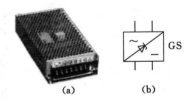

图 5-14　开关电源实物图及其电气符号

(a) 实物图；(b) 电气符号

任务二　常用数控机床电气装调工具与仪器

一、常用数控机床电气维修的工具

（一）常用电工接线工具

常用电工接线工具见表 5-1。

表 5-1　　　　　　　　　　　　　　　　常用电工接线工具

名称	简介
钢丝钳	功能较多,可用钳口或者齿口弯、绞电线,用侧口剪断钢丝,用钳口或者齿口紧网或者旋动螺母
尖嘴钳	主要用来剪切线径较细的单股与多股线以及给单股导线接头弯圈、剥塑料绝缘层等,能在较狭小的工作空间操作

续表 5-1

名称	简介
剥线钳	用于剥除电线头部的表面绝缘层。使用时,左手握线,右手握钳,根据导线的直径选用剥线钳刀口的孔径,将导线放入刀口中,右手用力压钳柄,使得导线的绝缘层被剥去
压接钳	是一种导线连接工具,使用时将待连接的导线从压接管两端插入,再将压接管嵌入压接钳内,将钳柄拉开,两手用力将钳柄压下,利用压模使线端紧密连接
螺丝刀	有扁平口和十字口两种,用来拧紧或旋松头部带一字或十字槽的螺钉。使用时,利用手腕的扭力,手掌压力不宜过大

（二）万用表

万用表是机床控制电路安装和调试中不可或缺的测量仪表,一般以测量电压、电流和电阻为主要目的。万用表按显示方式分为指针万用表和数字万用表。数字万用表是目前最常用的一种数字仪表,其主要特点是准确度高、分辨率高、测试功能完善、测量速度快、显示直观、过滤能力强、耗电低、便于携带。万用表由表头、测量电路及转换开关等几个主要部分组成。数字万用表如图 5-15 所示。

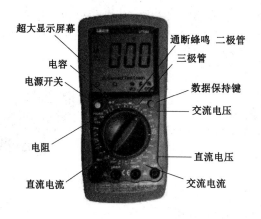

图 5-15　数字万用表

（1）表头。数字万用表的准确度受表头的影响。表头一般由一只 A/D 转换芯片、外围元器件和液晶显示器组成。

（2）测量电路。万用表用一个表头测量电压、电流、电阻等多种物理量。测量转换电路把各种被测量转换到适合表头测量的微小直流电流的电路中,电路由电阻、半导体器件及电池组成。

（3）转换开关。转换开关一般是一个圆形拨盘,在其周围分别标有功能和量程。转换开关的作用是用来选择各种不同的测量电路,以满足不同种类和不同量程的测量要求。

（4）表笔和表笔插孔。表笔分为红、黑两支。测量电压或者电阻时,将黑笔插入 COM 插孔（公共端）、红笔插入 V 孔（电压、电阻测试插孔）;测量电流时,将黑笔插入 COM 插孔（公共端）、红笔插入 mA（最大为 200 mA）或者插入 20 A（最大为 20 A）插孔。

二、数控机床常用电气检测仪器

（一）示波器（表）

数控机床的系统修理通常选用频带宽度为 $10\sim100$ MHz 范围内的双通道示波器，现多采用手持式示波表。它不仅可以测量电平、脉冲沿、脉宽、周期、频率等参数，还可以进行两个信号相位和电平幅度的比较。常用来观察主开关电源的振荡波形、直流电源或电动机输出的纹波、伺服系统的超调振荡波形，检查机床用的光电放大器的输出波形等信号。手持式双通道示波表如图 5-16 所示。

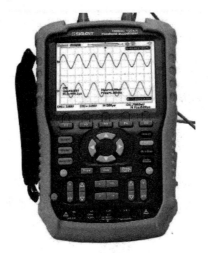

图 5-16　手持式双通道示波表

（二）PLC 编程器

数控系统的 PLC 常用专用的编程器对其进行编程、调试、监控和检查，带有图形功能的编程器可显示 PLC 梯形图。设备型号有 SIEMENS 的 S7、S5，OMRON 的 PRO13～27 等，如图 5-17 所示。

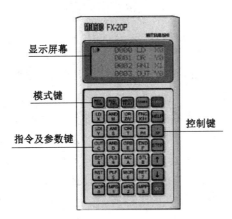

图 5-17　PLC 编程器

（三）逻辑分析仪

它是专门用于测量和显示多路数字信号的测试仪器，通常分 8 个、16 个、64 个通道，即可同时显示 8 个、16 个或 64 个逻辑方波信号,它与显示连续波形的通用示波器不同,逻辑分析仪显示各被测点的逻辑电平、二进制编码或存储器的内容。通过仿真头它可仿真多种常用的如 IN-TEL80 系列 CPU 系统,进行数据、地址、状态、值的预置或跟踪检查。逻辑分析仪一般有异步测试和同步测试两种使用方式。

1. 异步测试

异步测试采样选通信号是由逻辑分析仪内设置的时钟发生器产生的,它和待测的通信信号在时间上没有关系,为了得到正确的待测波形,采样频率要比待测波形频率高几倍且应可调。为了发现窄脉冲的影响,还设定采样和锁定两种模式,锁定模式能及时发现窄脉冲的存在。

2. 同步测试

采样选通信号是由外部输入的时钟信号形成的,因此只要外部时钟选得好,就可用很少的内存容量记录下所需的测试信息。例如对采样 Intel8086、80286CPU 构成的系统,如用 CLK、ϕ 和 SYNC 等信号作为外部时钟信号,可以观察有关微机系统运行的信号。为了可靠地采集到稳定的数据,采样延迟信号相对于采样信号应该有足够的数据设置时间和数据保持时间。

现代逻辑分析仪不仅可以测试运算控制器等逻辑电路部件的好坏,而且可以测试以微处理器为基础的微型计算机系统。逻辑分析仪及配套探针如图 5-18 所示。

图 5-18　逻辑分析仪及探针

多通道逻辑分析仪有 0.6 mm 间距精密测试夹及防颤测试探针。输入信号电缆组件的测试端带有 0.64 mm 通用型连接插孔,可以与各种带 0.64 mm 引脚的测试夹连接。测试操作如下:连接时先用测试夹夹住测试点,再将测试插孔与测试夹的引脚相连接,连接测试信号到逻辑分析仪,逻辑分析仪与计算机设备连接,启动测试软件,这时逻辑分析仪的工作参数使用的是默认设置(100 MHz 采样),也可根据需要改变默认设置,单击工具栏上的启动按钮,即可对信号进行采样。在采样过程中,跟踪计数器窗口会动态显示变化,直到最后溢出为止(显示为红色)。逻辑分析仪停止跟踪后,在波形窗口中将看到数据,此时可以使用游标点和测点对波形进行测量和分析。

(四) 逻辑测试笔

逻辑测试笔可以方便地测量数字电路的脉冲、电平,从其发光管指示可以判断是上升沿或下降沿,是电平或连续脉冲,可以粗略估计逻辑芯片的好坏。如图 5-19 所示,逻辑测试笔的用法如下。

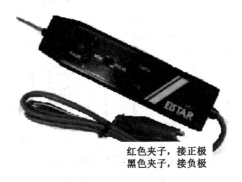

红色夹子，接正极
黑色夹子，接负极

图 5-19　逻辑测试笔

（1）逻辑指针：把指针置于被测点上，就可以检测逻辑电路的信号。

（2）红色指示灯（红灯）：在做电平及脉冲极性检验时，作为高电平及正脉冲指示。

（3）绿色指示灯（绿灯）：在做电平及脉冲极性检验时，作为低电平及正脉冲指示。

（4）检验按钮：用于测试被测点是处于高电平、低电平还是假高电平。

（5）复位按钮：按下该按钮时，不论拨动开关是处于电平位置还是脉冲位置，红、绿灯均熄灭。在拨动开关置于电平位置时，记忆电路复位。

（6）拨动开关：该开关处于电平位置时检测电平，此时被测点的电平直接控制指示灯而不经过记忆电路。该开关处于脉冲位置时检测脉冲，此时被测点是用记忆电路输出控制指示的，只要有一个脉冲经过，红灯或绿灯之一就亮（除非记忆电路复位）。

（五）IC 测试仪

IC 测试仪是片级维修所用到的仪器。数控机床集成电路测试仪分为离线测试仪和在线测试仪两种。离线测试仪分为专用测试仪和通用测试仪（图 5-20）。在线 IC 测试仪按功能分为普及型和高档型两种，如 GT2100A 数字集成电路多参数筛选测试仪、LPICT-7A 线性 IC 测试仪等。

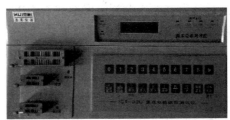

图 5-20　IC 测试仪

下面以在线测试为例，具体说明 IC 测试仪的主要使用方法。

1. 快速测试

快速测试时，先用取样夹子夹住 IC，再输入被测 TC 电路的名称，如 74LS00。这时显示器将显示图 5-21（a）所示的图形。该图中右边为被测 IC 电路在该板上的状态，左边为测试结论。

若显示结论为"Device Passes"，则表明被测 IC 是好的；若显示结论为"Fault"，则表明被测 IC 可能失效,需要记录下来。用此项测试可以很快地将被测线路板上所有 IC 筛选一遍,并对记录下来的可能失效的 IC 再进行诊断测试。

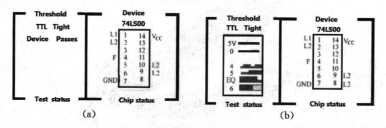

图 5-21 在线 IC 测试仪测试图

(a)快速测试图;(b)诊断测试图

2.诊断测试

对快速测试筛选下来的可能失效的 IC 进行重点诊断测试,这时显示器上将显示图 5-21(b)所示的图形。图中左边引脚 4、5 为仪器供给的输入逻辑电平波形,标准输出逻辑 EQ 为根据真值表计算出来的标准逻辑电平,引脚 6 为仪器实测的输出逻辑电平的波形(虚方块表示电平不高不低)。基本判断结论:若引脚 6 的波形与标准输出逻辑 EQ 的波形不符,则可判断这组逻辑输出失效,即该片 IC 可能损坏。

用以上两项测试方法可以找出 85% 以上的失效 IC 芯片。

如用以上测试方法判断后,可以再选第 3 项测试法——连线测试,就可判断 IC 的好坏。

3.连线测试

难以用快速测试和诊断测试判断的 IC 故障(即在线路板上无法测试并排除的故障),如是因元器件的连线状态对该被测 IC 的影响而造成的"假象"失效故障,就要采用连接测试。

测试时,IC 测试仪先对一块无故障的好线路板上的 IC 进行学习,建立相应的文件。这时 IC 测试仪自动分析被"学习"的每片 IC 各引脚的连接状态,并把它们一一显示出来。同时把"学习"取得的 IC 输出逻辑电平波形与先前存储的标准波形进行比较,若两者完全一致则证明被测 IC 是好的,否则被认为该芯片失效。用这种测试法可以找出以上两种测试难以判断的故障,以及开路、短路故障,其准确率达 95% 以上。

任务三 认识机床电气图

电气图是技术人员统一使用的工程语言,国家为此制定了技术标准,如 GB/T 4728《电气简图用图形符号》、GB 5226.1—2008《机械电气安全—机械电气设备—第 1 部分:通用技术条件》、GB/T 6988《电气技术用文件的编制》、GB/T 5094.3—2005《工业系统、装置与设备以及工业产品结构原则与参照代号 第 3 部分:应用指南》等。

一、电气图分类

数控机床的强电控制电路与控制系统是由许多元器件和导线按照一定要求连接而成的。为了表达电气控制系统的结构、工作原理等设计意图,同时也为了便于元器件的安装、接线、运行和维护,需将电气控制系统中各元器件的连接用一定的图形表示出来,这种图就是电气控制系统图,常用的电气控制系统图有电气原理图、电气布置图和电气安装接线图,它们的功能见表 5-2。

表 5-2　　　　　　　　　　　　　　　常用电气控制系统图的用途

序号	名称	用途
1	电气原理图	用来表示电气控制系统中各元器件导电部件的连接关系和工作原理的图,其作用是为了便于操作者详细了解其控制对象的工作原理,用以指导安装、调试与维修以及为绘制接线图提供依据
2	电气布置图	主要用来表明电气系统中所有元器件的实际位置,是电气控制设备安装、调试和维修时的必要资料。一般情况下,电气布置图与电气安装接线图组合在一起使用,既起到电气安装接线图的作用,又能清晰地表示出所使用的元器件的实际安装位置
3	电气安装接线图	主要用于元器件的安装接线、电路检查、维修和故障处理,通常与电气原理图和电气布置图一起使用

二、电气原理图绘制原则

(1)电气原理图一般分为主电路、控制电路和辅助电路三个部分。

(2)电气原理图中所有电气元器件的图形和文字符号必须符合国家规定的统一标准。

(3)在电气原理图中,所有电气元器件的可动部分均按原始状态画出。

(4)动力电路的电源线应水平画出;主电路应垂直于电源线画出;控制电路和辅助电路应垂直于两条或几条水平电源线之间;耗能元件(如线圈、电磁阀、照明灯和信号灯等)应接在下面一条电源线一侧,而各种控制触点应接在另一条电源线上。

(5)电气原理图中采用自左向右或自上而下表示操作顺序,同时应尽量减少线条数量,避免线条交叉。

(6)在电气原理图上应标出各个电源电路的电压值、极性或频率及相数;对某些元器件还应标注其特性(如电阻、电容的数值等);不常用的电气元器件(如位置传感器、手动开关等)还要标注其操作方式和功能等。

(7)为方便阅图,在电气原理图中可将图幅分成若干个图区,图区行的代号用英文字母表示,一般可省略,列的代号用阿拉伯数字表示,其图区编号写在图的下面,上方为该区电路的用途和作用。

(8)在继电器、接触器线圈下方均列有触点表以说明线圈和触点的从属关系,即符号位置索引。也就是在相应线圈的下方,给出触点的图形符号(有时也可省去),对未使用的触点用"X"标明(或不做标明)。

三、文字符号补充说明

在不违背国家标准的条件下,可采用国家标准中规定的电气文字符号,并优先采用基本文字符号和辅助文字符号,也可补充国家标准中未列出的双字母文字符号和辅助文字符号。使用文字符号时,应采用电气名词术语国家标准或专业技术标准中规定的英文术语缩写。

(1)单字母符号。按拉丁字母顺序将各种电气设备、装置和元器件划分成为 23 大类,每一类用一个专用单字母符号表示,如"C"表示电容器类、"R"表示电阻器类等。

(2)双字母符号。由一个表示种类的单字母符号与另一个字母组成,且以单字母符号在前、另一字母在后的顺序列出,如"F"表示保护器件类、"FU"则表示熔断器。

（3）辅助文字符号。表示电气设备、装置和元器件以及电路的功能、状态和特征，如"RD"表示红色、"L"表示限制等。

（4）基本文字符号不得超过两位字母，辅助文字符号一般不超过三位字母。文字符号采用拉丁字母大写正体字，且拉丁字母中全部电动机、电气元器件的型号、文字符号、用途、数量、额定技术数据均应填写在元器件明细表内。

（5）三相交流电源引入线采用 L1、L2、L3（或 A、B、C）标记，中性线采用 N 标记，保护接地用 PE 标记，电源开关之后的三相交流电源主电路分别按 U、V、W 顺序标记。分级三相交流电源主电路采用三相文字代号 U、V、W 前加上阿拉伯数字 1、2、3 等来标记，如 1U、1V、1W，2U、2V、2W 等。各电动机分支电路各触点标记，采用三相文字代号后面加数字来表示，数字中的个位数表示电动机代号，十位数表示该支路各触点的代号，按从上到下的数字大小顺序标记。如 U11 表示电动机 M1 的第一相的第一个触点，U21 表示电动机 M1 的第一相的第二个触点代号，依此类推。

四、电气原理图分析的方法与步骤

电气控制电路一般由主电路、控制电路和辅助电路等部分组成。首先要了解电气控制系统的总体结构、电动机和电气元器件的分布状况及控制要求等内容，然后阅读分析电气原理图。

（一）分析主电路

从主电路入手，根据伺服电动机、辅助机构电动机和电磁阀等执行电器的控制要求，分析它们的控制内容，包括启动、方向控制、调速和制动等。

（二）分析控制电路

根据主电路中各伺服电动机、辅助机构电动机和电磁阀等执行电器的控制要求，逐一找出控制电路中的控制环节，按功能不同划分成若干个局部控制电路来进行分析。

（三）分析辅助电路

辅助电路包括电源显示、工作状态显示、照明和故障报警等部分，它们大多是由控制电路中的元器件来控制的，在分析时，还要对照控制电路进行分析。

（四）分析联锁与保护环节

机床对于安全性和可靠性有很高的要求，要实现这些要求，除了合理地选择元器件和控制方案以外，在控制电路中还设置了一系列电气保护和必要的电气联锁。

（五）总体检查

经过"化整为零"，逐步分析了每一个局部电路的工作原理以及各部分之间的控制关系之后，还必须用"集零为整"的方法，检查整个控制电路，看是否有遗漏，特别要从整体角度去进一步检查和理解各控制环节之间的联系，理解电路中每个元器件所起的作用。

五、电气布置的原则

（1）体积大和较重的元器件（如电动机、变压器等）应安装在电气安装板的下部，而发热元件（如熔断器）安装在电气安装板的上部。如电动机安装在下部，熔断器安装在上部。

（2）强电部分和弱电部分应分开布置，并且弱电部分要加屏蔽，防止干扰。普通机床的电气控制系统主要是强电部分，而数控机床的电气控制系统包括强电部分和弱电部分，在元器件布置时要注意强电部分和弱电部分分开布置。

（3）元器件的布置应考虑整齐、美观、对称。外形尺寸与结构类似的元器件安装在一起,以便安装和配线。如多个熔断器安装在一起。

(4)需要经常维护、检修、调整的元器件安装位置不宜过高或过低。

(5)元器件的布置应该根据元器件的外形尺寸按比例绘制,可标明各个元器件的间距尺寸。元器件布置不宜过密,应留有一定间距。如用走线槽,应加大各排元器件间距,以方便布线和维修。

(6)控制柜内的元器件与柜外的元器件连接时,应该经过接线端子板,端子板也在电气布置图中绘制。

六、电气安装接线图的绘制识读

(一)电气安装接线图的绘制原则

(1)各元器件均按实际安装位置绘出,元器件所占图面按实际尺寸和统一比例绘制。一个元器件中所有的带电部件均画在一起,并用点画线框起来。

(2)各元器件的图形符号、文字符号必须与电气原理图一致,并符合国家标准。各元器件上,凡是需接线的部件端子都应绘出,并予以编号,各接线端子的编号必须与电气原理图上导线编号相一致。

(3)绘制电气安装接线图时,不但要画出控制柜内部各元器件之间的连接方式,还要画出外部相关元器件的连接方式,走向相同的相邻导线可以绘成一股线。

(4)电气安装接线图还应标明连接导线的规格、型号、颜色和根数等。如 BV(3×1.5) mm^2 标明了导线的规格是铜芯聚氯乙烯绝缘电线,导线的根数是 3 根,导线的线芯截面积是 1.5 mm^2。

(二)电气安装接线图的识读过程

(1)读元器件的位置。通过读每个元器件的位置,可以进一步熟悉电气控制系统。

(2)读板上元器件的布线。读板上元器件的布线,通常包括主电路的走线和控制电路的走线。如 M1 电动机主电路的走线是 U、V、W(QS1→KM);U11、V11、W11(KM→FR1)。

(3)读板外元器件的布线。板外元器件的布线包括电动机走线、按钮走线、电源线走线等。如 M1 电动机走线是 U1、V1、W1(XT→M1),主电路电源线走线是 L1、L2、L3(电源→XT)。

七、元器件明细表

除了上述 3 种常用的电气控制系统图之外,机床设备说明书还包括元器件明细表。元器件明细表是把成套装置、设备中的各组成元器件(包括电动机)的名称、型号、规格、数量列成表格,为准备材料及维修使用。CK6150 型卧式车床的元器件明细表见表 5-3。

表 5-3　　　　　　　　　　　CK6150 型卧式车床的元器件明细表

符号	名称	型号及规格	数量
M1	主轴电动机	J52-4,7 kW,1 400 r/min	1
M2	冷却泵电动机	JCB-22,0.2 kW,2 790 r/min	1
KM	交流接触器	CJ0-20,380 V	1
FR1	热继电器	JR16-20/30,15 A	1
FR2	热继电器	JR2-1,0.5 A	1

符号	名称	型号及规格	数量
QS1	三相转换开关	HZ2-10/3(2),380 V,10 A	1(1)
FU	熔断器	RM3-25,4(1)A	5(1)
SB	按钮	LA4-22K,5 A	1
TC	变压器	BK-50,380 V/36 V	1
EL	照明灯	JC6-1,40 W,36 V	1

任务四　机床电气控制基本电路

在机床电气控制系统中,主要是以各类电动机或其他执行电器作为控制对象的,其中三相交流电动机在机床控制系统中的应用较为广泛。经过长期的工程实践和积累,人们将一些常用的控制电路总结为最基本的控制单元,也就是本任务中提到的各个三相电动机的启动和运行控制电路。

一、三相交流电动机启动控制

三相交流电动机的启动方式有直接启动和减压启动两种,对于小容量(一般 10 kW 以下)的三相交流电动机均采用直接启动方式。直接启动控制有点动控制和长动控制两种。

（一）三相交流电动机点动控制

普通车床的主轴电动机在点动调整时,可以通过图 5-22 所示的点动控制电路来实现。点动控制的电气原理图分析:当合上主电路中的开关 QS 时,电动机 M 不会启动,因为接触器 KM 的线圈没有通电,KM 的主触点不会闭合。只有按下控制电路中的按钮 SB,接触器 KM 的线圈通电,主电路中 KM 的主触点闭合,电动机 M 才可以启动。当松开 SB 按钮,接触器 KM 的线圈失电,主电路中 KM 的主触点断开,电动机 M 停止转动。这种按下按钮电动机启动、松开按钮电动机停止转动的电路,称为点动控制电路。

（二）三相交流电动机长动控制

车床在车削一个工件时,卡盘卡紧工件,按下启动按钮后,主轴电动机启动运转,直到完成车削任务。这种控制可以通过图 5-23 所示的长动控制电路来实现。

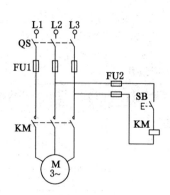

图 5-22　三相交流电动机点动控制电路

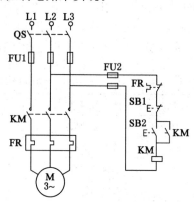

图 5-23　三相交流电动机长动控制电路

图 5-23 所示的长动控制电气原理图分析:当合上主电路中的开关 QS,再按下控制电路中的按钮 SB2 时,接触器 KM 的线圈通电,主电路中的 KM 主触点闭合,电动机 M 启动。当松开按钮 SB2 时,因为控制电路中的接触器 KM 的辅助常开触点闭合,KM 线圈会保持得电,主电路中的 KM 主触点保持闭合,电动机 M 会继续转动。按下控制电路中的按钮 SB1 时,接触器 KM 的线圈失电,主电路中的 KM 主触点断开,电动机 M 停止转动。

这种松开按钮电动机能保持运转的电路,称为长动控制电路,也称为自锁控制电路。

二、三相交流电动机运行控制

在机床电气控制系统中,经常要求电动机能够实现正转和反转的可逆运行控制,如主轴的正转与反转,工作台的前进与后退等。常见的可逆运行控制电路有 3 种,分别是三相交流电动机的正/停/反控制、正/反/停控制和自动循环控制。

(一)三相交流电动机的正/停/反控制

车床在加工螺纹时,需要主轴电动机既能正转又能反转。图 5-24 所示是一个能实现正/停/反控制的电路。正/停/反控制的电气原理图分析:当合上主电路中的开关 QS,再按下控制电路中的按钮 SB2 时,接触器 KM1 的线圈通电,主电路中的 KM1 主触点闭合,电动机 M 正转启动。当松开按钮 SB2 时,因为控制电路中的接触器 KM1 的辅助常开触点闭合,KM1 线圈会保持得电,主电路中的 KM1 主触点保持闭合,电动机 M 会继续正转。按下控制电路中的停止按钮 SB1 时,接触器 KM1 的线圈失电,主电路中的 KM1 主触点断开,电动机 M 停止正转。

同理,当按下控制电路中的按钮 SB3 时,接触器 KM2 的线圈通电,主电路中的 KM2 主触点闭合,电动机 M 反转启动。当松开按钮 SB3 时,因为控制电路中的接触器 KM2 的辅助常开触点闭合,KM2 线圈会保持得电,主电路中的 KM2 主触点保持闭合,电动机 M 会继续反转,按下控制电路中的停止按钮 SB1 时,接触器 KM2 的线圈失电,主电路中的 KM2 主触点断开,电动机 M 停止反转。

这种正转和反转切换时,必须先按下停止按钮的正、反转电路,称为正/停/反控制电路。

(二)三相交流电动机正/反/停控制

图 5-24 所示是一个能实现正、反转控制的电路,但正转和反转切换时,必须先按下停止按钮 SB1。如果希望正转和反转能够直接切换,就需要图 5-25 所示的正/反/停控制电路。

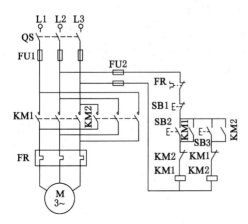

图 5-24　三相交流电动机正/停/反控制电路

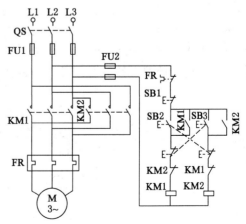

图 5-25　三相交流电动机正/反/停控制电路

分析如下:当合上主电路中的开关 QS,再按下控制电路中的按钮 SB2 时,接触器 KM1 的线圈通电,主电路中的 KM1 主触点闭合,电动机 M 正转启动。当松开按钮 SB2 时,因为控制电路中的接触器 KM1 的辅助常开触点闭合,KM1 线圈会保持得电,主电路中的 KM1 主触点保持闭合,电动机 M 会继续正转。

按下控制电路中的按钮 SB3,其常闭触点断开,使得 KM1 线圈失电,KM1 所有触点复位;SB3 常开触点闭合,使得 KM2 线圈得电,KM2 所有触点动作,电动机 M 切换到反转运行。

任何时刻按下控制电路中的停止按钮 SB1,接触器 KM1 或者 KM2 的线圈失电,主电路中的 KM1 或 KM2 主触点断开,电动机 M 停止正转或反转。

这种正转和反转可以直接切换的电路,称为正/反/停控制电路。

(三)三相交流电动机自动循环控制

机床工作台需要自动往返循环控制,这种自动往返循环控制可以通过图 5-26 所示的电路来实现。分析图 5-26 所示的自动往返循环控制电路的工作过程如下。

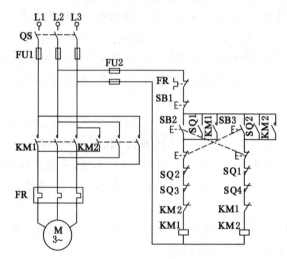

图 5-26　三相交流电动机自动往返循环控制电路

当合上主电路中的开关 QS,再按下控制电路中的按钮 SB2 时,接触器 KM1 的线圈通电,主电路中的 KM1 主触点闭合,电动机 M 正转启动,控制电路中的 KM1 的辅助常开触点闭合,KM1 线圈会保持得电,主电路中的 KM1 主触点保持闭合,使得电动机 M 连续正转,从而可以驱动图 5-27 中的工作台前进。

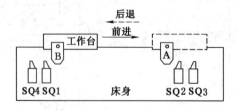

图 5-27　机床工作台往返运动示意图

当工作台前进到行程开关 SQ2 的位置时,SQ2 的触点动作,KM1 线圈失电,KM2 线圈得电并形成自锁,使得电动机 M 连续反转,可以驱动图中的工作台后退。当工作台后退到行程开关 SQ1 的位置时,SQ1 的触点动作,KM2 线圈失电,KM1 线圈得电并形成自锁,使得电动机 M 又连续正转驱动工作台前进。

上述过程重复进行,可以实现工作台的自动往返循环控制。其中行程开关 SQ3 和 SQ4 是用来实现终端保护的限位开关。任何时刻按下控制电路中的停止按钮 SB1,接触器 KM1 或者 KM2 的线圈失电,主电路中的接触器主触点断开,电动机 M 停止正转或反转。

任务五　数控机床强电气柜连接调试

一、数控机床电气柜电路的选配线

数控机床的电源及保护电路由强电线路构成,强电线路安装在机床电气柜(也称为强电柜)中,电源用于为交流电动机(如主轴电动机、液压泵电动机、冷却泵电动机等)、电磁铁、离合器和电磁阀等执行元件供电,保护电路可以保证数控设备的正常运转。电气柜接线如图 5-28 所示。

主电路连接　　　控制电路连接　制动电阻的连接

图 5-28　数控机床强电柜连接实物图

(一)数控系统统强电柜内元件及其功能

强电柜中的主要电气元件有电源变压器、控制变压器、各种断路器、保护开关、接触器等。用于学生实训的 FANUC 0i TC 数控机床强电柜结构如图 5-29 所示。强电柜中常用电气元件及其功能见表 5-4。

表 5-4　　　　　　　　　　　　　强电柜内电气元件

序号	名称	用途
1	小型断路器 QF	小型断路器(空气开关)适用于交流 50 Hz 或 60 Hz,额定电压 230～380 V 的保护线路中作为过载、短路保护,同时也可以在正常情况下作为线路的不频繁转换之用,尤其适用于工业和商业的照明配电系统
2	交流接触器 KM	3TB 系列交流接触器为交流 50 Hz 或 60 Hz,额定绝缘电压为 690 V,在 AC3 使用类别下额定工作电压为 380 V 时的额定工作电流为 9～32 A,主要供接通及分断电路之用,适用于控制交流电动机的启动、停止及反转

续表 5-4

序号	名称	用途
3	继电器 KA	是具有隔离功能的自动开关元件,广泛应用于遥控、遥测、通信、自动控制、机电一体化及电力电子设备中,是最重要的控制元件
4	控制变压器 TC	采用小型的干式变压器,作为局部照明用电源、信号灯或指示灯电源,在控制设备中作为控制电路电源。电源输入:AC 380 V;电源输出:AC 220 V
5	开关电源 VC	用于给需要直流电源的设备供电(DC 24 V)
6	乘余电流动作断路器	适用于交流 50 Hz、额定电压至 400 V、额定电流至 32 A 的线路中,作剩余电流保护之用。当有人触电或电路泄漏电流超过规定值时,剩余电流动作断路器能在极短的时间内自动切断电源,保障人身安全和防止设备因发生泄漏电流造成的事故。剩余电流动作断路器具有过载和短路保护功能,可用来保护线路的过载和短路,亦可在正常情况下作为线路的不频繁转换之用
7	HZ12 系列组合开关	适用于交流 50 Hz 或 60 Hz、额定工作电压至 500 V 的电路中作切断和接通电源之用,也可直接开闭电动机及高电感负载

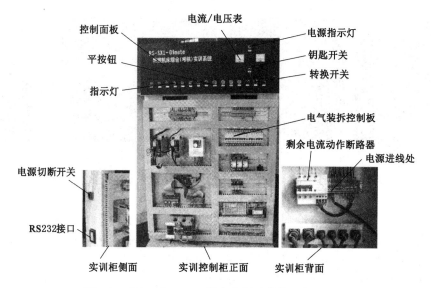

图 5-29　FANUC 0i TC 学生实训用数控机床强电柜

(二)强电柜中导线和电缆的选择

强电柜中使用的导线和电缆应按下述条件选择:

(1)一般应根据工作条件(如电压、电流、电击的防护、电缆的分组)和外界环境(如环境温度、存在水或腐蚀物质和机械应力)选择导线和电缆。尽量选用有阻燃性能的绝缘导线和电缆。

(2)通常应选用铜质的导线,其他材质的导线应具有承载相同电流的标称截面积,如果用铝导线,截面积应至少为 16 mm^2。

(3)导线绝缘的机械强度和厚度应使得工作时或铺设时绝缘不受损伤。

(4)为确保适当的机械强度,导线截面积应不小于表 5-5 所列的值。

表 5-5　　　　　　　　　　　　　　　　铜导线的最小截面积

位置	用途	电缆种类				
		单芯绞线	单芯硬线	双芯屏蔽线	双芯无屏蔽线	三芯或多芯屏蔽 & 无屏蔽线
		铜导线最小截面积/mm²				
外壳外部	正常配线	1	1.5	0.75	0.75	0.75
	频繁运动机械部件连接	1	—	1	1	1
	小电流(<2 A)电路连接	1	1.5	0.3	0.5	0.3
	数据通信配线	—	—	—	—	0.08
外壳内部	正常配线	0.75	0.75	0.75	0.75	0.75
	小电流配线	0.2	0.2	0.2	0.2	0.2
	数据通信配线	—	—	—	—	0.08

（三）配线技术

强电柜中电气配线要求如下。

1. 一般要求

（1）所有连接，尤其是保护接地电路的连接应牢固，没有意外松脱的危险。

（2）连接方法应与被连接导线的截面积及导线的性质相适应。

（3）只有专门设计的端子才允许一个端子连接两根或多根导线，普通端子只能接一根导线。

（4）接线座的安装和接线应使内部和外部配线不跨越端子。

2. 导线和电缆铺设

（1）导线和电缆的铺设应使两端子之间无接头或拼接点。

（2）为满足连接和拆卸电缆和电缆束的需要，应提供足够的附加长度。

（3）如果导线端部受到不适当的张力，则多芯电缆端部应夹牢。

3. 导线的标识

（1）一般要求导线应在每个端部做出标记。

（2）保护导线的标识指依靠其形状、位置、标记或颜色使保护导线容易识别。当只采用色标时，应在保护导线全长上采用黄/绿双色组合，且使保护导线的色标是专用的。如果保护导线能容易地从其形状、结构（如编织导线）或位置上识别，或者绝缘导线一时难以购得，则不必在整个长度上使用颜色代码，而应在端头或易接近位置上清楚地标识或用黄/绿双色组合标记。

（3）绝缘单芯导线应使用下列颜色代码：黑色，交流和直流动力电路；红色，交流控制电路；蓝色，直流控制电路。

二、数控机床的动力、控制电源电路接线

（一）动力电源和控制电源供电

FANUC 数控系统需要的电源是三相 AC 200 V 交流电，采用干式变压器（TC）将车间电源 AC 380 V 变压至 AC 200 V 提供给数控系统。在数控系统中需要三种供电回路，即伺服系统供电 AC 200 V、变频器供电 AC 200 V、开关电源供电 DC 24 V，按图 5-30 所示流程供电给伺服系统、CNC 单元、I/O 单元。

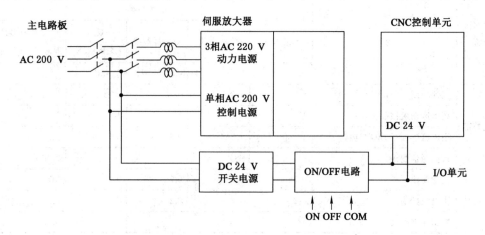

图 5-30　动力电源与控制电源连接

（二）伺服系统的供电

伺服系统的供电线路如图 5-31 所示。图中三相 AC 380 V 电源（1L1、1L2、1L3）经空气开关 QF2 连接到变压器 TC1 上，经变压器 TC1 变压为三相 AC 200 V（101、102、103），为伺服放大器提供动力电源。两相 AC 380 V 电源（1L1、1L2）经空气开关 QF5 接到变压器 TC2 上，经变压器 TC2 变压为两相 AC 200 V（1、10），为系统开关电源供电。

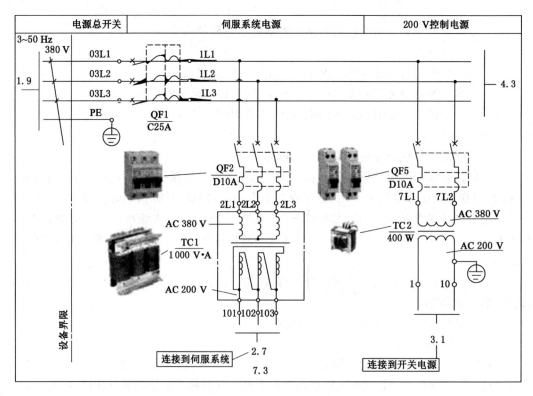

图 5-31　伺服系统供电线路

当伺服放大器中的 MCC(图 5-32 中的 RLY1 CX29-1 端子)发出已准备好的信号后,接触器线圈得电吸合,伺服驱动器同时上电启动,并为伺服电动机提供动力电源,如图 5-32 所示。

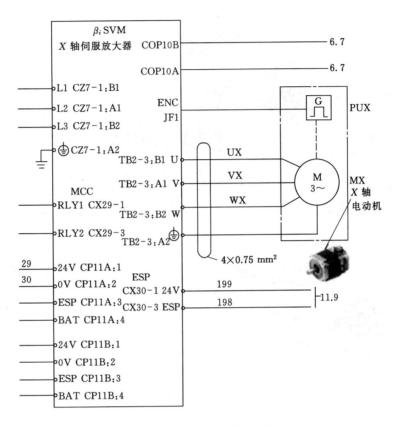

图 5-32　伺服放大器与伺服电动机连接

(三)主轴变频器的供电

变频器的供电线路如图 5-33 所示。图中交流电源 200 V 接线端子(1L1～1L3)经空气开关 QF4,由触点 KM3 实现逻辑控制,给变频器供电。图中 U、V、W 三相是变频器给主轴电动机供电。由数控系统接口 JA40(模拟主轴,提供模拟电压 1～10 V),连接到 4、5 处,用于设定主轴转速,主轴正反转分别由继电器 KA6 和 KA7 控制。

(四)开关电源(DC 24 V)

DC 24 V 开关电源的供电线路如图 5-35 所示,AC 200 V 电源(1,10)经空气开关 QF7、钥匙开关 SA1(11,10)给开关电源供电,电源输出直流电 24 V,供给数控系统、伺服系统、输入输出信号等使用。

三、电气柜元件连接启停及调试

(一)系统启动与停止的原理

1. 数控系统的启动

如图 5-36 所示,按下系统的启动按钮 SB4(常开),继电器线圈 KA1 得电,使得它的一组触点吸合,实现自锁功能。另一组触点吸合,使线圈 KM1 得电吸合,数控系统上电。

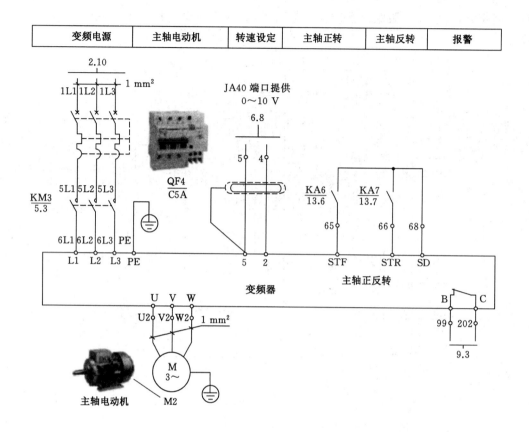

图 5-33　变频器及主轴电动机连接

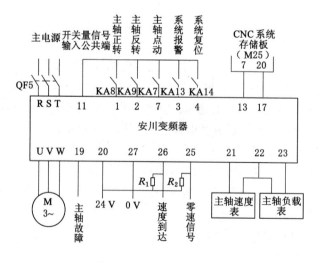

图 5-34　变频器端口接线

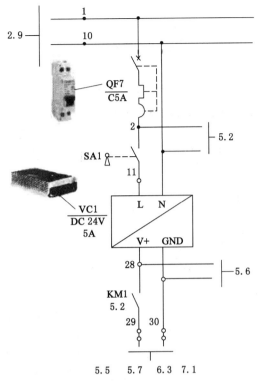

图 5-35　开关电源供电线路

强电电源接通	变频器接通	刀架换位	刀架锁紧	NC ON/OFF

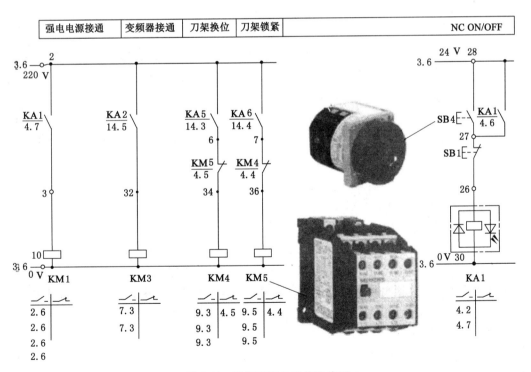

图 5-36　数控系统的启停连线图

2. 强电回路的接通

如图 5-37 所示,待数控系统启动完成后,输出一个信号送至 X 轴驱动器的 MCC,使控制 MCC 的接触器 KM2 得电吸合,使所有驱动器同时上电启动。

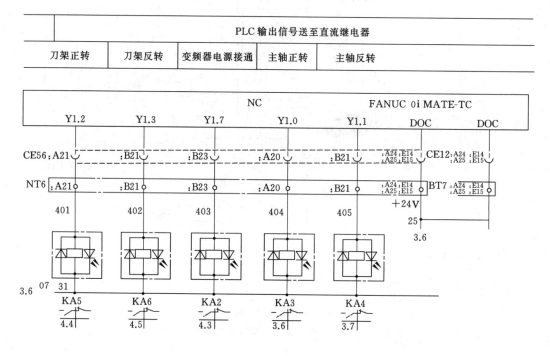

PLC 输出信号送至直流继电器				
刀架正转	刀架反转	变频器电源接通	主轴正转	主轴反转

图 5-37　接通强电回路

与此同时,数控系统 I/O 输出端的 Y1.7 输出一个信号,继电器线圈 KA2 得电吸合,使控制变频器电源接通的接触器 KM3 得电吸合,变频器上电,从而完成整个强电电源的接通,数控机床得以启动。

3. 系统的停止

如图 5-36 所示,按下停止按钮 SB1(常闭),KA1 线圈失电触点断开,控制驱动器电源接通,线圈 KM1 失电,触点断开,数控系统断电停止,驱动器断电停止。所有的输出信号都停止,继电器线圈 KA2 失电断开,使控制变频接通的线圈 KM3 失电,触点断开,变频器断电,数控机床停止工作。

(二)主轴的正反转控制

按下机床控制面板上主轴正转按钮或执行 M03 指令时,Y1.0 输出一个信号,继电器线圈 KA3 得电吸合,从而接通变频器正转指令,实现主轴的正转。当按下主轴反转按钮或执行 M04 指令时,Y1.1 输出一个信号,继电器线圈 KA4 得电吸合,从而接通变频器反转指令实现主轴的反转,如图 5-37 所示。

(三)刀架换位与锁紧

数控车床实训系统装备了 4 个刀位的刀架,刀架转位换刀时,Y1.2 输出一个信号,使刀架正转的继电器线圈 KA5 吸合,接触器线圈 KM4 得电,常开触点闭合,刀架电动机正转,刀架换位。而常闭触点断开,此时反转不可能接通。当系统检测到刀位后,Y1.3 输出一个信号,使刀架反转的继电器 KA6 得电吸合,接触器线圈 KM5 得电,常开触点闭合,通过调整电动机的相序实现反转使刀架锁紧。同时常闭触点断开,使其与正转形成了互锁,正转不可能接通,从而实现了刀架的换位与紧锁控制,如图 5-37 所示。

（四）通电前线路检查

1. 检验元件质量

对于新启用的强电柜,要静态检查电气器材质量,在不通电的情况下,通过外观目测和用万用表检查各电气元件,以及电气元件上各触点的分合情况是否良好;检查按钮开关中的动作是否完好;检查接触器的线圈电压与电源电压是否相符等。

2. 检查强电柜中线路的连接

（1）按照电路图正确连接强电柜中各电气元件。

（2）电源进线、布线应符合平直整齐、紧贴敷设面、走线合理及节点不得松动、裸露铜不得过长等要求。其原则如下:

① 同一平面的导线应高低一致或前后一致,不能交叉。必须交叉时,该根导线在接线端子引出时,水平架空跨越,但必须走线合理。

② 布线应横平竖直,变换走向应垂直。

③ 一个电气元件接线端子上的连接导线一般只允许连接一根。

④ 布线和剥线时严禁划伤线芯和导线绝缘层。

3. 检查各模块间的连接

（1）系统内各驱动器通过光纤连接。

（2）把系统上 JD1A 插座与 I/O 模块上 JD1B 插座连接起来。

（3）连接驱动器与电动机的动力电缆与反馈电缆。

（4）连接变频器与主电动机的动力电缆。

（5）限位、回参考点等信号线引到相应端子上。

4. 首次通电前线路检查

（1）通电前务必断开数控系统、伺服驱动单元、变频器等设备。

（2）测量各电源输出端对地是否短路。

（3）通电前,测量各电源电压是否正常。

（五）系统通电与断电

通电时应顺序接通车间电源开关、机床主电路空气开关、控制台上的机床启动开关。

1. 数控系统上电

（1）接通外部电源。

（2）合上漏电保护开关和所有的小型断路器。

（3）把电源切换开关拨至接通状态,此时强电柜的电源指示灯应亮,观察电压表显示的电压是否正常。

（4）接通控制面板上的电源钥匙开关。

（5）按下控制面板上的电源接通按钮。

2. 启动时的安全检查

（1）机床通电前,应检查进车间电源线缆是否接地。若未接地,会损坏机床中的电气设备。

（2）当接通控制台开关后，应先检查各轴驱动装置上的指示灯状态是否正确。

（3）检查显示器上是否有各种类型的报警指示。

（4）检查所有的电动机和其他运动部件是否有异常的噪声。

3．系统断电

（1）把机床运行至合适的位置，按下急停按钮。

（2）按下控制面板上的电源切断按钮。

（3）把电气柜电源切断，开关拨至断开状态。

（4）切断外部电源。

当电源突然断电时，应随即关闭电气柜开关。

任务六　数控机床电气系统维护

数控机床与普通机床的电气系统在应用电气元件方面一样，如采用低压电器、配电电器、控制电器等，因此数控机床电气系统的结构与普通机床有很多共性，两者在硬件结构的区别在于数控机床数控系统的电气及通信方面。图 5-38、图 5-39 为数控机床电气系统组成连线图。

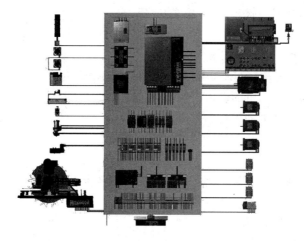

图 5-38　数控加工中心电气系统组成连线图

一、数控系统的维护

数控系统经过一段较长时间的使用，元器件总要老化甚至损坏。为了尽量延长元器件的使用寿命和零部件的磨损周期，防止各种故障，特别是恶性事故的发生，就必须对数控系统进行日常的维护工作。具体的日常维护保养要求，在数控系统的使用、维修说明书中有明确的规定。概括起来，要注意以下几个方面。

（一）严格遵守操作规程和日常维护制度

数控系统的编程、操作和维修人员必须经过专门的技术培训，熟悉所用数控机床的数控系统的使用环境、条件等，能按机床和系统使用说明书的要求正确、合理地使用，应尽量避免因操作不当引起的故障；应根据操作规程要求，针对数控系统各个部件的特点确定各自保养条例，进行日常维护工作。

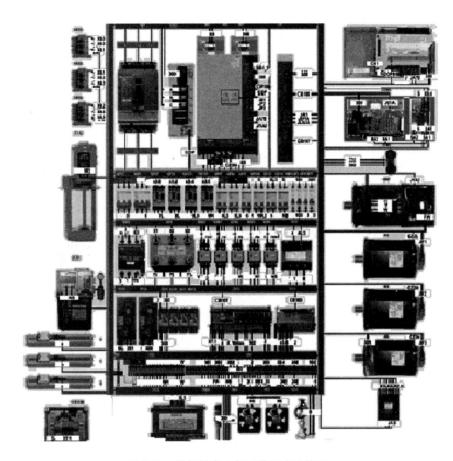

图 5-39　数控铣床电气系统组成连线图

（二）清洁机床电气箱热交换器过滤网

每周清洁机床电气箱热交换器过滤网，车间环境较差时需要 2～3 天清洁一次。

（三）防止灰尘进入数控装置内

机械加工车间内空气中飘浮的灰尘和金属粉末落在印制电路板和电器插件上，容易引起元器件间绝缘电阻下降，从而导致故障甚至损坏元器件。因此除非进行调整和维修，否则不允许随意开启数控柜门，更不允许在使用时敞开柜门。如电路板、接插件等受外部尘埃、油雾污染可用专用电子清洁剂喷洗。

（四）定时清扫数控柜的散热通风系统及电动机

为防止数控装置过热，应经常检查数控柜、数控装置上各冷却风扇工作是否正常。应根据车间环境状况，按照数控机床使用说明书中的规定，每半年或一个季度清扫检查一次。如果环境温度过高，造成数控柜内的温度超过 40 ℃时，应及时加装空调装置，并定期清洁数控机床上的各种电动机。

（五）经常监视数控系统的电网电压

通常，数控系统允许的电网电压范围在额定值的 85%～110%，如果超出此范围，轻则使数控系统不能稳定工作，重则会造成重要电子部件的损坏。因此，要经常注意电网电压的波动情况，对于电网质量比较差的地区，应配置交流稳压装置。

（六）定期更换存储器用电池

数控系统部分 CMOS 存储器中的存储内容在关机时靠电池（图 5-40）供电保持，常采用锂电池或可充电电池，电池电压降到一定值会造成参数丢失。因此要定期检查电池电压，当电池电压降到限定值时，机床就会报警。更换电池时一定要在数控系统通电状态下进行，这样才不会造成存储参数丢失。另外为了防止参数丢失，可将数控系统中的参数事先备份，一旦参数丢失，在更换新电池后，可将参数重新输入。

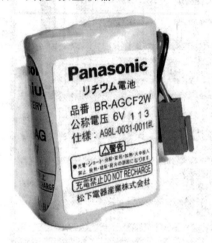

图 5-40 数控机床用带接口端子电池

（七）数控系统长期不用时的维护

数控机床应尽量避免长期不用。数控机床长期不用时，为了避免数控系统的损坏，应对数控系统进行定期维护保养。应经常给数控系统通电或让数控机床运行温机程序，在空气湿度大的雨季，应该 2～3 天开机一次，运行 1～2 h，利用电气元器件本身发热驱走数控柜内的潮气，以保证电子元器件的性能稳定可靠。而且，温机程序可使油膜均匀地覆盖在丝杠、导轨等部件上，达到保护目的。

（八）备用电路板的维护

印制电路板长期不用也容易出现故障，因此，数控机床中的备用电路板应定期装到数控系统中通电运行一段时间，以防损坏。

二、电气部分的维护

（一）维护要点

电气部分包括动力电源输入线路、继电器、接触器、控制电路等，其维护保养主要包括以下几点：

（1）检查三相电源的电压值是否正常，有无断相，如果输入的电压超出允许范围则进行相应调整。

（2）检查所有电气连接是否良好。

（3）检查各类开关是否有效，可借助于数控系统屏幕显示的诊断画面及可编程序机床控制器（PMC）、输入/输出模块上的 LED 指示灯检查确认，若工作状态不良应更换。

（4）检查各继电器、接触器是否工作正常，触点是否完好，可利用功能试验程序，通过运行该程序确认各控制器件是否完好、有效。

(5)检验热继电器、电弧抑制器等保护器件是否有效。

以上电气保养每年检查、调整一次。

（二）维护关注元件

数控系统维护中要定期关注、检查那些会因失修或维护不当而引发故障的元器件,这样的元器件有以下几种类型。

(1)易污染件,常见的有:传感器(光栅、光电头、电动机换向器、编码器)、接触器的铁芯截面、过滤器、风道、低压控制电器。

(2)易击穿件,常见的有:电容器、大功率晶体管(晶闸管)。

(3)易老化与有寿命问题元器件,常见的有:大容量电解电容器、交流电力电容器(380 V/220 V)、存储器电池及其电路、光电池、光电阅读器的读带、继电器以及高频接触器等。

(4)易氧化与腐蚀件,常见的有:电动/电磁开关、继电器与接触器触点、接插件插头、熔丝卡座、接地点等。

(5)易磨损件,常见的有:测速发电机的电刷、电动机的电刷、离合器的摩擦片、轴承、齿轮副、高频动作的接触器。

(6)易疲劳失效件,常见的有:含有弹簧元器件(多见于低压电器中)的弹性失效、常拖动弯曲的电缆断线等。

(7)易松动移位件,常见的有:机械手的传感器、定位机构、位置开关、编码器、测速发电机等。

(8)易造成卡死件,常见的有:因润滑不良等而造成不能到位的接触器、热继电器、位置开关、电磁开关、电磁阀。

(9)易温升件,常见的有:伺服放大回路中的大功率元器件,诸如稳压器与稳压电源、变压器、继电器、接触器、电动机等具有线圈的元器件。

(10)易泄漏件,常见的有:切削液、润滑油、液压回路等的泄漏不仅使本身工作故障,还会流入电器引发电器故障。

（三）数控机床电气系统的故障特点

(1)电气系统故障的维修特点是故障原因明了,诊断也比较好做,但是故障率相对比较高。

(2)电气元器件有使用寿命限制,非正常使用会大大降低寿命,如开关触点经常过电流使用而烧损、粘连,提前造成开关损坏。

(3)电气系统容易受外界影响造成故障,如环境温度过高、电柜温升过高会导致有些电器损坏,甚至鼠害也会造成许多电气故障。

(4)操作人员非正常操作,能造成开关手柄损坏、限位开关被撞坏的人为故障。

(5)电线、电缆磨损会造成断线或短路,蛇皮线管进冷却水、油液而长期浸泡,橡胶电线膨胀、黏化,会使绝缘性能下降造成短路。

(6)冷却泵、排屑器、电动刀架等的异步电动机进水,轴承损坏会造成电动机故障。

三、故障现象分析

(1)故障现象:一台配套 SIEMENS 系统的数控机床,在自动加工过程中,有时系统突然断电。

分析及处理:测量其 24 V 直流供电电源发现只有 22 V 左右,电网电压向下波动时,引起这个电压降低,导致 NC 系统采取保护措施,自动断电。经确认为整流变压器匝间短路,造成容量不够。更换新的整流变压器后,故障排除。

（2）故障现象:一台配套 SIEMENS 系统的数控机床,当系统加上电源后,系统开始自检,当自检完毕进入基本画面时,系统断电。

分析及处理:经检查,故障原因是 X 轴抱闸线圈对地短路。系统自检后,伺服条件准备好,抱闸通电释放。抱闸线圈采用 24 V 电源供电,由于线圈对地短路,致使 24 V 电压瞬间下降。

（3）故障现象:一台 FANUC-0T 数控车床,开机后 CRT 无画面,电源模块报警指示灯亮。

分析及处理:根据维修说明书所述,发现 CRT 和 I/O 接口公用的 DC 24 V 电源正端与直流地之间电阻的 Q 值仅有 1—2 Ω,而同类设备应有 155 Ω,这类故障一般发生在主板,而本例故障较特殊。先拔掉 M18 电缆插头,故障仍在,后拔掉公用的 DC 24 V 电源插头后,电阻的 Q 值恢复正常,顺线查出插头上有短路现象。排除后,机床恢复正常。

（4）故障现象:数控机床某天开机,主轴报警,显示器显示"SAXIS NOT READY"(主轴没准备好)。

分析及处理:打开主轴伺服单元电箱,发现伺服单元无任何显示。用万用表测主轴伺服驱动 BKH 电源进线供电正常,而伺服单元数码管无显示,说明该单元损坏。检查该单元供电线路,发现供电线路实际接线与电气图不符。该单元通电启动时,KM5 先闭合,2—3 s 后,KM6 闭合,将电阻 R 短接。电阻与扼流圈 L 的作用是在启动时防止浪涌电流对主轴单元的冲击。实际接线中 3 只电阻却接成了三相并联形式,起不到保护作用,导致通电时主轴单元被损坏,同时 3 只电阻因长期通电烧糊。更换新主轴单元后,机床恢复正常。

模块六　数控系统的硬件装调与维修

任务一　FANUC系统硬件组成与连接

一、FANUC系统硬件组成

数控系统(图6-1)中的控制单元是数控装置(CNC),数控装置就是一个专用计算机,包括主板和I/O板两部分,两部分并排插在系统框架内。根据系统的功能,主板上还可安装存储板、PMC控制模块、轴模块等基本配置及DNC、HSSB、PROFIBUS等选件。主板的构成主要包括主CPU、存储器模块、PMC控制模块、伺服控制模块以及主轴模块等。I/O单元提供与机床的I/O接口、手轮接口、以太网的数据服务接口,硬件组成如图6-2所示。

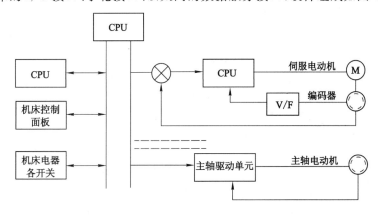

图6-1　CNC系统框图

二、FANUC 0i/0i Mate C&D系统硬件配置

（一）FANUC 0i系统硬件划分

FAUNC 0i是一种可用于数控车床和数控铣床、加工中心的数控系统,FANUC 0i-C&D系统可控制4个进给轴和1个伺服主轴(或变频主轴),其组成单元(硬件)如图6-3所示,在图中最上一行是为0i系统配备的"以太网板",可与以太网连接。在图6-3中右下角是0i系统中的I/O Link βi伺服放大器与电动机,该电动机可用于外部机械的驱动与控制。

FANUC 0i Mate C系统是0i-C系统的功能简化版,可控制3个进给轴和1个伺服主轴(或变频主轴),它包括基本控制单元、伺服放大器、伺服电动机和外置I/O模块等。

（二）系统控制单元组成

数控机床系统控制单元(CNC单元)由主板模块和I/O模块两个模块构成。主板模块包括主CPU、内存、PMC控制、I/O Link控制、伺服控制、主轴控制、内存卡、LED显示等部

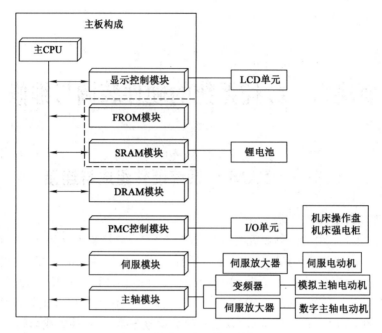

图 6-2　数控系统硬件组成框图

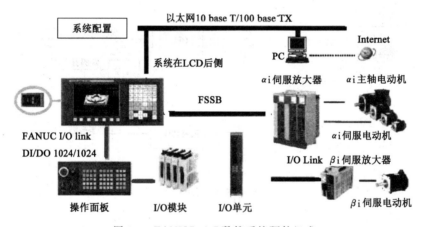

图 6-3　FANUC 0i C 数控系统硬件组成

分。I/O 模块包括电源、I/O 接口、通信接口、MDI 控制、显示控制、手摇脉冲发生器和高速串行总线等部分。不同数控系统的控制单元组成基本相同。

　　FANU 0i 系统 CNC 单元按 LCD 与 CNC 单元是否分离,分内装式和分离式(图 6-4)。内装式系统体积小,中小型机床多采用。分离式系统使用更灵活些,如大型龙门镗铣床的显示器需要安装在吊挂上,控制单元安装在控制柜中更适合应用。硬件配置如图 6-5 所示。

　　FANU 0i 系统单元内部组成如图 6-6 所示。FROM 与 SRAM 板的区别:闪存 FROM 装载了系统文件(系统管理及控制软件)及机床厂家文件(PMC 程序和宏管理文件);静态 SRAM 存储了系统 CNC 参数、PMC 参数、加工程序及各种补偿值等(靠系统电池保存)。

　　FAUNC 0i/0i Mate D 系统控制主板及接口如图 6-7 所示。

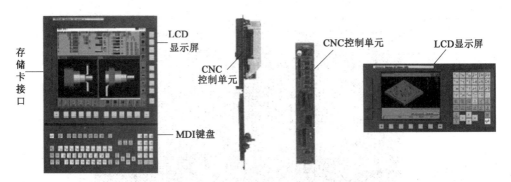

图 6-4　FANUC 0i 系统 CNC 单元

(a) 内装式；(b) 分离式

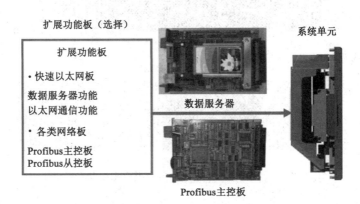

图 6-5　CNC 单元硬件配置

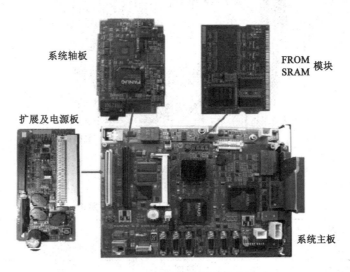

图 6-6　FANU 0i 系统单元内部组成

内装式 FAUNC 0i Mate 控制单元外观接口如图 6-8 所示。

主板接口及其用途见表 6-1。

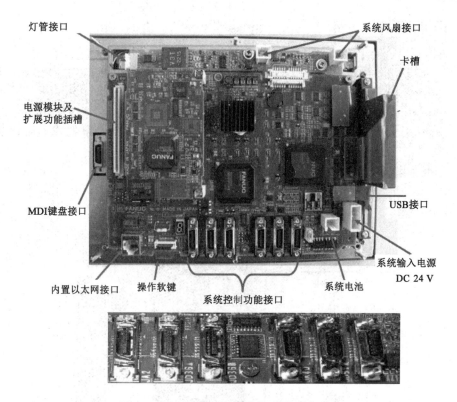

图 6-7　FAUNC 0i/0i Mate D 系统主板及接口

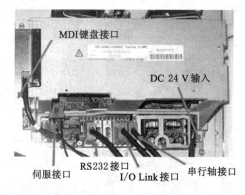

图 6-8　内装式 FAUNC 0i Mate 控制单元外观接口

表 6-1　　　　　　　　　　FANUC 0i/0i Mate 系统主板接口及用途

系统各端口号	用途
COP10A	伺服 FSSB 总线接口,此口为光缆口
CD38A	以太网接口
JA2(CA55)	系统 MDI 键盘接口
JD36A/JD36B	RS232C 串行接口 1/2
JA40	模拟主轴信号输出接口/高速跳转信号接口 DI
JD51A (JA44)	I/O link 系统总线接口

系统各端口号	用途
JA41	串行主轴速度/独立主轴位置编码器反馈接口
CA122	系统软键信号接口
CP1	系统电源输入(DC 24 V)
CA69	伺服检查

三、数控系统硬件连接

（一）基本电缆系统连接

（1）在机床不通电的情况下，按照电气设计图把 CRT/MDI 单元、CNC 主机箱、伺服放大器、I/O 板、机床操作面板、伺服电动机安装到正确位置。

（2）基本电缆连接如图 6-9 所示（详细参照硬件连接说明书）。

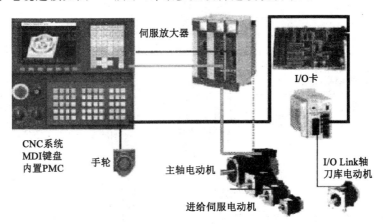

图 6-9　基本电缆连接示意图

（3）总体连接应注意以下事项。

① FSSB 光缆一般接左边插口。

② 风扇、电池、软键、MDI 等一般都已经连接好，不要改动。

③ 伺服检测 CA69，一般不需要连接。

④ 电源线可能有两个插头，一个为 24 V 输入（左），另一个为 24 V 输出（右）。具体接线为“1：＋24 V，2：0 V，3：地线”。

⑤ RS232 接口是和计算机连接的。一般接左边，如果不和计算机连接，可不接此线。

⑥ 串行主轴/编码器的连接，如果使用 FANUC 的主轴放大器，这个接口是连接放大器的指令线；如果主轴使用的是变频器，指令线由 JA40 模拟主轴接口连接，则这里连接主轴位置编码器，车床一般都要接编码器；如果是 FANUC 的主轴放大器，则编码器连接到主轴放大器的 JYA3。

⑦ I/O Link(JD1A)是连接到 I/O 模块或机床操作面板的，必须连接。

⑧ 存储卡插槽（在系统的正面）用于连接存储卡，可对参数、程序、梯形图等数据进行输入/输出操作，也可以进行 DNC 传输加工。

（二）FAUNC 0i 系统内装式控制单元连接

无论是内装式还是分离式结构，都可以由"基本系统"和"选择板"组成。基本系统可以形成一个最小的独立系统，实现最基本的数控功能。如基本的插补功能（FS16i 可达 8 轴控制，0i-C 最多可达 4 轴控制）形成独立加工单元。内装式 0i-C 基本系统的连接如图 6-10 所示。

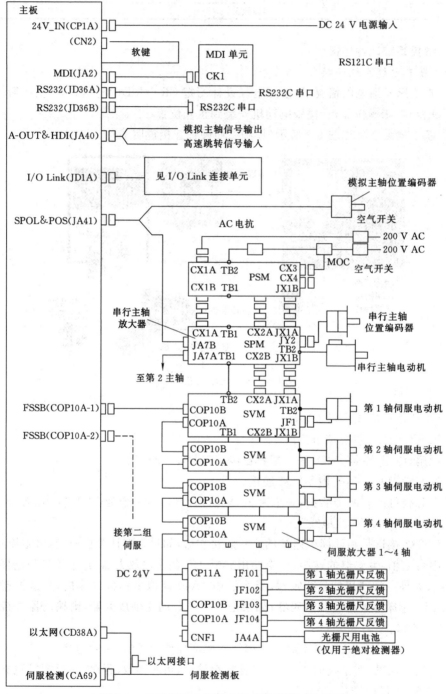

图 6-10　FANUC 0i 系统内装式控制单元连接图

FANUC 系统的 I/O Link 是一个串行接口,该插座为 PMC(PLC)的输入、输出点,它将 CNC 单元控制器、分布式 I/O、机床操作面板等连接起来,并在各设备间高速传送 I/O 信号 (位数据)。

I/O Link 把一个设备作主单元,其他设备作为各级子单元,各单元采用光缆实现级间连接。子单元分为若干个组,一个 I/O Link 最多可连接 16 组子单元(0i Mate 系统中 I/O 的点数有限制)。根据单元的类型以及 I/O 点数的不同,I/O Link 有多种连接方式。PMC 程序可以对 I/O 信号的分配和地址进行设定,用来连接 I/O Link。在 0i 系统中 I/O 点数最多可达 1024 点/1024 点,如图 6-11 所示。

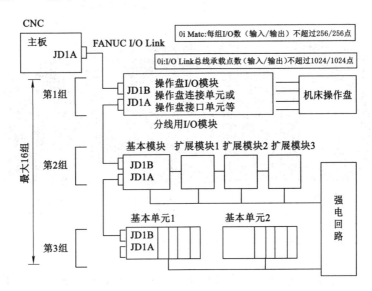

图 6-11　I/O Link 连接线路(连接执行元件:电磁阀、按钮、接近开关等)

与 I/O Link 相连的 I/O 板上的两个相应插座分别是 JD1A 和 JD1B。对所有单元(具有 I/O Link 功能)来说是通用的。光缆总是从一个单元的 JD1A 连接到下一个单元的 JD1B。尽管最后一个单元是空着的,也无须连接一个终端插头。

CA69 的接口是 FANUC 公司专用伺服检测接口,一般不对用户开放。

(三) FAUNC 0i 系统分离式控制单元连接

FAUNC 0i 系统分离式机箱也称独立式机箱,用户可参照内装式机箱连接,不再赘述。

四、FAUNC 数控机床功能模块连接操作

(一) 系统与外围设备的连接

1. 系统与显示单元及 MDI 单元的连接

系统可以选配 LCD 显示器或 CRT 显示器,当选配 LCD 显示器时系统通过光缆连接信号,接口为 COP20A,如图 6-12 所示。当选配 CRT 显示器时,显示信号从主板的 CRT (JA1)插座引出。

FANUC 0i 系统显示装置和 MDI 操作键盘的实物连接如图 6-13 所示。

2. 基本 CNC 单元与 I/O(输入/输出)模块的连接

基本单元的 JD44A 插头通过 I/O Link 电缆连接外置 I/O 模块,如图 6-14 所示。I/O

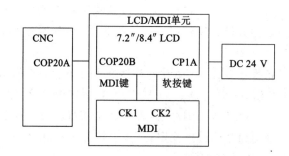

图 6-12　系统通过光缆连接显示器及 MDI

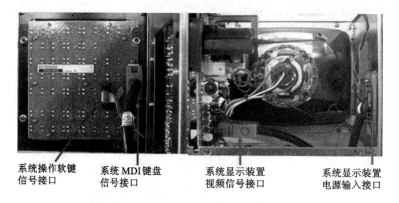

图 6-13　FANUC 0i D 系统显示装置和 MDI 操作键盘的实物连接图

分为内置 I/O 板和通过 I/O Link 连接的 I/O 卡或单元,包括机床操作面板用的 I/O 卡、分布式 I/O 单元、手脉等。对于手脉接口 0i-C 在控制器的内装 I/O 卡上或操作面板 I/O 上都有,而 0i Mate C 只有在操作面板 I/O 上才有。

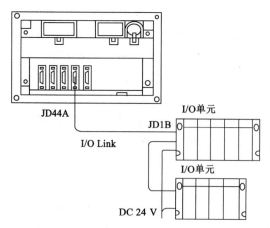

图 6-14　基本 CNC 单元用电缆连接外置 I/O 模块

（二）系统与主轴变频器的连接

系统配置了串行主轴接口和模拟指令输出接口,根据系统类型最多可连接两个接口,即串行主轴接口和模拟输出接口,如图 6-15 所示。硬件的连接不同,需要调整相应系统参数才能激活接口。模拟主轴是系统向外部提供 0～10 V 模拟电压,应注意极性不要接错,否则变频器不能调速。实物连接如图 6-16 所示。

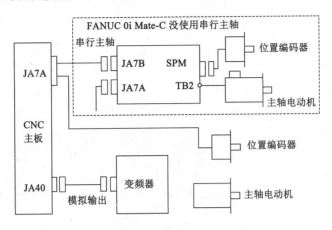

图 6-15　串行主轴和模拟输出接口

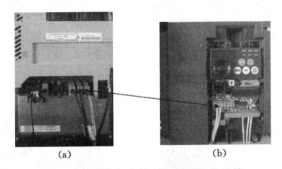

（a）　　　　　　　　　　　（b）

图 6-16　系统与主轴变频器的实物连接

（a）主轴指令线的连接；（b）伺服电动机动力电源连接

（1）系统基本单元的 JA40 插头连接到变频器的指令输入口。

（2）在变频器 R、S、T 端子上接入 220 V /380 V 电压,端子上接入正、反转信号,U、V、W 端子上接入电动机动力线。

（3）系统基本单元的 JA7A 插头通过电缆连接到主轴位置编码器接口。

（三）系统与伺服放大器的连接

FANUC 0i Mate C 使用的伺服放大器是 βi S 系列,如图 6-17 所示。该放大器是单轴型,没有电源模块。注意电源和电动机动力线的连接。图 6-18 所示为驱动器实物与配套伺服电动机。

（1）系统基本单元的 COP10A 插头通过光缆连接到伺服单元的 COP10B。

（2）伺服放大器的 U、V、W 端子上接入伺服电动机的动力线。

（3）伺服放大器 CX30 插头上接入急停信号。

（4）伺服放大器的 CX29 插头上接入控制驱动主电源的接触器线圈。

（5）伺服放大器的 CX19 插头上接入驱动控制电源 DC24V。

（6）伺服放大器之间由 COP10A 插头连接 COP10B 插头，最多可连接到 4 个轴。

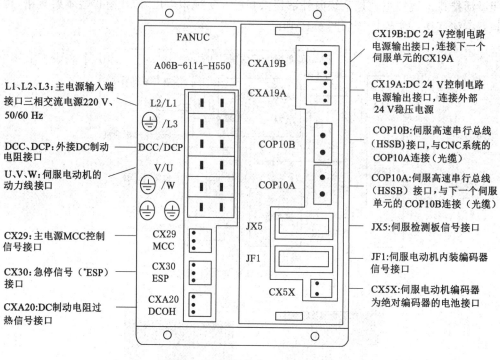

L1、L2、L3：主电源输入端接口三相交流电源220 V、50/60 Hz

DCC、DCP：外接DC制动电阻接口

U、V、W：伺服电动机的动力线接口

CX29：主电源MCC控制信号接口

CX30：急停信号（*ESP）接口

CXA20：DC制动电阻过热信号接口

CX19B:DC 24 V控制电路电源输出接口，连接下一个伺服单元的CX19A

CX19A:DC 24 V控制电路电源输出接口，连接外部24 V稳压电源

COP10B:伺服高速串行总线（HSSB）接口，与CNC系统的COP10A连接（光缆）

COP10A:伺服高速串行总线（HSSB）接口，与下一个伺服单元的COP10B连接（光缆）

JX5:伺服检测板信号接口

JF1:伺服电动机内装编码器信号接口

CX5X:伺服电动机编码器为绝对编码器的电池接口

图 6-17　伺服放大器 βi S 系列

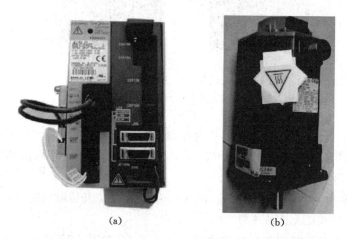

(a)　　　　　　　(b)

图 6-18　伺服 βi S 系列驱动器实物与配套伺服电动机

(a) 伺服驱动器实物；(b) 伺服电动机

（四）系统电源的连接

（1）在各个伺服模块（采用伺服单元）的 L1、L2、L3 端子上同时接入交流 200 V 的电源，CXA19A 插头上接入 DC 24 V 的电源。

（2）系统基本单元的 CPI 和 I/O 模块的 CPI 插头接入 DC 24 V 的电源，如图 6-19 所示。

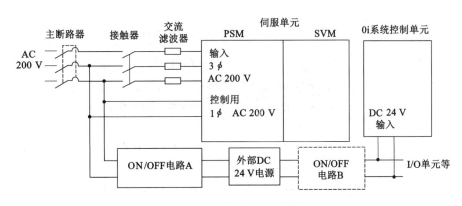

图 6-19　电源连接示意图

五、系统的通电

（一）通电前需检查线路

参见图 6-19，检查如下。

（1）通电前用万用表 ACV 挡测量 AC 200 V 是否正常，即断开各变压器次级，用万用表 ACV 挡测量各次级电压是否正常，如正常将电路恢复。

（2）用万用表 DCV 挡测量开关电源输出电压 DC 24 V 是否正常，即断开 DC 24 V 输出端，给开关电源供电，用万用表 DCV 挡测量其电压，如正常即可进行下一步。

（3）断开电源，用万用表电阻挡测量各电源输出端对地是否短路。

（4）依次接通系统 24 V，伺服控制电源（PSM）200 V，24 V，最后接通伺服主回路电源三相 200 V。

（二）系统启动后屏面参数校验

数控系统正常启动后，可以显示系统构成的屏面，由此可以知道系统安装的印制板及软件的种类。FANUC 0i 数控系统显示系统构成的操作步骤如下。

（1）使机床停止，在机床操作面板上选 MDI（手动数据输入）操作方式，即按键。

（2）数控系统操作面板上有六个功能键 ▇▇ ，按【SYSTEM】键（可重复按）直至显示参数屏面，如图 6-20 所示。

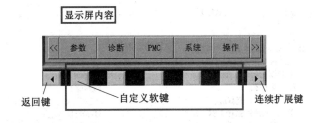

图 6-20　参数屏幕显示

（3）在参数屏面下按【系统】软键，显示出一页系统构成屏面。

（4）按【page】键，分别调出系统构成的三种屏面：印制电路板构成屏面如图 6-21 所示；软件构成屏面如图 6-22 所示；模块构成屏面如图 6-23 所示。

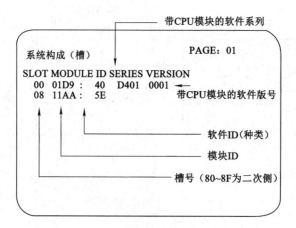

图 6-21　印制电路板构成屏面

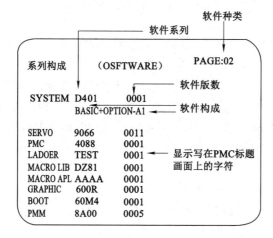

图 6-22　软件构成屏面

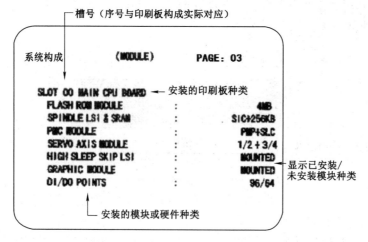

图 6-23　模块构成屏面

在图 6-21 所示的屏幕上,通过数字显示 CNC 各插槽中安装的 PCB 模块硬件的信息,包括模块类型(模块 ID)和模块功能(软件 ID)。其 ID 号的含义分别见表 6-2。

表 6-2　　模块 & 软件 ID 值的含义

类型	ID 值	名称
模块 ID	18	0i C 主 CPU 板
	19	0i Mate C 主 CPU 板
	8E	快速以太网 Data Server 板
	CD	串行通信板 /DNC2
	AA	HSSB 接口板
软件 ID	40	主 CPU
	5E	HSSB 接口(带 PC)
	6D	快速以太网 Data Server

任务二　SIEMENS802 数控系统硬件连接

一、SINUMERIK 802S、C 系统连接

(一) SINUMERIK 802S、C 系统结构

802S、C 数控机床系统一般由输入输出装置、数控装置(或数控单元)、主轴单元、伺服单元、驱动装置、可编程逻辑控制器及电气控制装置、测量装置组成。802C 数控系统基本构成如图 6-24 所示。

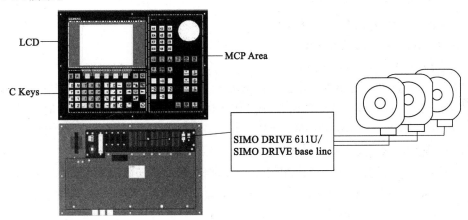

图 6-24　802C 数控系统基本构成

1.802 系统构成

802S 系统可以控制 2～3 个步进电动机轴和一个伺服主轴(或变频器)。步进电动机的控制信号为脉冲、方向及使能。步距角为 0.36°(即每转 1 000 步),如图 6-25 所示。

802C 系统可控制 2～3 个 1FT5 伺服电动机进给轴和一个伺服主轴(或变频主轴),如图 6-26 所示。

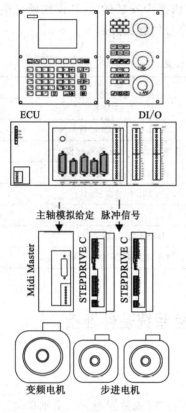

图 6-25　802SBL 数控系统构成

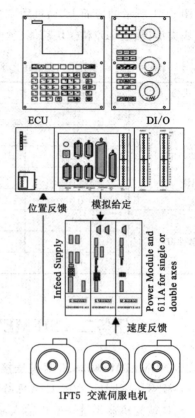

图 6-26　802CBL 数控系统构成

2.802 系统接口

802 系统接口布局如图 6-27 所示。

（二）802S、C 部件的基本连接

（1）系统核心部分 CNC 通过连接插座 X1 与电源 DC 24 V 相连接。

（2）CNC 通过连接插座 X7 与步进驱动器及主轴变频器连接，输入脉冲信号，电缆订货号 6FX8002-3A001-1..0，各信号参见 SINUMERIK 802CBL 简明安装调试手册。

（3）CNC 通过连接插座 X6 与主轴编码器连接，电缆订货号 6FX6002-2CD01（也可自制），编码器各信号参见 SINUMERIK 802CBL 简明安装调试手册。

（4）CNC 通过连接插座 X10 与手轮相连接，电缆订货号 6FX6002-2BB01（也可自制），电子手轮各信号参见 SINUMERIK 802CBL 简明安装调试手册。（必须为差分 TTL 信号）。

（5）CNC 通过连接插座 X3/X4/X5 和系统驱动的编码器反馈信号相连接，电缆订货号 6FX6002-2CJ01-1..0，信号参见 SINUMERIK 802CBL 简明安装调试手册。

（6）CNC 通过连接插座 X100-X105 与机床外围输入信号相连接，所有 PLC 输入信号的各开关件，一端与 DC 24 V 相连，另一端接入 I/O 模块相应的地址。

（7）CNC 通过连接插座 X200-X201 与机床外围输出信号相连接，输出信号有效时相应端子输出 DC 24 V/0.5 A 的信号，以便带动相应负载工作，注意 I/O 模块上各端子的地一

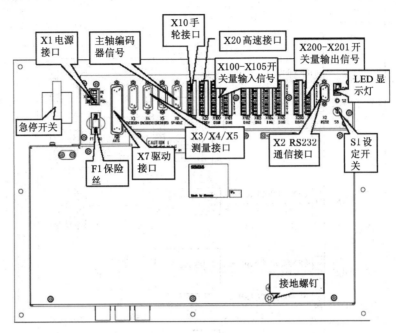

图 6-27 数控系统接口布局

定要与系统地相连,输出模块上的"1"脚还需要接入 DC 24 V 以便向各输出端提供电源。

(8) CNC 通过连接插座 X2 与计算机相连接进行通信。

(三) 802S&CBL 系统间部件连接

(1) 802SBL 系统的部件连接如图 6-28 所示。

(2) 802CBL 系统的部件连接如图 6-29 所示。

连接说明:

(1) 802CBL 由 CNC、步进驱动器、步进电动机、电源及相应附件组成。

(2) 802CBL 系统电源为 DC 24 V。

(3) 802CBL 步进驱动器输入电源为 AC 85 V(西门子驱动器)。

(4) 系统及步进各单元间的连线,均由 SIEMENS 公司提供的标准电缆连接。

(5) 802CBL 为开环信号,各电动机均没有速度和位置反馈信号。

(6) 注意正确接地。

二、SIEMENS 802D 系统各部件的连接

(一) PROFI BUS 总线的连接

SINUMERIK 802D 是基于 PROFIBUS 总线的数控系统。PLC 数字输入输出信号通过 PROFIBUS 总线在 PCU 和 PP72/48 之间传送;PCU 传送给驱动器的速度给定信号和驱动器传送给 PCU 的位置反馈信号也都是通过 PROFIBUS 总线来完成传递的。因此 PRO-FIBUS 总线的正确连接是非常重要的,如图 6-30 所示。

1. PROFIBUS 电缆的准备

PROFIBUS 电缆应由机床制造商根据其电柜的布局连接。系统提供 PROFIBUS 的插头和电缆,插头应按照图 6-31 连接。

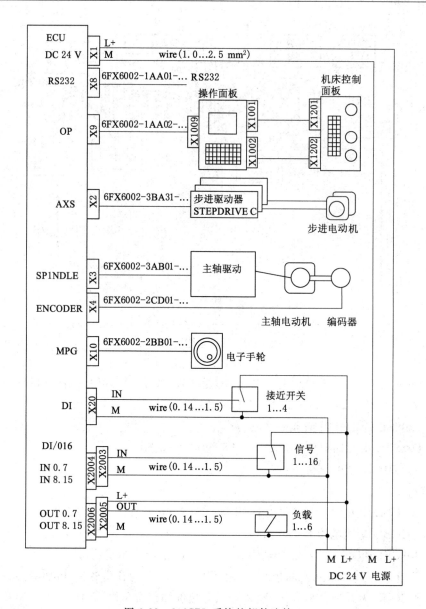

图 6-28　802SBL 系统的部件连接

2. PROFIBUS 电缆的准备

PCU 为 PROFIBUS 的主设备,每个 PROFIBUS 的从设备 PP72/48、611UE 都具有自己的总线地址,因而从设备在 PROFIBUS 总线上的排列顺序是任意的。PROFIBUS 的连接如图 6-32 所示。

PROFIBUS 首末两个终端设备的终端电阻开关应拨至 ON 位置。P72/48 的总线地址由模块上的地址开关 S1 设定。第 1 块 PP72/48 的总线地址"9"为出厂设定;如果选配第二块 PP72/48,其总线地址应设定为"8"。611UE 的总线地址可利用工具软件 SimoComU 设定,也可通过 611UE 上的输入键设定。总线设备 PP72/48 和驱动器在总线上的排列顺序不限,但总线设备的总线地址不能冲突,即总线上不允许出现两个或两个以上相同的地址。

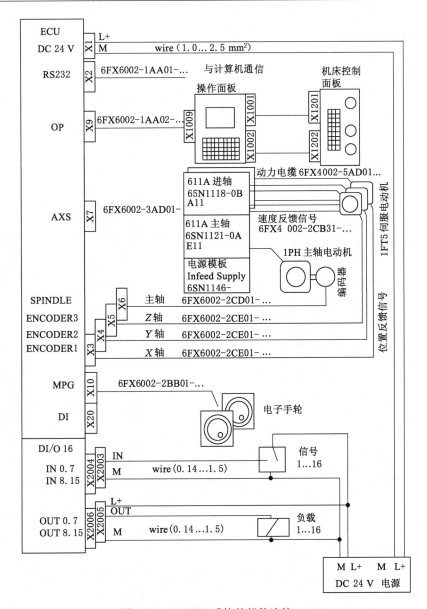

图 6-29　802CBL 系统的部件连接

（二）更换单元模块的注意事项

1. 测量电路板操作注意事项

（1）电路板上刷有阻焊膜,不要任意铲除。测量线路间阻值时,先切断电源,每测一处均应红黑笔对调一次,以阻值大的为参考值,不应随意切断印刷电路。

（2）需要带电测量时,应查清电路板的电源配置及种类,按检测需要,采取局部供电或全部供电。

2. 更换电路板及模块操作注意事项

（1）如果没确定某一元件为故障元件,不要随意拆卸。更换故障元件时避免同焊点的长时间加热和对故障元件的硬取,以免损坏元件。

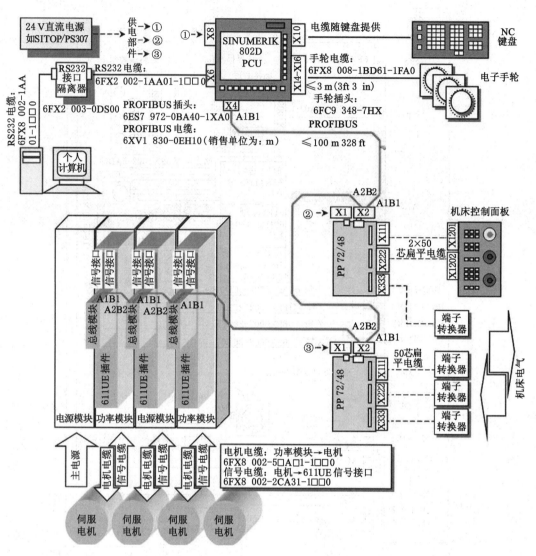

图 6-30　SIEMENS 802D 系统各部件的连接

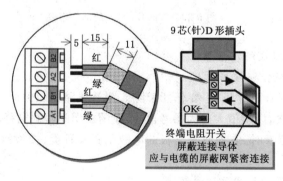

图 6-31　PROFIBUS 电缆插头

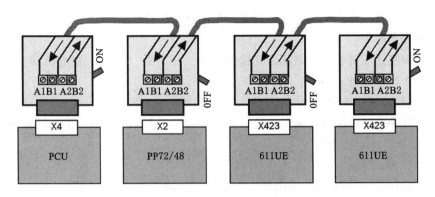

图 6-32　PROFIBUS 连接图

（2）更换 PMC 模块、存储器、主轴模块和伺服模块会使 SRAM 资料丢失，之前必须备份 SRAM 数据。

（3）用分离型绝对脉冲编码器或直线尺保存电动机的绝对位置，更换主印制电路板及其印制电路板上安装的模块时，不需保存电动机的绝对位置，更换后要执行返回原点的操作。

任务三　克服干扰对数控机床的影响

干扰一般是指数控系统在工作过程中出现的一些与工作信号无关的或者对数控系统性能或信号传输有害的电气变化现象。这些有害的电气变化现象使得有用信号的数据发生瞬态变化，增大误差，出现假象，甚至使整个系统出现异常信号而引起故障。例如几毫伏的噪声可能淹没传感器输出的模拟信号，构成严重干扰，影响系统正常运行。对于精密数控机床来说，克服干扰的影响显得尤为重要。

一、干扰的分类

干扰根据其现象和信号特征有不同的分类方法。

（一）按干扰性质分

1. 自然干扰

自然干扰主要是由雷电、太阳异常电磁辐射及其他来自宇宙的电磁辐射等自然现象形成的干扰。

2. 人为干扰

人为干扰分有意干扰和无意干扰。有意干扰指由人有意制造的电磁干扰信号引起的干扰。无意干扰很多，如工业用电、高频及微波设备等引起的干扰。

3. 固有干扰

固有干扰主要是电子元器件固有噪声引起的干扰，包括信号线之间的相互串扰、长线传输时由于阻抗不匹配而引起的反射噪声、负载突变而引起的瞬变噪声，以及馈电系统的浪涌噪声干扰等。

（二）按干扰的耦合模式分

1. 电场耦合干扰

电场通过电容耦合的干扰，包括电路周围物件上聚积的电荷直接对电路的泄放，大载流导体产生的电场通过寄生电容对受扰装置产生的耦合干扰等。

2. 磁场耦合干扰

大电流周围磁场对装置回路耦合形成的干扰。动力线、电动机、发电机、电源变压器和继电器等都会产生这种磁场。

3. 漏电耦合干扰

绝缘电阻降低而由漏电电流引起的干扰。多发生于工作条件比较恶劣的环境或器件性能退化、器件本身老化的情况下。

4. 共阻抗感应干扰

电路各部分公共导线阻抗、地阻抗和电源内阻压降相互耦合形成的干扰。这是机电一体化系统普遍存在的一种干扰。

5. 电磁辐射干扰

由各种大功率高频、中频发生装置,各种电火花以及电台、电视台等产生的高频电磁波向周围空间辐射形成的干扰。

二、信号的分组

机床使用的电缆分类见表 6-3,每组电缆应按表中所述处理方法处理,并按分组走线方法参照图 6-33 走线。

表 6-3 机床实用电缆分组

分组	信号线	处理方法
A	一次(二次)侧交流电源线;交/直流线圈、线圈继电器;交/直流动力线(包括伺服电动机、主轴电动机动力线)	将 A 组电缆与 B 组电缆和 C 组电缆分开捆绑,或者将 A 组电缆进行屏蔽
B	直流线圈/继电器(DC 24 C);CNC 与强电柜之间的 DI/DO 电缆;CNC 与机床之间的 DI/DO 电缆;控制单元及外围设备的 DC 24 V 输入电源电缆	在直流线圈和继电器上连接二极管,将 B 组电缆与 A 组电缆分开捆绑,或者将 B 组电缆进行屏蔽。B 组电缆与 C 组电缆离得越远越好,建议将 B 组电缆进行屏蔽处理
C	CNC 与主轴-伺服放大器之间的电缆;位置-速度反馈用的电缆;位置编码器电缆;手摇脉冲发生器电缆;MDI(LCD)用的电缆;RS232 用电缆;电池电缆;屏蔽用的电缆	将 C 组电缆与 A 组电缆分开捆绑,或者将 C 组电缆进行屏蔽。C 组电缆与 B 组电缆离得越远越好
备注	分开走线指每组间的电缆间隔要在 10 cm 以上;电子屏蔽指各组间用接地的钢板屏蔽	

三、屏蔽

屏蔽是利用导电或导磁材料制成的盒状或壳状屏蔽体将干扰源或干扰对象包围起来,从而割断或削弱干扰场的空间耦合通道,阻止其电磁能量的传输。按需要屏蔽的干扰场性质的不同,可分为电场屏蔽、磁场屏蔽和电磁场屏蔽。

电场屏蔽是为了消除或抑制由于电场耦合引起的干扰。通常用铜和铝等导电性能良好的金属材料作屏蔽体。屏蔽体结构应尽量完整严密并保持良好的接地。

磁场屏蔽是为了消除或抑制由于磁场耦合引起的干扰。对静磁场及低频交变磁场,可用高磁导率的材料作屏蔽体,并保证磁路畅通。对于高频交变磁场,由于主要靠屏蔽体壳体

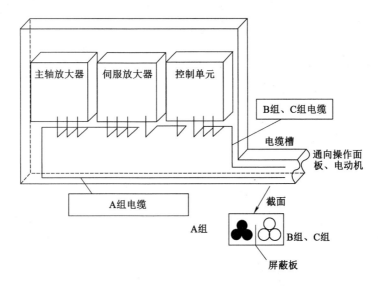

图 6-33　信号线分组与走线

上感生的涡流所产生的反磁场起排斥原磁场的作用,因此,应选用良导体材料(如铜、铝等)
作屏蔽体。

一般情况下,单纯的电场或磁场是很少见的,通常是电场、磁场同时存在,因此应将电
场、磁场同时屏蔽。例如,在电子仪器内部,最大的工频磁场来自电源变压器,对变压器进行
屏蔽是抑制其干扰的有效措施,在变压器绕组线包的外面包一层铜皮作为漏磁短路环。当
漏磁通穿过短路环时,在铜环中感生涡流,因此会产生反磁通以抵消部分漏磁通,使变压器
外的磁通减弱。变压器或扼流圈的侧面也需屏蔽,一般采用包一层铁皮来作屏蔽盒。包的
层数越多,短路环越厚,屏蔽效果越好。

与 CNC 连接的电缆均需经过屏蔽处理,应按图 6-34 所示方法紧固。装夹屏蔽线时除
夹住电缆外,还兼屏蔽处理作用,这对系统的稳定性极为重要,因此必须实施。如图 6-34 所
示,剥开部分电缆皮使屏蔽层露出,将其用紧固夹子拧到机床厂商制作的地线板上,紧固夹
子附在 CNC 上。屏蔽线的屏蔽地只许接在系统侧,而不能接在机床侧,否则会引起干扰。

四、接地

数控机床安装中的"接地"有严格要求,如果数控装置、电气柜等设备不能按照使用手册
要求接地,一些干扰会通过"接地"这条途径对机床起作用。数控机床的地线系统有三种:

(1)信号地。信号地指用来提供电信号的基准电位(0 V)。

(2)框架地。框架地是以防止外来噪声和内部噪声为目的的地线系统,它是设备面板、
单元外壳、操作盘及各装置间连接的屏蔽线。

(3)系统地。系统地是将框架地和大地相连接的地线系统。

图 6-35 是数控机床的地线系统示意图,数控机床实际接地的方法是将所有金属部件连
在多点上的接地方法,把主接地点和第二接地点用截面积足够大的电缆连接起来。

注意:

(1)接地标准需遵守 GB 5226.1—2008《机械电气安全 机械电气设备 第一部分:通用技
术条件》。

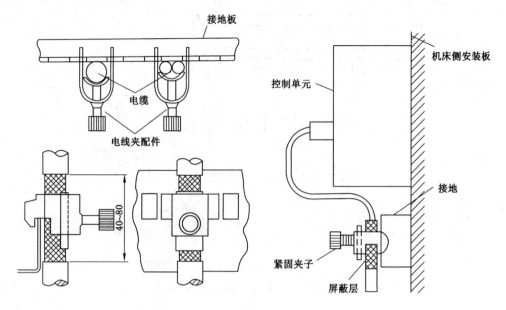

图 6-34　电缆的装夹与屏蔽处理

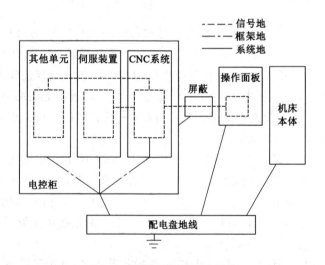

图 6-35　数控机床的地线系统

（2）中线不能作为保护地使用。

（3）PE 接地只能集中在一点接地，接地线截面积必须不小于 6 mm²，接地线严格禁止出现环绕。

五、浪涌吸收器的使用

为了防止来自电网的干扰，在异常输入时起到保护作用，电源的输入应该设有保护措施，通常采用的保护装置是浪涌吸收器。浪涌吸收器包括两部分，一个为相间保护，另一个为线间保护。浪涌吸收器的连接如图 6-36 所示。

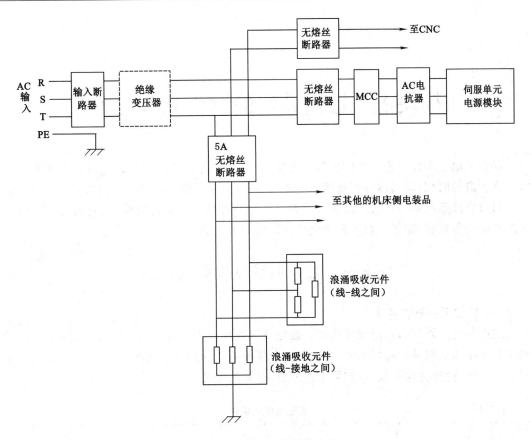

图 6-36　浪涌吸收器的连接

模块七　数控系统的软件参数设置

随着微电子和计算机技术的发展，"硬连接"数控系统逐渐过渡到以软件为主要标志的"软连接"数控时代，即用软件实现机床的逻辑控制、运动控制，具有较强的灵活性和适应性。

通过数控系统常用参数的设置可对数控系统的参数进行备份和恢复，对数控机床参数一般功能进行调试，能排除数控机床调试中常见的电气故障。

任务一　数控系统软件参数设定

一、数控系统软件组成

数控系统由硬件与系统软件构成。数控系统软件分为 3 类，详见表 7-1。表中第 2 类所列出的程序和数据是针对机床的，它们存储在数控系统的随机存储器中，机床断电时由电池对存储器供电，保存这些数据，如果电池失效，这些数据将丢失。

表 7-1　　　　　　　　　　　　数控机床的软件

序号	大类	名称	说明	存储器
1	数控系统制造单位	启动程序	启动系统程序，引导系统建立工作状态	CPU 模块上的 EPROM
		基本系统程序	NC 与 PLC 的基本系统程序，NC 的基本功能和选择功能，显示语种	存储模块上的 EPROM 子模块
		加工循环	用于实现某些特定加工功能的子程序软件包	
		测量循环	用于配接快速测量头的测量子程序软件包，是选件	
2	机床生产厂家	NC 机床数据	数控系统的 NC 部分与机床适配所需设置的各方面数据	RAM 数据存储器子模块
		PLC 机床数据	系统的集成式 PLC 在使用时需要设置的数据	
		PLC 用户程序	用 PLC 专用语言编制的 PLC 逻辑控制程序块和报警程序块，处理数控系统与机床的接口和电气控制	
		报警文本	结合 PLC 用户程序设置的 PLC 报警和 PLC 操作提示的显示文本	
		系统设定数据	进给轴的工作区域范围、主轴限速、串行接口的数据设定等	
3	数控加工编程人员	工件程序	工件加工程序	存储在 ROM 中
		刀补参数	刀具补偿参数（含刀具几何值和刀具磨损值）	
		工件零点偏移补偿	可设定零偏 G54～G59 等	

二、机床数据分类与存储

（一）数据分类

数控系统的数据文件主要分为系统文件、MTB(机床制造厂)文件和用户文件三类。

（1）系统文件。FANUC 提供的 CNC 和伺服控制软件称为系统文件。

（2）MTB 文件。PMC 程序、机床厂编辑的宏程序执行器(Manual Guide 及 CAP 程序等)。

（3）用户文件。系统参数、螺距误差补偿值、加工程序、宏程序、刀具补偿值、工件坐标系数据、PMC 参数等。

（二）数据存储

FANUC0i 系列数控系统,与其他数控系统一样,通过不同的存储空间存放不同的数据文件。

（1）ROM/FLASH-ROM:只读存储器[图 7-1(a)]。在数控系统中作为系统存储空间,用于存储系统文件和机床厂(MTB)文件。

（2）S-RAM:静态随机存储器[图 7-1(b)],在数控系统中用于存储用户数据,断电后需要电池供电保护数据。电池失效(如电池电压过低、SRAM 损坏等)数据易丢失,所以有易失性。电路板上备有储能电容,当更换电池时,储能电容(0.047F 电容)可确保更换电池短时间内(FANUC 公司限定<30 min)芯片中的数据不丢失。

图 7-1　FLASH-ROM 芯片与 S-RAM 芯片

(a) FLASH-ROM 芯片;(b) S-RAM 芯片

三、数据备份与恢复方式

（一）数据备份与数据恢复

将机床数据输出,存储在闪存储卡等外部 I/O 设备中,备需要时使用,称为数据备份(机外备份)。要定期做好机床数据备份,若不慎将机床数据丢失或者在更换系统中的某些硬件(如存储器模块)时,必须重新向数控系统输入这些数据,保证机床的正常运行,称为机床数据恢复。

在 F-ROM 中的数据相对稳定,一般情况下不易丢失,但是如果遇到更换 CPU 板或存储器板时,在 F-ROM 中的数据均有可能丢失,其中 FANUC 系统文件在购买备件或修复时会由 FANUC 公司恢复,但是机床厂文件 PMC 程序及 Manual Guide 或 CAP 程序也会丢失,因此机床厂数据的保留也是必要的。机床数据的备份与数据恢复操作是维修数控机床必备的技能。

（二）数据的备份和恢复方式

数据的备份和恢复有"引导画面数据备份"和"输入/输出数据备份"两种方式,如图 7-2所示。

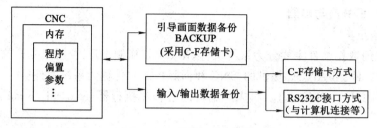

图 7-2　机床数据备份方法

1. 引导画面数据备份

该方式指 C-F 存储卡插在数控系统专用插槽上,通过打开引导程序屏面,实现数据备份。用引导画面备份保存的数据不能用文本格式阅读。

2. 输入/输出数据备份

该备份方式指通过数控系统与机床进行数据通信,实现数据备份或恢复。数控系统装备有 RS232 接口,数控系统通过接口和外部设备之间连接,实现数控系统与外部设备之间的通信。

任务二　参数的分类及调试

一、参数的用途与分类

（一）参数用途

系统不同功能参数用参数号区分,每一参数号可以存入参数值,参数值简称为参数。参数决定着数控机床的性能,系统所有的参数都是机床出厂时通过调整确定的,一般不需要改动。由于参数存放在存储器或由电池保持的 CMO SRAM 中,由于外界的某种干扰或电池量不足等因素,会使个别参数丢失或变化,致使系统发生混乱,机床无法正常工作。此时可通过核对、修正参数,排除故障,保证机床正常运行。

（二）参数分类

FANUC 数控系统的参数按照数据的形式大致可分为位型和字型。其中,位型又分位型和位轴型;字型又分字节型、字节轴型、字型、字轴型、双字型、双字轴型。位轴型参数允许参数分别设定给各个控制轴,详见表 7-2。字型与位型参数的显示形式如图 7-3 所示。

表 7-2　　　　　　　　　　　　　　　参数分类

数据形式		数值范围
位型	位型	0&1
	位轴型	
字型	字节型	$-128\sim127$
	字节轴型	$0\sim255$
	字型	$-32\,768\sim32\,767$
	字轴型	$0\sim65\,535$
	双字型	$-99\,999\,999\sim99\,999\,999$
	双字轴型	

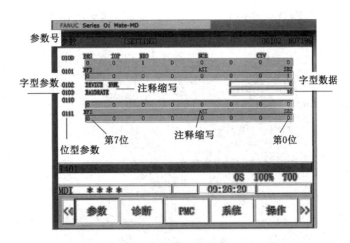

图 7-3　位型参数与字型参数显示形式

位型参数就是对该参数的 0～7 这 8 位单独设置"0"或"1"的数据。

（1）位型和位轴型参数每个参数由八位二进制数标注，每一位均有各自的含义，如图 7-4 所示。

图 7-4　位型和位轴型参数每一位的含义

（2）字型参数，采用十进制数，如图 7-5 所示。

图 7-5　字型参数

二、参数画面的写入和调出

（一）参数的写入设置

（1）将机床置于 MDI 方式或急停状态。

（2）在 MDI 键盘上按【OFFSET】键。

（3）在 MDI 键盘上按光标键，进入参数写入画面。

（4）在 MDI 键盘使参数写入的设定从"0"改为"1"（图 7-6）。

（二）参数的调用设置

（1）在 MDI 键盘上按【SYSTEM】键。

（2）在 MDI 键盘上输入"1320"，或光标上下移动选取参数号，如图 7-7 所示。

（3）按 NO 检索便可调出相应参数。

三、数控机床基本功能参数设定

参数一般不需要记忆，需要时查阅机床资料，如《参数使用说明书》等。

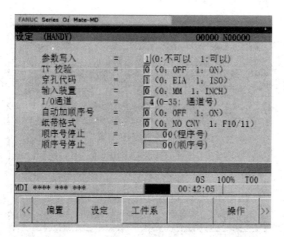

图 7-6　参数写入设定从"0"改为"1"

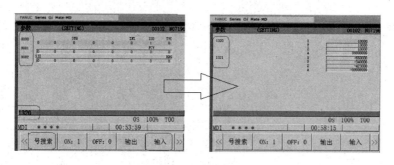

图 7-7　参数调用界面

通过设定机床基本功能的几个参数,增进对参数的理解并掌握设定方法。

(1) 参数 8130(设定了此参数后,要切断一次电源),如将参数 8130 设定为 3,如图 7-8 所示。

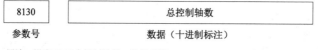

用途:设定 CNC 中控制轴数。数据范围:2-4。
车床: 2,铣床:(3或4)。

图 7-8　参数 8130 设定

(2) 参数 8131(设定了此参数后,要切断一次电源),如将参数 8131 第 # 0 位设定为 1, 如图 7-9 所示。

(3) 参数 8132(设定了此参数后,要切断一次电源),如参数 8132 第 # 3 位设定为 0,如图 7-10 所示。

(4) 参数 8133(设定了此参数后,要切断一次电源),如将第 # 0 位设定为 0,不恒定切削速度,如图 7-11 所示。

(5) 参数 8134(设定了此参数时,要切断一次电源),如将参数 8134 第 # 0 位设定为 1, 使用图形对话编程功能,如图 7-12 所示。

	#7	#6	#5	#4	#3	#2	#1	#0
8131					AOV	EDC	FID	HPG

#0 HPG 是否使用手轮　　　　　　　0：不使用；1：使用。

#1 FID 是否使用F1进给　　　　　　0：不使用；1：使用。

#2 EDC 是否使用外部加减速　　　　0：不使用；1：使用。

#3 AOV 是否使用自动拐角倍率　　　0：不使用；1：使用。

图 7-9　参数 8131 设定

	#7	#6	#5	#4	#3	#2	#1	#0
8132			SCL	SPK	IXC	BCD		TLF

#0 TLF 是否使用刀具寿命管理　　　　0：不使用；1：使用。

#2 BCD 是否使用第2辅助功能　　　　0：不使用；1：使用。

#3 LXC 是否使用分度工作台分度　　　0：不使用；1：使用。

#4 SPK 是否使用小直径深孔钻削循环　0：不使用；1：使用。

#5 SCL 是否使用缩放　　　　　　　　0：不使用；1：使用。

注意：不能同时选择使用小直径深孔钻削循环和缩放功能。

图 7-10　参数 8132 设定

	#7	#6	#5	#4	#3	#2	#1	#0
8133				SYC		SCS		SSC

#0 SSC 是否使用恒定表面切削速度控制　0：不使用；1：使用。

#2 SCS 是否使用CS轮廓控制　　　　　0：不使用；1：使用。

#4 SYC 是否使用主轴同步控制　　　　　0：不使用；1：使用。

图 7-11　参数 8133 设定

	#7	#6	#5	#4	#3	#2	#1	#0
8134								IAP

#0 IAP 是否使用图形对话编程功能　　0：不使用；1：使用。

图 7-12　参数 8134 设定

（6）参数 1020：表示数控机床各轴的程序名称，如图 7-13 所示。

1020	

用途：表示数控机床各轴的程序名称，如在系统显示画面显示的X、Y、Z等，一般设置是，车床为88，90；铣床与加工中心为88，89，90。

轴名称	X	Y	Z	A	B	C	U	V	W
设定值	88	89	90	65	66	67	85	86	87

图 7-13　参数 1020 设定

（7）参数 1022：表示数控机床设定各轴为基本坐标系中的哪个轴，一般设置为 1,2,3，如图 7-14 所示。

| 1022 | |

设定值	含义
0	旋转轴
1	基本 3 轴的 X 轴
2	基本 3 轴的 Y 轴
3	基本 3 轴的 Z 轴
5	X 轴的平行轴
6	Y 轴的平行轴
7	Z 轴的平行轴

图 7-14　参数 1022 设定

（8）参数 1023：表示数控机床各轴的伺服轴号，也可以称为轴的连接顺序，一般设置为 1,2,3，设定各控制轴为对应的第几号伺服轴。

（9）参数 8130：数控机床控制的最大轴数；设定 CNC 控制的最大轴数。

（10）参数 1320/1321：各轴的存储行程限位的正/负方向坐标值。一般指定的为软正/负限位的值，当机床回零后该值生效，实际位移超出该值时出现超程报警。

（11）参数 3003：数控机床与 DI/DO 有关的参数，如图 7-15 所示。

	#7	#6	#5	#4	#3	#2	#1	#0
3003								

3003#0：是否使用数控机床所有轴互锁信号。该参数需要根据 PMC 的设计进行设定。

3003#2：是否使用数控机床各个轴互锁信号。

3003#3：是否使用数控机床不同轴向的互锁信号。

图 7-15　参数 3003 设定

（12）参数 3004#5：是否进行数控机床超程信号的检查，当出现 506,507 报警时可以设定。

（13）参数 3030：数控机床 M 代码的允许位数，超出该设定出现报警。

（14）参数 3031：数控机床 S 代码的允许位数，超出该设定出现报警。

（15）参数 3032：数控机床 T 代码的允许位数。

（16）参数 3717：数控机床与模拟主轴控制相关的参数，各主轴的主轴放大器号设定为 1。

（17）参数 3720：位置编码器的脉冲数。

（18）参数 3730：主轴速度模拟输出的增益调整，调试时设定为 1000。

（19）参数 3735：主轴电动机的最低钳制速度。

（20）参数 3736：主轴电动机的最高钳制速度。

（21）参数 3741—3744：主轴电动机一挡到四挡的最大速度。

（22）参数 3772：主轴的上限转速。

（23）参数 8133♯5：是否使用主轴串行输出。

（24）参数 4133：主轴电动机代码，详查主轴电动机代码表。

（25）参数 3105：数控机床与显示和编辑相关的参数。

3105♯0：是否显示数控机床实际速度。

3105♯1：是否将数控机床 PMC 控制的移动加到实际速度显示。

3105♯2：是否显示数控机床实际转速、T 代码。

（26）参数 3106：数控机床与显示和编辑相关的参数。

3106♯4：是否显示数控机床操作履历画面。

3106♯5：是否显示数控机床主轴倍率值。

（27）参数 3108。

3108♯4：数控机床在工件坐标系画面上，计数器输入是否有效。

3108♯6：是否显示数控机床主轴负载表。

3108♯7：数控机床是否在当前画面和程序检查画面上显示 JOG 进给速度或者空运行速度。

（28）参数 3111。

3111♯0：是否显示数控机床用来显示伺服设定画面软件。

3111♯1：是否显示数控机床用来显示主轴设定画面软件。

3111♯2：数控机床主轴调整画面的主轴同步误差。

（29）参数 3112。

3112♯2：是否显示数控机床外部操作履历画面。

3112♯3：数控机床是否在报警和操作履历中登陆外部报警/宏程序报警。

（30）参数 3281：数控机床语言显示，该参数也可以通过诊断参数进行查看。

四、伺服初始化参数的设置

（1）首先设定 3111♯0 为"1"表示显示伺服设定和伺服调整画面。然后转到伺服参数设定画面，进入初始化界面。

（2）连续按【SYSTEM】键多次（一般 3 次切换）进入参数设定支援界面，如图 7-16 所示。

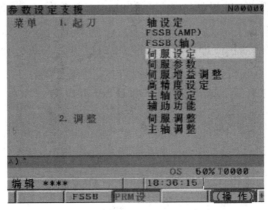

图 7-16　参数设定支援界面

（3）光标移动到伺服设定上然后按【操作】键进入选择界面，如图 7-16 所示。

（4）按【选择】键输入进入，按向右扩展键进入"菜单与切换"画面。

（5）在此界面按【切换】键进入"伺服初始化界面"，如图 7-17 所示。

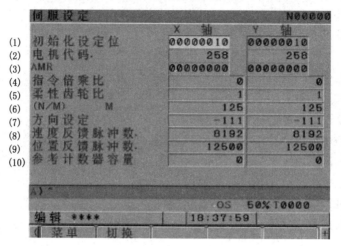

图 7-17　伺服初始化界面

在此界面便可以对伺服进行初始化操作，分别定义：

（1）第一项为机床初始化位，初始化时设定为 0，也可以设定参数 1902♯0 位为 0。

（2）第二项为机床各轴电动机代码，根据实际电动机型号设定此参数，也可以设定参数 2020。

具体查 α/β 伺服电动机代码表（OLD），图例中选用"258"查表为 β8/3000is 伺服电动机。

（3）第三项 AMR 不需要设定。

（4）第四项为机床各轴的指令倍乘比（CMR），也可以设定参数 1820，表示最小移动单位和检测单位之比的指令倍乘比。最小移动单位＝检测单位×指令倍乘比。

（5）第五项为机床各轴柔性进给齿轮比（分子），也可以设定参数 2084。

（6）第六项为机床各轴柔性进给齿轮比（分母），也可以设定参数 2085。

（7）第七项为机床电动机旋转方向，也可以设定参数 2022，顺时针为 111，逆时针为 −111。

（8）第八项为机床电动机速度反馈脉冲数，也可以设定参数 2023。

（9）第九项为机床电动机位置反馈脉冲数，也可以设定参数 2024。

（10）第十项为机床各轴的参考计数器容量，也可以设定参数 1821，设定范围为 0—99 999 999，调试时为 3 000。

五、维修中参数的使用

（一）诊断参数显示

（1）按系统【SYSTEM】键进入界面，选取【诊断】软键盘，如图 7-18 所示。

（2）进入诊断参数界面，如图 7-19 所示。

诊断号 200—204：伺服报警原因诊断；

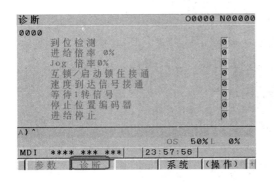

图 7-18　系统诊断画面

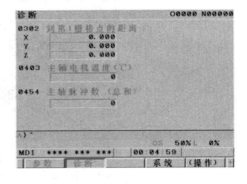

图 7-19　诊断参数界面

诊断号 205—206：外接检测装置报警诊断；

诊断号 310—311：系统绝对位置丢失报警 DS300 故障原因；

诊断号 358：诊断伺服不就绪的原因；

诊断号 408：主轴异常报警（SP749）的原因；

诊断号 1002—1003：系统两个风扇的转速；

诊断号 3019：检测装置电池电压低故障位置（内装编码器，外接检测装置）。

（二）USB 状态应用

（1）按系统【SYSTEM】键进入界面，选取右侧扩展键【＋】软键盘，进入 USB 主菜单。

（2）按 USB 维护软键【USB MNT】，进入 USB 状态界面，如图 7-20 所示。

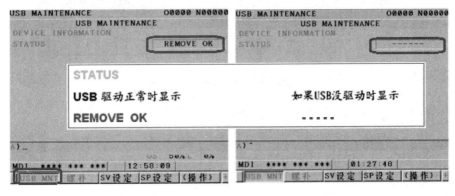

图 7-20　USB 状态界面

（三）参数调用操作履历

（1）系统参数 3106♯4 设定 1。

（2）按系统【SYSTEM】键进入界面，选取右侧扩展键【＋】软键盘 2 次，选取【操作历】软键，进入操作履历界面，如图 7-21 所示。

（四）信息功能监控

（1）按【信息】功能键，进入信息界面。

（2）分别按【报警】、【信息】、【履历】软件，显示相应信息操作界面，如图 7-22 所示。

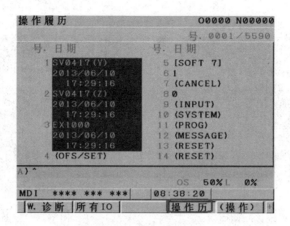

图 7-21　操作履历界面

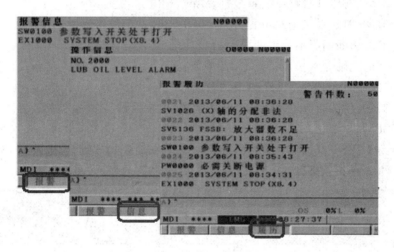

图 7-22　信息操作界面

（五）系统帮助菜单

（1）按【HELP】键，进入帮助界面，选取【（操作）】软键，如图 7-23 所示。

（2）如有报警，在 MDI 区输入报警号，如"SV436"后，按【选择】软键，进入说明界面，如图 7-24 所示。

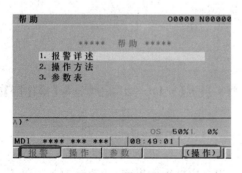

图 7-23　帮助界面

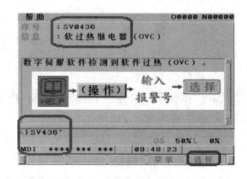

图 7-24　报警帮助选择应用

六、系统常见报警诊断案例分析

例 7-1　系统开机硬件自诊断故障判别方法。

通过开机自诊断，如图 7-25 所示，如硬件故障，检测结果不是“END”而是“ERROR”，不显示版号（如“FF030000”）而是显示“———”，均表示故障。

RAM TEST :END
ROM TEST :END
DRAM ID :8004002B
SRAM ID :FF030000
RROM ID :FFE40000
*** MESSAGE ***
LOADING CNC DATA-1 500000/500000
END
系统工作区存储器检测
引导ROM存储器检测
动态存储器检测
静态存储器检测
闪存存储器检测

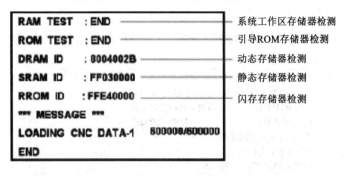

图 7-25　开机自诊断

例 7-2　静态存储器 SRAM 数据错误报警 SYS_ALM500，如图 7-26 所示。

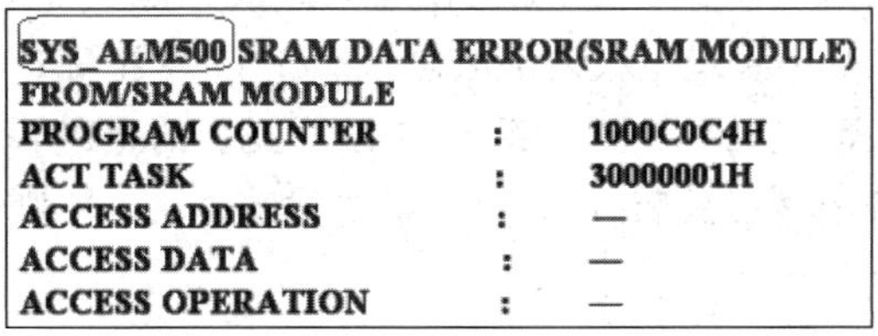

SYS_ALM500 SRAM DATA ERROR(SRAM MODULE)
FROM/SRAM MODULE
PROGRAM COUNTER : 1000C0C4H
ACT TASK : 30000001H
ACCESS ADDRESS : —
ACCESS DATA : —
ACCESS OPERATION : —

图 7-26　报警 SYS_ALM500 界面

故障报警检测机理：系统开机从静态存储器 SRAM 装载数据到动态存储器 DRAM 时，出现数据传输错误报警。

故障产生可能原因：(1) SRAM 数据格式错误或数据文件不良；(2) SRAM 区域文件空或没有格式化；(3) SRAM 本身硬件故障或接触不良；(4) 系统受到干扰或系统电池电压低。

故障诊断及实际处理方法：(1) 系统开机全清 SRAM(RESET＋DELETE)故障黑屏消失，则为原因中的前两种，重新装载备份数据即可；(2) 如果全清后故障依旧黑屏报警，则为故障原因(3)，拆开系统检查 FROM/SRAM 模块接触是否良好或更换模块；(3) 更换系统电池并检查及排除干扰因素；(4) 系统主板或主板接触不良故障。

例 7-3　伺服总线系统报警 SYS_ALM120，如图 7-27 所示。

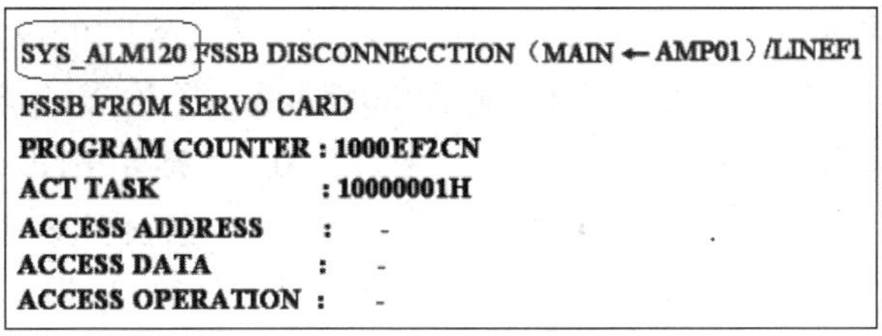

SYS_ALM120 FSSB DISCONNECCTION (MAIN ← AMP01) /LINEF1
FSSB FROM SERVO CARD
PROGRAM COUNTER : 1000EF2CN
ACT TASK : 10000001H
ACCESS ADDRESS : -
ACCESS DATA : -
ACCESS OPERATION : -

图 7-27　系统报警 SYS_ALM120

故障报警检测机理：开机时，系统主板与伺服驱动器通信异常。

故障产生可能原因：(1) 系统主板内部故障；(2) 伺服驱动器内部故障。

故障诊断及实际处理方法：(1) 拔掉系统与驱动器光缆，系统重新开机；(2) 如果系统报警不消失，则为系统主板故障；(3) 如果系统报警消失，出现其他报警如 SV5136 时，则为伺服放大器、连接光缆故障。

例 7-4 系统 PMC 总线 (I/O LinK) 报警 SYS_ALM197，如图 7-28 所示。

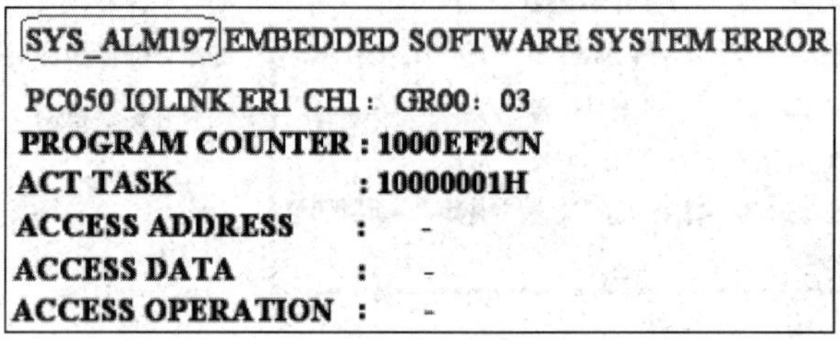

```
┌─────────────────────────────────────────────┐
│ ┌──────────┐                                 │
│ │SYS_ALM197│EMBEDDED SOFTWARE SYSTEM ERROR   │
│ └──────────┘                                 │
│  PC050 IOLINK ER1 CH1：GR00：03              │
│  PROGRAM COUNTER : 1000EF2CN                 │
│  ACT TASK          : 10000001H               │
│  ACCESS ADDRESS    :    -                    │
│  ACCESS DATA       :    -                    │
│  ACCESS OPERATION  :    -                    │
└─────────────────────────────────────────────┘
```

图 7-28　系统报警 SYS_ALM197

故障报警检测机理：系统开机时，系统主板与 I/O 装置通信异常。

故障产生可能原因：(1) 系统主板内部故障；(2) I/O 装置及 I/O Link 电缆故障。

故障诊断及实际处理方法：(1) 拔掉系统与 I/O 装置的电缆，系统重新开机；(2) 如果系统报警不消失，则为系统主板故障；(3) 如果系统报警消失，出现其他报警如 ER97 时，则为 I/O 装置及连接电缆故障。

例 7-5 暂时不用手摇脉冲发生器。

FANUC 0-TD 数控车床的手摇脉冲发生器出现故障，不能进行微调，需要更换或修理故障件。如果当时没有合适的备件，可以先将参数 900♯3 置"0"，暂时将手摇脉冲发生器不用，改为用点动按钮单脉冲发生器操作来进行刀具微调工作。等手摇脉冲发生器修好后再将该参数置"1"。

例 7-6 解除风扇报警。

FANUC16 系统数控车床，开机后不久出现 ALM701 报警，该报警为控制箱上部的风扇过热，打开机床电气柜，发现风扇的电动机不动作，检查风扇电源正常，可判定风扇损坏。因一时购买不到同类型风扇，即可先将参数 RRM8901♯0 改为"1"释放 ALM701 报警，然后再强制冷风冷却，待风扇购到后，再将 PRM8901 改为"0"。

例 7-7 重新设置参考点。

一台 FANUC 0-MC 立式加工中心，由于绝对位置编码电池失效，导致 X、Y、Z 丢失参考点，必须重新设置参考点。其操作如下：(1) 将参数写入 PWE"0"改为"1"，更改参数 No.76.1＝1，No.22 改为 00000000，此时 CRT 显示"300"报警，即 X、Y、Z 轴必须手动返回参考点。(2) 关机再开机，利用手轮将 X、Y 移至参考点位置，改变参数 No.22 为 00000011，则表示 X、Y 已建立了参考点。(3) 将 Z 轴移至参考点附近，在主轴上安装一刀柄，然后手动机械手臂，使其完全夹紧刀柄。此时将参数 No.22 改为 00000111，即 Z 轴建立参考点。将 No.76.1 设"00"，参数写入 PWE 改为 0 即可。(4) 关机再开机，用 G28X0,Y0,Z0 核对机械参考点。

例 7-8　是否使用硬超程。

维修时,为了方便可以去掉硬超程报警。方法是用参数设定把相应的参数位设为"0"。16 系统类的参数是 3004♯4(OTH);0 系统的参数是 15♯2(车床)、57♯5(铣床和加工中心)。

任务三　数控系统参数的备份与恢复

FANUC 数控系统可以使用快闪存储卡 C-F 卡(Compact Flash 卡,工作电压为 5 V)在引导系统通过 BOOT 屏面进行数据备份和恢复,存储卡也可进行 DNC 加工。

一、数据备份的启动与引导操作

数控系统的启动和 PC 计算机的启动一样,会有一个引导过程。在通常情况下,使用者不会看到引导屏面。使用引导屏面进行数据备份与恢复,需要打开引导屏面,系统一旦进入"引导屏面",数控系统处于高级中断,PMC 及驱动等停止工作,所以 MDI 键盘无法操作,在"引导屏面"方式下,只能操作显示器下面的软键。用引导屏面进行数据备份时,要准备一张符合 FANUC 系统要求的快闪存储卡(C-F 卡)。C-F 卡及卡座如图 7-29 所示。

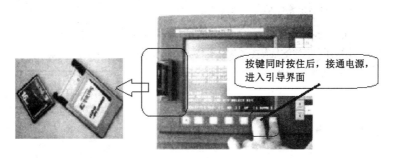

图 7-29　C-F 及卡座

(1) 将快闪存储卡插入存储卡接口上(NC 单元上,或者是显示器旁边)。

(2) 进入引导系统屏面。按下端最右面的两个软键,接通系统电源,直至出现引导系统屏面。

(3) 在一起按右端的软键(NEXT 键)及旁边键的同时接通电源;也可以在一起按数字键"6""7"的同时接通电源,系统出现如图 7-30 所示画面。

(4) 按光标软键或数字键 1~7 可进行不同的操作。

二、格式化 C-F 存储卡(MEMORY CARD FORMAT)

第 1 次使用 C-F 存储卡或存储卡的内容损坏时,需要进行格式化,格式化的操作步骤如下。

(1) 从图 7-30 所示画面中选择"7"。

(2) 在图屏面上移动光标,按下软键【SELECT】,选择该文件,屏面提示:是否格式化。

(3) 选择【YES】确认。结束时屏面显示格式化完成,按下软键【SELECT】结束操作。

三、SRAM 内容备份(把系统文件、用户文件备份在快闪存储卡中)

(1) 启动,出现启动画面。

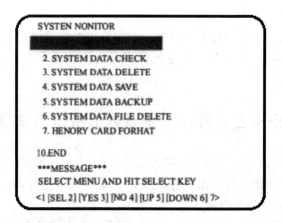

图 7-30　FANUC 0i C 系统引导界面

（2）在系统引导屏面上用软键【UP】或【DOWN】选择屏中第 5 项。出现图 7-31 所示备份屏幕。

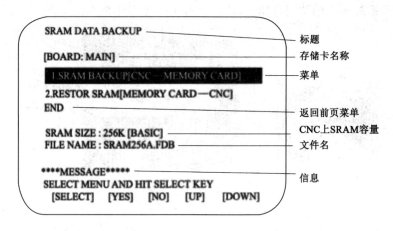

图 7-31　系统数据备份屏面

（3）按软键【SELECT】,选"1.SRAM DATA BACK UP(CNC→MEMORY CARD)"。

（4）备份和恢复,然后按软键【SELECT】,按下软键【YES】确认,数据开始备份到 C-F 存储卡中。

（5）按软键【NO】中止。

（6）备份传输结束时,屏面显示为"SRAM BACKUP COMPLETE HIT SELECT KEY"。按软键【SELECT】,退出备份过程。

引导屏面备份数据注意事项:

（1）一张 C-F 存储卡只能保存一台机床的数据文件,不同机床的 SRAM 备份文件名是相同的,用同一张存储卡备份两台机床的 SRAM 数据,先备份的机床数据会被后一台的数据覆盖。SRAM 备份数据的文件名不可修改,否则在进行 RESTOREC 恢复数据时,系统找不到文件。

（2）以前常用的存储卡的容量为 512KB,SRAM 的数据也是按 512KB 为单位分割后进行存储/恢复。对现在容量为 2GB 及以上的存储卡，SRAM 数据就不用分割了。

（3）使用绝对脉冲编码器时将 SRAM 数据恢复后，需要重新设定参考点。

四、数据恢复操作（把快闪存储卡上的文件写入 CNC 的 S-RAM 上）

（1）进行数据的恢复，按相应的步骤进入到系统数据备份屏面。

（2）在系统数据备份屏面上选择第 2 项"2.RESTORE SRAM"，按下软键【SELECT】，选择该文件，屏面显示为"是否确认恢复"。

（3）按下软键【YES】确认，数据恢复开始，按【NO】中止。在数据恢复中，屏面显示为"从存储卡恢复数据到 SRAM"。

（4）传输正常结束时，屏面显示为"数据恢复完成"。

（5）按下软键【SELECT】，退出数据恢复过程。

五、分别备份系统数据（使用 M-CARD 备份）

（一）默认命名

（1）首先要将 20♯参数设定为 4，或在 SETTING 画面 I/O 通道一项中设定 I/O＝4。表示通过 M-CARD 进行数据交换。

（2）在编辑"EDIT"方式下选择要传输的相关数据的画面。

① 按下软键右侧的【OPR（操作）】，对数据进行操作，如图 7-32 所示。

图 7-32　EDIT 操作界面

② 按下右侧的扩展键。

③【READ】表示从 M-CARD 读取数据，【PUNCH】表示把数据备份到 MCARD。

④【ALL】表示备份全部参数，【NON－0】表示仅备份非零的参数。

⑤ 执行即时看到【EXEC UTE】闪烁，参数保存到 M-CARD 中。

通过这种方式备份数据，备份的数据以默认的名字存于 M-CARD 中。如备份的系统参数默认的名字为"CNCPARAM"。把 100♯3"NCR"设定为 1 可让传出的参数紧凑排列。

（二）使用 M-CARD 分别备份系统数据（内定义名称）

若要给备份的数据起自定义的名称，则可以通过"ALL IO"画面进行。

（1）按下 MDI 面板上的【SYSTEM】键，然后按下扩展键数次，出现图 7-33 所示画面。

（2）按下图 7-33 所示的【操作】键，出现可备份的数据类型，如图 7-34 所示，以备份参数为例：

① 按下图 7-34 中的【参数】键，按下【操作】键。

② 出现图 7-35 所示的可备份的操作界面。选择图 7-35 中的【PUNCH】备份数据。

【F READ】为在读取参数时按文件名读取 M-CARD 中的数据。

【N READ】为在读取参数时按文件号读取 M-CARD 中的数据。

【PUNCH】传出参数。

【DELETE】删除 M-CARD 中的数据。

③ 按下【PUNCH】键出现如图 7-36 所示画面。

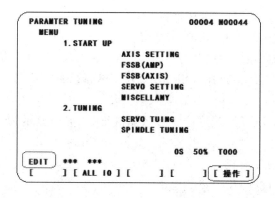

图 7-33　按扩展键后显示参数界面

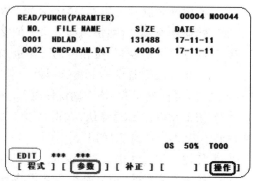

图 7-34　可备份的数据类型

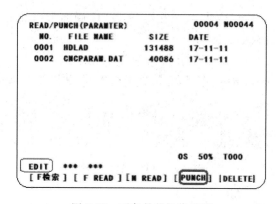

图 7-35　可备份的操作界面

④ 可输入要传出的参数的名字,按下【F 名称】即可给传出的数据定义名称,例如"BACKUPM002"文件,执行即可,如图 7-37 所示。通过这种方法备份参数可以给参数起自定义的名字,这样也可以备份不同机床的多个数据。备份系统其他数据的方法也相同。

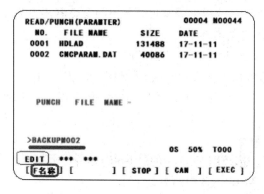

图 7-36　PUNCH 传出(卡输入)界面

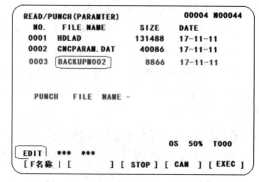

图 7-37　名称输入后界面

(三)备份系统的全部加工程序

在程序画面的 EDIT 模式,备份系统的全部程序时输入 0—9999,依次按下【PUNCH】、

【EXEC】,可以把全部程序传输到 M-CARD 中(默认文件名为 PROGRAM.ALL),如图 7-38 所示。

设置 3201♯6"NPE"可以把备份的全部程序一次性输入到系统中。

在画面选择 6 号文件 PROGRAM.ALL,在程序号处输入 0—9999 可把程序一次性全部传入系统中(图 7-39)。也可给传出的程序自定义名称,其步骤如下:

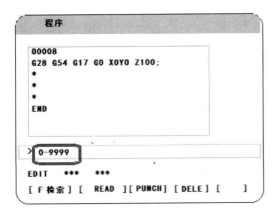

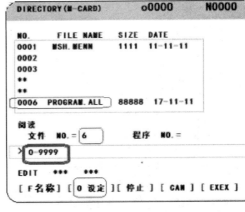

图 7-38 备份全部程序　　　　　图 7-39 把程序一次性全部传入系统

(1) 在"ALL IO"画面选择 PROGRAM。

(2) 选择【PUNCH】输入要定义的文件名,如 18IPROG,然后按下【F 名称】。

(3) 输入传出范围,如 0—9999(表示全部程序),然后按下【O 设定】。程序一次性全部传入系统。

(4) 按下【EXEX】执行即可。

任务四　PMC 参数的输入与输出

一、PMC 参数传送到 CNC-SRAM

(1) 请确认输入设备是否准备好(计算机或 C-F 卡)。如果使用 C-F 卡,在 SETTING 画面 I/O 通道一项中设定 I/O=4。如果使用 RS232C,则根据硬件连接情况设定 I/O=0 或 I/O=1(RS232C 接口 1)。

(2) 计算机侧准备好所需要的程序画面(相应的操作参照所使用的通信软件说明书)。

(3) 按下功能键【offset】。

(4) 按软键【SETING】,出现"SETTING"画面。

(5) 在 SETTING 画面中,设置 PWE=1。当画面提示"PARAMETER WRITE (PWE)"时,输入 1。出现报警 P/S100(标明参数可写)。

(6) 按【SYSTEM】键,出现 | 参数 | 诊断 | PMC | 系统 |(操作)| + | 。

(7) 选取【PMC】软键,出现 | PMCLAD | PMCDGN | PMCPRM | 。

(8) 选取右侧扩展键【+】,出现 | STOP | EDIT | I/O | SYSPRM | MONIT | 。

(9) 按菜单中的【I/O】键,出现图 7-40 所示画面,说明见表 7-3。

表 7-3   I/O 画面说明

项目	说明	备注
DEVICE	输入/输出装置,包含 F-ROM(CNC 存储区)、计算机(外设)、FLASH 卡(外设)等	(1) 选择 DEVICE=M-CARD 时,从 C-F 卡读入数据; (2) 选择 DEVICE=OTHERS 时,从计算机接口读入数据,如图 7-41 所示
FUNCTION	读 READ,从外设读数据(输入);或写 WRITE,向外设写数据(输出)	
DATA KIND	输入/输出数据种类	(1) LADDER 梯形图; (2) PARAMETER 参数
FILE NO.	文件名	(1) 输出梯形图时文件名为 @PMC-SB.000; (2) 输出 MC 参数时文件名为 @ PMC-SB.PRM

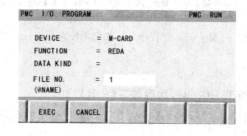

图 7-40 I/O 画面

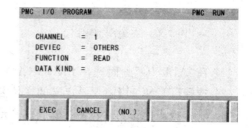

图 7-41 从计算机接口读入数据

(10) 按【EXEC】软件键,梯形图和 PMC 参数被传送到 CNC SRAM 中。

二、将 S-RAM 中的数据写到 CNC F-ROM 中

(1) 首先将 PMC 画面控制参数修改为"WRITE TO F-ROM(EDIT)=1"(图 7-42)。

(2) 重复"PMC 参数传送到 CNC-SRAM"中的步骤(6)、(7)、(8)进入图 7-43 所示界面,并设置"DEVICE=F-ROM"(CNC 系统内的 F-ROM),"FUNCTION=WRITE"。

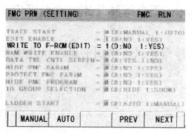

图 7-42 修改参数

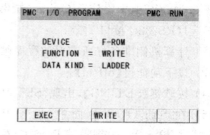

图 7-43 设置界面

(3) 按执行【EXEC】键,将 S-RAM 中的梯形图写入 F-ROM 中。数据正常写入后会出现图 7-44 所示画面,操作完成。

图 7-44　梯形图写入 F-ROM 完成界面

三、PMC 梯形图输出 C-F 卡或计算机

（1）执行本任务"一"中的步骤（6）、（7）、（8）的操作。

（2）出现 PMC I/O 画面后，设置"DEVICE＝M-CARD"（将梯形图传送到 C-F 卡中，参见图 7-45）或"DEVICE＝OTHER"（将梯形图传送到计算机中，参见图 7-46）。

（3）将 FUNCTION 项选为"WRITE"，在 DATA KIND 中选择 LADDER。

（4）按【EXEC】软键，CNC 中的 PMC 程序（梯形图）传送到 C-F 卡或计算机中。

（5）正常结束后会出现图 7-44 所示画面。

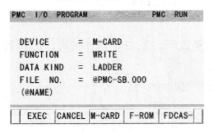

图 7-45　梯形图传送到 C-F 卡

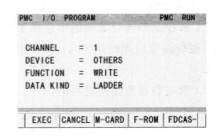

图 7-46　将梯形图传送到计算机中

四、PMC 参数输出 C-F 卡或计算机

（1）执行本任务"一"中的步骤（6）、（7）、（8）的操作。

（2）出现 PMC I/O 画面后，设置"DEVICE＝M-CARD"（将参数传送到 C-F 卡中，如图 7-47 所示）或"DEVICE＝OTHERS"（将参数传到计算机中，如图 7-48 所示）。

（3）将 FUNCTION 项选为"WRITE"，在 DATA KIND 中选择"PARAM"。

（4）按【EXEC】软键，CNC 中的 PMC 参数传送到 C-F 卡或计算机中。

（5）正常结束后会出现 7-34 所示画面。

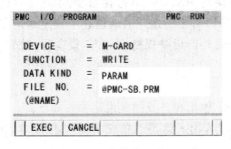

图 7-47　PMC 参数传送到 C-F 卡

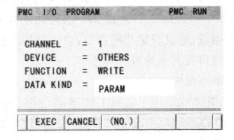

图 7-48　PMC 参数传送到计算机

五、从 M-CARD 输入参数

从 M-CARD 输入参数时选择【READ】软键。使用这种方法再次备份其他机床相同类型的参数时，之前备份的同类型的数据将被覆盖。

任务五　数据通信方式保存和恢复数据

一、数控系统通信

（一）数控系统与外部设备连接

数控系统装备有接口（如 RS232 接口等），数控系统通过接口和外部输入/输出设备之间由电缆连接，用串行通信电缆连接数控装置与计算机。注意一定要在断电情况下连接，不允许带电热拔插，否则会烧坏 RS232 接口硬件。

（二）系统与外设通信需设定参数

实现数控系统与外部设备通信需要一定的软件环境，即设定参数。参数的数据形式分为位型和字节型。显然位型数据采用二进制数设定；而字节型数据采用十进制数设定。

采用数据通信可进行数据保存和恢复。可以输入/输出的数据有程序、偏置数据、参数、螺距误差补偿数据、用户宏程序变量、PMC 参数、PMC 程序（梯形图）。

二、数控系统与计算机通信所需参数设定

现在普遍应用数控系统与计算机通信保存与恢复数据。系统与计算机通信必须设定的参数如下。

（1）确定数据输出所使用的代码——设定参数 PRM0000（图 7-49）。

	#7	#6	#5	#4	#3	#2	#1	#0
0000	0	0	0	0	0	0	1	0

图 7-49　设定参数 PRM0000

（2）选择 I/O 通道——设定参数 PRM0020（图 7-50）。

0020	选择 I/O 通道

图 7-50　设定参数 PRM0020

通过设定参数 0020 选择 I/O 通道，即选择使用 RS232C 串行接口 1（通道 1），还是 RS232C 串行接口 2（通道 2）。在使用不同的通道时，对于所选定的通道还应设定对应各通道的参数，通过设定相应参数，确认与各通道相连的外部设备规格，即 I/O 设备号、波特率、停止位以及其他参数。

数据范围：0—2。

PRM0020 用于选择 I/O 通道。各通道的输入、输出设备及相关设定参数如下。

PRM0020＝0，通道 0：停止位、其他（PRM0101），输入输出设备规格（PRM0102），波特率（PRM0103）。

PRM0020＝1，通道 1：停止位、其他（PRM0111），输入输出设备规格（PRM0112），波特率（PRM0113）。

PRM0020＝2，通道 2：停止位、其他（PRM0121），输入输出设备规格（PRM0122），波特率（PRM0123）。

本次实际操作:把 PRM0020 设定为"0",即选择通道 0。对应通道 0,规定用参数 0101 设定停止位、其他,用参数 0102 设定输入输出设备规格,用参数 0103 设定波特率。

(3) 确定停止位、其他——设定参数 PRM0101(图 7-51)。

	#7	#6	#5	#4	#3	#2	#1	#0
0101	NFD				ASI			SB2

#0 SB2: 停止位。0:停止位是1位; 1:停止位是2位。

#1 ASI: 数据输入时的代码。0:用 EIA 或 ISO 代码,自动识别;1:用 ASCII 代码。

#7 NFD: NFD。0:输出数据时,输出同步孔;输出数据时,不输出同步孔。

本次操作:把PRM0101#0位设定为"0",即停止位是1位。

图 7-51　设定参数 PRM0101

(4) 确定输入/输出设备的规格——设定参数 PRM0102。

数据形式:字节型,数值范围:0~6。其含义查使用说明书。

本次实际操作:把 PRM0102 第♯0 位设定为"0",即采用 RS232 传输数据。

(5) 设定传送速度——设定参数 PRM0103(波特率)。

数据形式:字节型,数值范围:1~12。其含义查使用说明书。

本次实际操作:PRM0103 设定为 10/11(传送速度为 4800/9600 波特率)。

综上所述,本次系统与计算机通信须设定如下参数:

PRM0000 设定为 00000010;

PRM0020 设定为 0;

PRM0101 设定为 00000001;

PRM0102 设定为 0(用 RS232 传输);

PRM0103 设定为 10(传送速度为 4800 波特率)。

三、由系统与计算机通信输入/输出参数

(一) 输出 CNC 参数操作

(1) 数控机床侧选择 EDIT(编辑)方式。

(2) 按功能键【SYSTEM】,再按下软键【PARAM】,出现参数屏面。

(3) 按软键【(操作)】,再按连续菜单扩展键。

(4) 计算机侧启动电脑侧传输软件,准备好所需要的程序画面(操作方法参照所使用的通信软件说明书),使之处于等待输出状态。

(5) 系统侧按软键【PUNCH】,再按软键【EXEC】,开始输出参数。同时屏面下部状态显示上的"OUTPUT"闪烁,直到参数输出完成。按【RES】置位键可停止参数的输出。

(二) 输入 CNC 参数操作

(1) 进入急停状态。

(2) 按数次【SETTING】键,可显示设定显示屏面(SETTING 屏面)。

(3) 确认"参数写入＝1"。当将"参数写入＝1"后,出现报警 P/S100(表明参数可写)。

(4) 按菜单扩展键。

(5) 按软键【READ】,再按软键【EXEC】后,系统处于等待输入状态。

（6）计算机侧找到相应数据,启动传输软件,执行输出,系统就开始输入参数。同时数控屏面下部显示状态闪烁,直到参数输入停止。按置位键可停止参数的输入。

（7）输入完参数后,关断一次电源,再打开。

四、由系统与计算机通信输入/输出零件程序

（一）输出零件程序操作

（1）选择 EDIT（编辑）方式。

（2）按功能键【PROG】,再按软键【程序】,显示程序内容。

（3）先按软键【操作（OPRT）】,再按下最右边的扩展键。

（4）用 MDI 输入地址,再输入程序号。如要全部程序输出时,输入字符 0～9999。

（5）计算机侧启动传输软件,准备好所需要的程序画面,使之处于等待输出状态。

（6）按软键【PUNCH】,然后按软键【EXEC】后,开始输出程序。同时屏面下部状态显示上的【OUTPUT】闪烁,直到程序输出停止。按置位键可停止程序的输出。

（二）输入零件程序操作

（1）选择 EDIT（编辑）方式。

（2）将程序保护开关置于 ON 位置。

（3）按功能键【PROG】,再按软键【程序】,选择程序内容显示屏面。

（4）按软键【操作】,再按菜单扩展键。

（5）按软键【READ】,再按软键【EXEC】后,系统处于等待输入状态。

（6）计算机侧找到相应程序,启动传输软件,执行输出,系统就开始输入程序。

同时屏面下部状态显示上的【INPUT】闪烁,直到程序输入停止,按置位键可停止程序的输入。

五、由系统与计算机通信输入/输出螺距误差补偿数据

（一）输入螺距误差补偿值

（1）确认数控系统已经准备好。

（2）计算机侧启动电脑侧传输软件,准备好所需要的程序屏面,使之处于等待输入状态。

（3）使系统处于急停状态（EMERGENCY STOP）。

（4）按功能键 off/set。

（5）按软键【SETTING】,在 SETTING 屏面中,把"参数写入（PWE）＝1"。

（6）按软键【SYSTEM】,扩展键,然后按软键【PITCH】。

（7）按软键【（操作）】,按软键（菜单扩展键）。

（8）按软键【READ】,按【EXEC】,参数被读到内存中。完成后,画面右下角"INPUT"消失。

（9）按下功能键 off/set。按软件键【SETTING】。画面中,将"参数写入（PWE）＝0"。

（10）关掉电源,然后再通电。解除系统的急停"EMERGENCY STOP"状态。

注:螺距误差补偿参数 3620～3624 和螺距误差补偿数据均要正确地设置,才能得到正确的螺距误差补偿。

（二）输出螺距误差补偿值

（1）确认计算机已经准备好。

(2) 通过参数指定穿孔代码(ISO)。

(3) 使系统处于 EDIT 状态。

(4) 按下功能键【SYSTEM】。

(5) 按软键(菜单扩展键),再按软键【PITCH】。

(6) 按软键【COPRT】,即(操作)。

(7) 按下最右边的软键(菜单扩展键)。

(8) 按下软键【PUNCH】,即【传出】键,然后按软键【EXEC】,即【执行】键。

(9) 所有的螺距补偿值按指定的格式输出。

螺距文件输出格式如下:

N10000P...;

N11023P...

N...:螺距误差补偿点 No.＋10000

P...:螺距误差补偿值

六、CNC 系统与计算机通信应注意的问题

为避免传输数据出现错误和烧坏 RS232 接口,CNC 系统与计算机通信应注意以下问题。

(1) 计算机的外壳与 CNC 系统同时接地。

(2) 不要在通电的情况下插拔连接电缆。

(3) 不要在打雷时进行通信作业。

(4) 通信电缆不能太长。

七、数控系统与计算机数据传输过程中常见故障

(一) 系统通信错误报警 085

(1) 系统参数设定与计算机侧设定不符,CNC 系统波特率、停止位等参数的设定不正确。

(2) 计算机侧硬件故障。

(二) 计算机动作准备信号断开报警 086

(1) 通信参数的设定不正确。

(2) 外部通信设备未通电。

(3) 计算机侧及接口故障,电缆连接不正确,可能插错插口等。

(4) CNC 系统通信接口板故障。

(三) 系统缓冲器溢出报警 087

(1) 计算机侧参数设定错误。

(2) 系统侧故障,CNC 的通信接口已坏。

(3) 外部传输设备不良。

(四) 烧坏系统通信接口的原因

(1) 台式计算机的主机外壳不接地。计算机外壳不接地而引起的漏电流,会导致烧通信接口。应在机床侧安装独立的接地体,并将接地体用良好的接地线与计算机外壳连接,即计算机与数控装置采用同一点接地,可避免该类故障的发生。

(2) 通信电缆接口焊接不良或采用非标准通信电缆。

（3）系统或计算机带电状态下进行拔插电缆操作。

（4）通信电缆没有防护措施，在系统通信过程中，人为导致通信电缆断线或短路。

八、系统维修相关参数设定及具体操作

（一）系统存储器全清操作

机床调试参数要在急停状态下调试。

同时按下【RESET】＋【DELETE】按键，并且给系统上电（0i D 询问是否执行，设置"1"）。直到系统上电启动完成后松开两个按键，系统存储器全清（参数、偏置量和程序）完成，如图 7-52 所示。

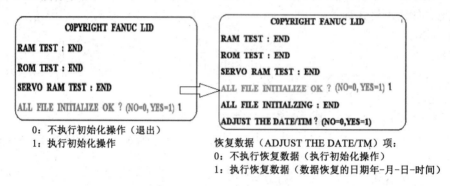

0：不执行初始化操作（退出）
1：执行初始化操作

恢复数据（ADJUST THE DATE/TM）项：
0：不执行恢复数据（执行初始化操作）
1：执行恢复数据（数据恢复的日期年-月-日-时间）

图 7-52　系统全清上电界面

系统重新上电，完成全清，会出现报警，如图 7-53 所示。

```
ALARM MESSAGE                    O0000 N00000
OT0506 ()+ OVERTRAVEL  ( HARD )
OT0506 ()+ OVERTRAVEL  ( HARD )
OT0506 ()+ OVERTRAVEL  ( HARD )
OT0507 ()- OVERTRAVEL  ( HARD )
OT0507 ()- OVERTRAVEL  ( HARD )
OT0507 ()- OVERTRAVEL  ( HARD )
SV1026 () ILLEGAL AXIS ARRANGE
SV1026 () ILLEGAL AXIS ARRANGE
SV1026 () ILLEGAL AXIS ARRANGE
SV0417 () ILL DGTL SERVO PARAMETER
SV0417 () ILL DGTL SERVO PARAMETER
SV0417 () ILL DGTL SERVO PARAMETER
SV0466 () MOTOR/AMP. COMBINATION

A)^

MDI  **** *** ***ALM 11:52:34
     ALARM MESSAGE HISTRY             +
```

图 7-53　系统全清上电后报警

系统全清过程：把系统静态存储器 SRAM 的数据全部格式化，而闪存 FROM 文件保留。SARM 数据项：系统参数、PMC 参数、宏程序、加工程序、刀偏数据、各种补偿数据及工件坐标系等数据。

（二）系统语言显示参数

按键操作：【OFS/SET】功能键→【SET】软键→扩展键【＋】→【LANG】→中文→【AP-PLY】，如图 7-54 所示。

备注：FANUC 0i D 系统：系统通过设定菜单中选择繁体汉化或简体汉化。

CNC 可动态切换显示语言系统参数 3280♯0＝0(1 无效)。

0i C 3190♯6＝1,更改中文,重新上电。

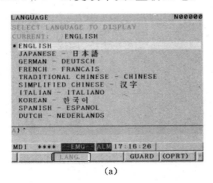

(a) (b)

图 7-54 选取中文界面

(a) 进入【LANG】界面;(b) 光标选取"汉字"点击 APPLY

(三) 系统参数修改保护

系统写参数,无保护(PWE)＝1,如图 7-55 所示。

系统写参数,有保护即(PWE)＝0。

FANUC 0i D 系统参数 3299♯0 设定为"1",有保护,如图 7-56 所示。

(解除系统参数保护,在设定菜单中对参数 3292♯7 或 3299♯0 设定为"0")

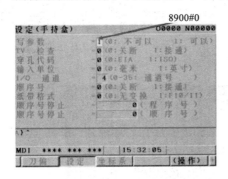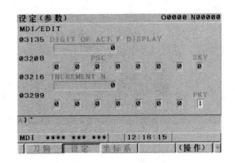

图 7-55 设定界面更改写保护   图 7-56 系统参数方式更改写保护

(四) 系统 MDI 键盘功能键【SYSTEM】键无效的设定

FANUC D 系统参数 3208♯0 设定为"1",如图 7-57 所示。

(由无效变有效,即 3208♯0 设定为"0",必须在设定菜单中进行参数修改)

(五) 系统 PMC 不能显示相关参数

PMC 显示参数为 K900.0,设定为"0"显示梯形图,设定为"1"不显示梯形图。

(六) PMC 报警及重新装载操作

PMC 系统报警分为"ER＊＊""WN＊＊"两类报警,如图 7-58、图 7-59 所示。

"ER＊＊"类报警,影响正常工作;而"WN＊＊"类警告,可以正常工作。

开机上电时,PMC 快捷方式有:(1)"0"＋"z"——初始化 SRAM 中的 PMC 程序,如图 7-60 所示;(2)"x"＋"0"——清除 SRAM 中 PMC 程序;(3)"CAN"＋"z"——停止 PMC 运行程序。

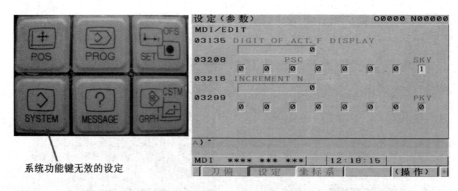

图 7-57　系统 MDI 键盘【SYSTEM】键无效的设定

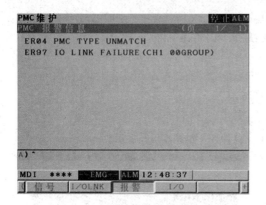

图 7-58　"ER＊＊"类报警

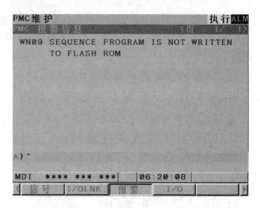

图 7-59　"WN＊＊"类警告

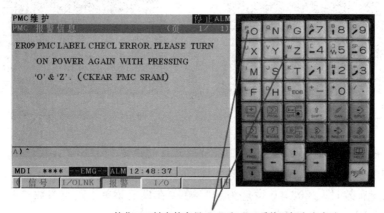

按住MDI键盘的字母"0"和"Z"系统开机上电启动
（清空SRAM的PMC程序，重新装载PMC程序）

图 7-60　清除 PMC 的快捷操作

（七）机床厂家宏程序 O9＊＊＊程序保护

修改参数 3202♯4(NF9)＝1，检查参数 3210 状态，如图 7-61 所示。

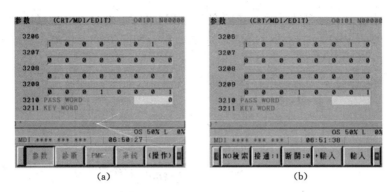

图 7-61 机床厂家宏程序设定口令保护状态

(a) 未设定口令保护；(b) 设定口令保护

任务六 SINUMERIK 802C BL 系统的数据保护

一、SINUMERIK 802C BL 系统的数据保护

（一）SINUMERIK 802C BL 存储器

802CBL 系统内,有静态存储器 SRAM 与高速闪存 FLASH ROM 两种存储器。静态存储器存放工作数据（可修改）；高速闪存存放固定数据,通常作为数据备份区,以及存放系统程序,如图 7-62 所示。

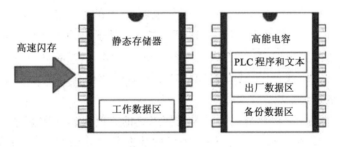

图 7-62 802C 系统存储器

工作数据区内的数据内容有:机床数据、刀具数据、零点偏移、设定数据、螺距补偿、R 参数、零件程序、固定循环。

备份数据区内的数据内容是系统在数据存储操作后工作数据区的全部内容复制到备份数据区。

（二）802CBL 三种启动方式

（1）正常上电启动。即以静态存储器的数据启动。正常上电启动时,系统检测静态存储器,当发现静态存储器掉电,如果做过内部数据备份,系统自动将备份数据装入工作数据区后启动。如果没有系统会将出厂数据区的数据写入工作数据区后启动。

（2）缺省值上电启动。以 SIEMENS 出厂数据启动,制造商机床数据被覆盖。启动时,出厂数据写入静态存储器的工作数据区后启动,启动完后显示 04060 已经装载标准机床数据报警。

（3）按存储数据上电启动。以高速闪存 FLASH ROM 内的备份数据启动。启动时，备份数据写入静态存储器的工作数据区后启动，启动完后显示 04062 已经装载备份数据报警。

（三）数据保护

802CBL 的数据保护分为机内存储和机外存储两种，如图 7-63 所示。

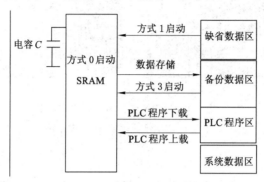

图 7-63　存储器与数据的关系

注意，系统工作时是按静态存储器 SRAM 区的数据进行工作的，我们通常修改的机床数据和零件加工程序等都在 SRAM 区，SRAM 区的数据若不进行备份（数据保护）是不安全的，SRAM 区中的数据有可能会丢失。

（1）机内存储，即将静态存储器 SRAM 区已修改过的有用数据存放到高速闪存 FLASH ROM 区保存。

通常系统断电后，SRAM 区的数据由高能电容 C 上的电压进行保持，可在断电情况下保持数据不少于 50 h（一般情况下可在 14 天左右）。对于长期不通电的机床，SRAM 区的数据将丢失。当重新上电时，系统会根据电容上电压的情况，在启动过程中自动调用备份数据区上一次存储的机床数据（方式 3 启动），若没有做过数据存储则在启动过程中自动调用出厂数据区上的数据（方式 1 启动）。

机内存储（数据存储）功能是一种不需任何工具的方便快速的数据保护方法。

（2）机外存储，即将静态存储器 SRAM 区的数据通过 RS232 串行口传输至电脑保存。

二、SINUMERIK 802C BL 系统数据保护应用

（一）数据存储（机内存储）

由实训必备知识，我们可以了解到 802C BL 系统的数据流向，并认识到数据存储的重要性。用户在修改过数据后（任何数据）都需做数据存储操作。数据存储具体过程如下。

（1）按【区域转换】键，进入操作区域的主菜单，如图 7-64 所示。

（2）按【诊断】功能菜单键，进入诊断操作区域，如图 7-65 所示。

（3）按【调试】功能菜单键，出现调试界面，如图 7-66 所示。

（4）按【菜单扩展】键，出现数据存储界面，如图 7-67 所示。

（5）按【确认】菜单键，系统进行数据备份，屏幕提示别操作、别断电。数据存储需要十几秒的时间，其间不要进行任何操作，不能断电！同时注意，必须关闭口令后进行数据存储。

（二）试车数据传输（机外存储）

802CBL 上有一 RS232 口，可与外部设备（如电脑）进行数据通讯（"通讯"应为"通信"，

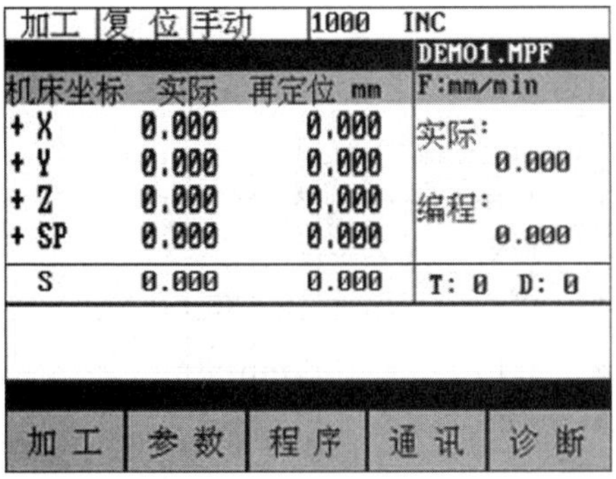

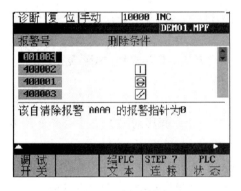

图 7-64　主菜单界面

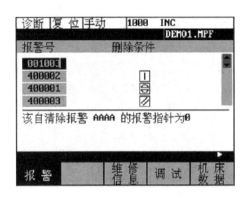

图 7-65　诊断操作界面

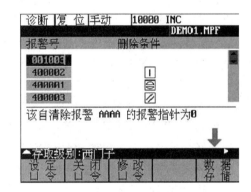

图 7-66　调试界面

图 7-67　数据存储界面

为与软件中一致保留"通讯"一词）。电脑进行数据通讯时应安装 SIEMENS 的专用通讯软件 WINPCIN，如图 7-68 所示。

图 7-68　WINPCIN 软件界面

RS232 标准通讯电缆接线如图 7-69 所示。线长度应控制在 10 m 以内。

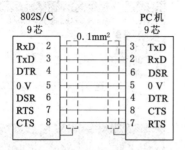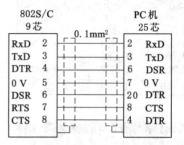

图 7-69　RS232 电缆接线

无论是数据备份还是数据恢复，都是在进行数据的传送。传送的原则是：

（1）永远是准备接收数据的一方先准备好，处于接收状态。

（2）设备两端通讯口设置参数需设定一致。

试车数据包括：机床数据、设定数据、R 参数、刀具参数、零点偏移、螺距误差补偿值、用户报警文本、PLC 用户程序、零件加工程序、固定循环。

（三）试车数据系统输出至电脑

电脑侧，打开 WINPCIN，设置好接口数据（与 802CBL 侧相对应），在 Receive Data 菜单下选择好数据要传至的目的地，按回车键输入开始，等待 802CBL 的数据。

802CBL 侧，在主菜单下选择【通讯】操作区域，设置好接口数据（与电脑侧 WINPCIN 相对应），选择要输出的数据（试车数据），按【数据输出】菜单键后，试车数据从 802CBL 系统传输至电脑，作外部数据保存。

备份试车数据至电脑具体操作步骤：

（1）连接 RS232 标准通讯电缆。

（2）802CBL 上，按【区域转换】键，选择【通讯】功能软菜单键，按【RS232 设置】软菜单键，进入通讯接口参数设置画面，用光标向上键或向下键进行参数选择，通过【选择/转换】键改变参数设定值，设置成 PC 格式（非文本二进制格式），按【确认】软菜单键。此步设置 802CBL 通讯口参数，如图 7-70、图 7-71 所示。

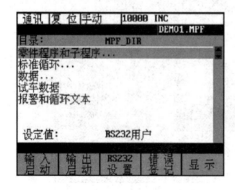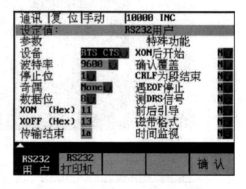

图 7-70　RS232 选取设置界面　　　　　图 7-71　RS232 参数设置界面

（3）电脑上启动 WINPCIN 软件，点击"Binary Format"按钮选择二进制格式，点击"RS232Config"按钮设置接口参数，如图 7-72 所示。

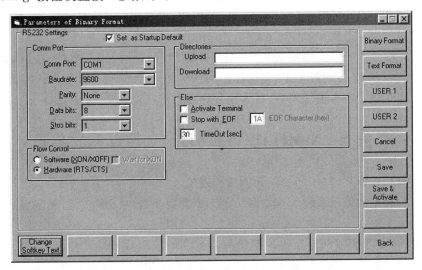

图 7-72　二进制设置界面

将接口参数设定为 PC 格式（非文本二进制格式），点击"Save&Activate"按钮保存并激活设定的通讯接口参数，点击"Back"按钮返回接口配置设定功能。此步设置电脑通讯口参数。

（4）在 WINPCIN 软件中点击"Receive Date"按钮，出现选择接收文件名对话框，要求给文件起名同时确定目录。

（5）在 802C BL 上【通讯】功能中通过上下光标移动键选择至试车数据一行，按【输出启动】软菜单键。此时注意：进行数据传输时 802CBL 通讯口不能用于 PLC 通讯上，否则会出现通讯口正用于 PG 通讯的操作提示；试车数据备份需要在有口令状态下进行。

（6）在传输时，在 802CBL 上会有字节数变化以表示正在传输进行中，可以用【停止】软菜单键停止传输。传输完成后可用【错误登记】软菜单键查看传输记录。在电脑 WINPCIN 中，会有字节数变化表示传输正在进行中，可以点击"Abort Transfer"按钮停止传输。

（四）恢复试车数据电脑输入至系统

802C BL 侧，打开制造商口令（缺省值：EVENING）。在主菜单下选择【通讯】操作区域，设置好接口参数，并按【输入启动】菜单后，等待数据读入，待读入试车数据后，系统需要操作确认一次。

电脑侧，打开 WINPCIN，设置好接口数据，在 Send Data 菜单下选择好要输出的数据，按回车键输出开始。此时，数据从电脑传输至 802CBL 系统 SRAM 区，要想永久保存，再进行数据存储（PLC 程序除外）。在传输结束后，系统恢复标准通讯接口设定，并关闭口令。

恢复试车数据至 802CBL 的具体操作步骤如下：

（1）连接 RS232 标准通讯电缆。

（2）802CBL 上，设置 802CBL 通讯口参数，必须为 PC 格式，步骤同上。

（3）电脑上，启动 WINPCIN 软件，设定接口参数为 PC 格式，步骤同上。

（4）在802CBL上的【通讯】功能中，按【输入启动】软菜单键，802CBL处于等待数据输入状态。

（5）在WINPCIN软件中点击"Sent Date"按钮，出现文件选择对话框，输入正确的试车数据文件名并回车。

（6）在传输时，802CBL出现警告框，会要求用户确认读入试车数据，按【确认】软菜单后，传输继续。在整个传输过程中，系统会多次自动复位启动，整个过程大约要5 min，一般不要中途中止传输。在传输结束后，系统恢复标准通讯接口设定，并关闭口令。

任务七　SIMO DRIVE 611U 伺服单元的装调

一、SIMO DRIVE 611U 伺服单元的结构连接

802C BL相配的伺服系统为611UE，611UE是交流数字伺服系统，最多可以控制3个进给轴和一个主轴，控制精度0.001 mm，驱动各个信号。

SIEMENS各型伺服驱动模块均配用同系列的电源模块及功率单元，如图7-73所示。电源模块一般3相AC 380 V输入，DC 600 V输出，输出电压由直流母线传送至各坐标驱动（功率）单元，功率单元根据插入单元（控制板）发出的命令驱动电动机工作。整个过程电源由交流转变为直流，再根据需要转变为相应频率和电压的交流。直流母线上的直流电压在断电后要经过4 min以上才能跌至安全电压。

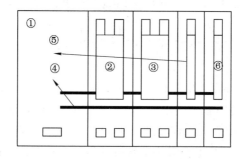

图7-73　SIMODRIVE 611系列驱动单元

SIMO DRIVE 611系列驱动单元包括611A，611U，611D三种类型。611A为模拟交流伺服；611U为通用型交流伺服，可接收多种形式的命令值信号；611D为数字交流伺服，其组成基本相同。

图7-73中：① 为电源模块；② 为双轴控制（分611A，611U，611D）模块；③ 为双轴功率模块；④ 为DC 600 V直流母线；⑤ 为单轴控制（分611A，611U，611D）模块；⑥ 为单轴功率模块。

电源模块：有使能端子T64（控制器使能）、T63（脉冲使能）、T48（功率输出控制），另有T72、T73、T74为系统READY/FAULT的信号输出端子，T51/T52/T53为模块温度报警输出。其他信号说明请参见802CBL简明安装调试手册。

只有在各使能端加有DC 24 V电压时，611U单元才能正常工作，READY信号才有输出。注意：T9端是611单元自带的DC 24 V。

在各功率单元上,还有一个驱动器使能 T663,一般将其与 T9 端直接短接。

电源模块上的信号灯排列如图 7-74 所示。

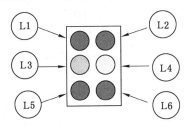

图 7-74　电源模块上的信号灯示意图

其中 L1(红色)为+/−15 V 故障灯,L2(红色)为 5 V 故障灯(此两种电压通过驱动总线给 611 控制模块供电),L3(绿色)为无使能指示,L4(黄色)为动力回路接通指示(此两灯为非故障灯),L5(红色)为供电电网不正常指示,L6(红色)为直流母线过电压指示。正常情况下,将 T48 与 T9 短接 L4 黄色灯亮,T63、T64 与 T9 短接 L3 绿色信号灯灭。

802CBL 为闭环数控系统,伺服电动机上装有反馈元件测速发电机(1FT5)和光电编码器(1FT5,1FT6,1FK7,1PH 等)作为速度环与位置环的反馈元件,此时构成半闭环。而当反馈元件安装在导轨上时(如光栅尺等)就构成全闭环控制。

二、各级使能信号与机床运动的关系

将机床启动,在未加任何使能时,系统屏幕上会出现 700016 号报警。此时将工作方式打到 SIMO DRIVE 611 伺服单元的连接实验 JOG 状态,按动【+X】键或其他轴移动键,观察机床运行状况。此时机床不移动,屏幕上坐标数字也未发生变化。伺服模拟单元电源模块上的信号灯为 L3、L4 亮,正常运行的条件为 6 个信号灯中,只有 L4 黄色信号灯亮。按动 K1 键给系统加使能,重复以上操作,观察相应的情况。

关闭电源,按顺序分别将 T48、T63、T64 与 T9 连接,再接通电源,系统屏幕上无报警显示。此时,按着某一轴运行键,机床在移动。手不要放松,拔插相应导线分别使 T48、T63、T64 与 T9 断开,观察机床运行情况。仍然保持手不要放松,再接通上述三信号与 T9,观察机床运行情况。

将工作方式切换至 AUTO 方式,在程序菜单内编一实验程序,按 NC 启动键执行该程序,分别断开 T48 与 T9、T63 与 T9、T64 与 T9、T663 与 T9,观察各动作与结果。

三、SIMO DRIVE 611U 伺服驱动的调试

SIMOCOM U 伺服调试工具,是西门子公司开发的用于调试 SIMO DRIVE 611U 的一个软件工具,具有直观、快捷、易掌握的特点。利用 SIMOCOM U 可设定驱动器的基本参数:设定与电动机和功率模块匹配的基本参数。

利用 SIMOCOM U 可实现对驱动器参数的优化:根据伺服电动机实际拖动的机械部件,对 611U 速度控制器的参数进行自动优化。

利用 SIMOCOM U 可以监控驱动器的运行状态:电动机实际电流和实际扭矩。

驱动器的调试过程:

(1)在断电的情况下(台式电脑要拔下电源插头!),用 RS232 电缆连接 PC 的 COM 口与 611U 上的 X471 端口。

（2）驱动器上电，在 611UE 的液晶窗口显示"A1106"，表示驱动器没有数据；R/F 红灯亮；总线接口模块上的红灯亮。

（3）从 WINDOWS 的"开始"中找到驱动器调试工具 SIMOCOM U，并启动。

（4）选择连机方式"Search online drive"选键；

（5）进入连接画面后，自动进入参数设定画面，进行参数的设定：

① 定义驱动器的名称，通常可用轴的名称来定义，如可以添入"XK7124_X"，如图 7-75 所示。

② 设定电动机型号，如图 7-76 所示。

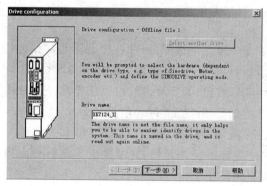

图 7-75　定义驱动器名称　　　　　　　　　图 7-76　设定电动机型号

③ 选择编码器，选择标准编码器（2048 P sin/con 信号，1Vpp），如为其他编码器请选择 Enter Data 并如实输入编码器数据，如图 7-77 所示。

④ 测量元件的设定，如图 7-78 所示。

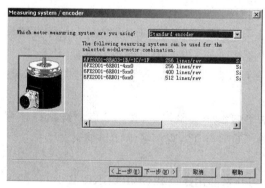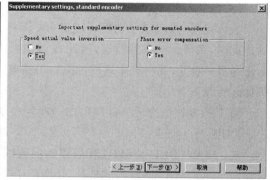

图 7-77　选择编码器　　　　　　　　　　图 7-78　测量元件的设定

⑤ 存储参数设定，如图 7-79 所示。

若 PLC 控制电源模块的端子 48、63、64 分别与端子 9 接通，电源模块的黄灯亮，表示电源模块已使能；坐标轴配置的不正确可导致驱动及电动机出现故障；如数据未存储也会在伺服单元掉电后在伺服驱动器上出现 1106 号报警，即数据未被配置报警。

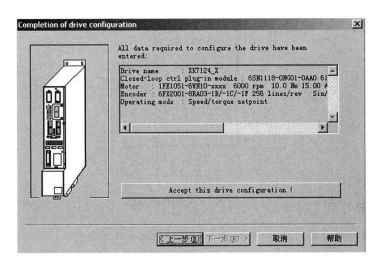

图 7-79　存储参数设定

任务八　主轴编码器的装调

一、主轴编码器信号

就电气控制而言,机床主轴的控制是有别于机床伺服轴的。一般情况下,机床主轴的控制系统为速度控制系统,而机床伺服轴的控制系统为位置控制系统。换句话说,主轴编码器一般情况下不是用于位置反馈的(也不是用于速度反馈的),而仅作为速度测量元件使用。从主轴编码器上所获取的数据,一般有两个用途:(1) 用于主轴转速显示;(2) 用于主轴与伺服轴配合运行的场合(如螺纹切削加工,恒线速加工,G95 转进给等)。

机床主轴一般用于给机床加工提供动力,主轴电动机通常有普通电动机与标准主轴电动机两种(与之对应的驱动装置也分为开环与闭环两种)。

主轴驱动装置有普通变频器和闭环主轴驱动装置等,普通变频器的生产厂家很多,目前市场上流行的有德国西门子公司、日本三肯、安川等。闭环主轴驱动装置一般由各数控公司自行研制并生产,如西门子公司的 611 系列,日本发那克公司的 α 系列等。当机床主轴驱动单元使用了带速度反馈的驱动装置以及标准主轴电动机时,主轴可以根据需要工作在伺服状态。此时,主轴编码器作为位置反馈元件使用。

机床的主轴编码器一般直接安装在主轴上或安装在主轴附近用相应传动装置与主轴相连,使其能如实地向数控系统反映主轴的转速、方向等信号。主轴编码器一般有三个信号通道:A、B 和 Z。其中 A、B 两通道为相差 90°的脉冲信号,主要反映主轴的转速与方向。数控系统根据两通道单位时间的脉冲数来计算主轴的速度,根据 A 通道与 B 通道之间的相位差来判别主轴的旋转方向。Z 为零脉冲信号,主轴每转一圈,Z 通道发一个零脉冲,该通道主要给系统在加工时提供相关基准信号,如图 7-80 所示。

编码器的信号可以是图 7-80 所示的方波信号,也可以是其他波形的信号(如正/余弦信号等);A＊、B＊、Z＊为各通道差分信号的负脉冲信号。主轴编码器在安装、拆卸时要特别小心,以防止损坏玻璃光栅。

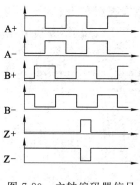

图 7-80　主轴编码器信号

编码器硬件出现故障时,数控系统侧会出现"025000 号报警"。

二、主轴编码器的诊断维修

(1) 按菜单【诊断】→【机床数据】→【轴数据】→ 找到 SP 轴数据,修改 MD30240(MD 参数含义见表 7-4)为"0",使编码器无效,重新启动 NC,并使机床回参考点,将机床工作方式置于 MDA,执行程序 M3S200,观察屏幕上主轴转速理论值、实际值。

表 7-4　　　　　　　　　　　　　　　　　MD30×××参数

参数号	参数含义
MD 30200	编码器的个数
MD 30240	1——sin/cos 编码器;2——TTL 方波编码器;3——无编码器反馈
MD 31020	编码器的脉冲数
MD 31040	编码器直接安装在主轴上
MD 31070	编码器端减速齿轮齿数
MD 31080	主轴轴端减速齿轮齿数
MD 32100	轴方向转换
MD 32110	编码器反馈方向
MD 34200	为"1"时,以编码器的零脉冲作参考点脉冲

修改 MD30240 为"1",使编码器生效,重新启动 NC,并使机床回参考点,将机床工作方式置于 MDA,执行程序 M3S200,观察屏幕上主轴转速理论值、实际值。

(2) 将机床工作方式置于 MDA,执行程序 M3S200,观察屏幕上主轴转速理论值、实际值。

(3) 改变 MD31020 数值与编码器脉冲数不相等,重新启动 NC,并使机床回参考点后,将机床工作方式置于 MDA,执行程序 M3S600,观察屏幕上主轴转速理论值、实际值。

(4) 改变 MD32110 的数值为"—1",重新启动 NC,并使机床回参考点后,机床工作方式置于 MDA,执行程序 M3S300,观察屏幕上主轴旋转的方向、符号。

(5) 改变 MD31070 和 MD31080 的数值,即编码器与主轴之间的减速比,重新启动 NC,使机床回参考点后,将机床方式置于 MDA,执行程序 M3S600,观察屏幕上主轴转速理论值、实际值。

（6）MDA 或 AUTO 方式运行程序 G95G91G1Z100F200，观察机床的运行情况和 NC 屏幕上的反应并做相应记录，按【RESET】键使系统复位，再编写 G95G91G1Z100F200M3S400 程序，启动 NC，并观察机床运行情况做相应记录。用同样的方法运行 G96、G33 并观察机床的运行情况，并分析其原因。

（7）用拨码开关分别断开 A 与 A＊，B 与 B＊，Z 与 Z＊并观察机床的报警情况。

任务九　SINUMERIK 802 进给轴参数设置

一、机床参数调试

（1）选择"系统操作区"，然后按下软键"机床数据"，如图 7-81 所示。

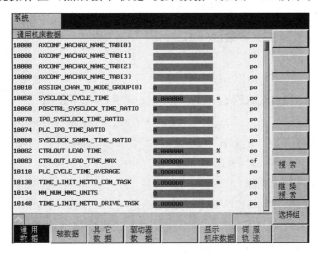

图 7-81　机床数据窗口

（2）按下软键"轴数据"，打开轴数据窗口，如图 7-82 所示。

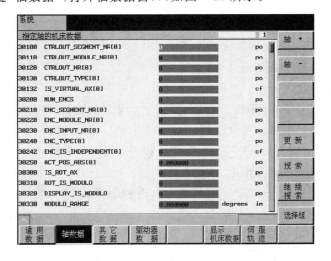

图 7-82　轴数据窗口

（3）使用软键"轴＋""轴－"选择相应的坐标轴。

（4）按动键盘上的光标键，将光标移至相应的机床参数，输入新的数值，再按黄色的"回车/输入键"。

（5）如果修改的机床参数的生效条件是 PO，则按软键"调试"→"NC"（选择正常上电启动）→"确认"，系统重新上电，机床参数生效。

说明：

机床数据的生效条件是：

PO(Power On)系统上电后参数生效；

RE(Reset)系统复位后参数生效；

CF(Con figguration)按"数据生效"软菜单键参数生效；

IM(Immediate)立即生效。

二、设定传动系统的机械参数(X 轴)

（1）设定下列参数：

MD31020＝2048；ENC_RESOL[0]，编码器分辨率（每转脉冲数）；

MD31030＝10；LEADSCREW_PITCH，丝杠螺距，单位：mm；

MD31050＝1；DRIVE_AX_RATIO_DENOM[n]，减速箱齿轮端齿数（分母）；

MD31060＝1；DRIVE_AX_RATIO_NUMERA[n]，减速箱丝杠端齿数（分子）；

因此，减速比 ＝ MD31050/MD31060 ＝ 1/1 ＝ 1。

（2）设定相关的速度（X 轴）。

MD32000＝1000；MAX_AX_VELO，最大轴速度 G00，单位：mm/min；

MD32010＝1000；JOG_VELO_RAPID，点动方式快速移动速度，单位：mm/min；

MD32020＝600；JOG_VELO，点动速度；

MD36200＝2200；AX_VELO_LIMIT[0]...[5]，坐标轴速度监控的临界值。

该机床数据定义坐标轴实际速度监控的临界值。如果坐标轴实际速度超过这一临界值，系统将发出 25030 警报"实际速度报警极限"并停动。

（3）系统重新上电。按软键"调试"→"NC"（选择正常上电启动）→"确认"。此时设定后的机床数据有效，可操作坐标轴予以验证。

三、设定坐标轴的软限位

（1）设定下列参数：

MD34100＝10 ；REFP_SET_POS[0]，参考点设定位置值，单位：mm 。回参考点后，该值作为坐标轴的实际坐标位置值。

MD36110＝0 ；POS_LIMIT_PLUS，进给轴正向第一个软件限位开关；单位：mm。在回参考点结束后该机床数据起作用。

MD36100＝－100；POS_LIMIT_MINUS，进给轴负向第一个软件限位开关；单位：mm。在回参考点结束后该机床数据起作用。

（2）按"复位"键，使设定参数有效。

（3）回参考点。

（4）手动方式移动坐标轴，直至出现 010621 号报警。

四、调试参考点逻辑

802D 系统的很多功能都建立在参考点的基础上。自动方式和 MDA 方式只有在机床返回参考点后才能进行操作。方向间隙补偿和丝杠螺距误差补偿也只有在返回参考点后才生效。

在综合实验台上回参考点的硬件配置情况如下。

在坐标轴侧有减速开关，在丝杠端有一接近开关（丝杠每转产生一个脉冲）。减速开关接到 I/O 的输入口，接近开关接到系统的高速输入口（X20）。该方式可高速寻找减速开关，然后低速寻找接近开关，如图 7-83 所示。

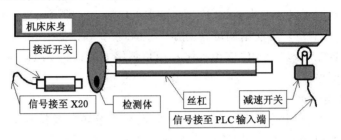

图 7-83　减速开关安装示意图

图 7-84 所示为进给轴回参考点过程图。其中，接近开关在减速开关之前（34050＝0）。

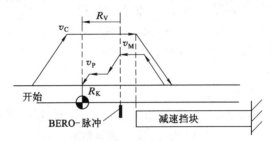

图 7-84　进给轴回参考点过程图

v_C：寻找减速挡块速度（34020）；

v_M：寻找接近开关信号速度（34040）；

v_P：参考点定位速度（34070）；

R_V：参考点偏移（34080，34090）；

R_K：参考点坐标（34100）。

(1) 设定回参考点参数（X 轴）。

MD34000＝1；REFP_CAM_IS_ACTIVE，坐标轴带有减速开关；

MD34010＝0；REFP_CAM_DIR_IS_MINUS，减速开关方向（正）；

MD34020＝800；REFP_VELO_SEARCH_CAM，寻找减速开关速度；

MD34040＝300；REFP_VELO_SEARCH_MARKER[n]，寻找零脉冲速度；

MD34050＝0；REFP_SEARCH_MARKER_REVERSE[n]，接近开关方向（正）；

MD34060＝20；REFP_MAX_MARKER_DIST[0]，寻找接近开关的最大距离；

MD34070＝200；REFP_VELO_POS，参考点定位速度。

(2) 按"复位"键，使设定的所有参数有效，系统重新上电。

（3）进行回参考点操作，观察回参考点过程。

五、数据保护

在各项机床资料调试完毕后，必须进行资料存储。这样在数控系统参数被破坏时，可迅速恢复资料。

（一）机内资料存储

内部数据备份可通过"系统"窗口中"数据存储"软菜单键来实现。

通过内部数据备份，机床数据、设定数据、加工程序、丝杠螺距补偿数据等被储存于永久内存中。通过选择调试启动方式 3 的"按存储数据上电启动"，即可恢复资料。

注意：只有机床制造厂可使用调试启动方式 1 的"按缺省数据上电启动"。

内部备份的数据不包括 PLC 应用程序和用户报警文本，因为 PLC 应用程序和报警文本均直接存储在闪存中。

（二）机外数据保护

通过 RS232 接口（利用 WINPCIN 通讯软件）可将系统各种资料备份到外部计算机中，是最可靠的数据保护措施，必要时可通过计算机重新加载各项资料。

六、X 轴的点动控制检修

整个控制程序分为四个程序模块，即主程序模块 MAIN（OB1）、初始化模块 PLC_INI（SBR0）、机床控制面板模块 MCP（SBR2）、X 轴驱动模块 X_AXIS（SBR4）。

（1）将数控机床的 PLC 控制程序传送到计算机保存起来。

① 使用"802D 调试电缆"将计算机的 COM 口和 802D 的 COM1 口连接起来，然后按下启动按钮启动 802D 系统。

② 使 802D 系统进入联机方式。

系统 → PLC → STEP7 连接 → 设定通讯参数 → 选择"连接开启"。

③ 启动 PLC 编程工具，进入通讯画面，设定通讯参数。

④ 点击工具栏上的上传按钮"Upload"或菜单项 File/Upload，将 802D PLC 程序传送到 PLC 编程环境中，然后将之保存到合适位置。

（2）将一个空的 PLC 控制程序下载到数控机床，然后测试机床控制面板。

① 点击工具栏上的新项目按钮"New Project"或菜单项 File/New，生成一个新的空项目。

② 点击工具栏上的编译按钮"Compile"或菜单项 PLC/Compile，编译当前项目。

③ 点击工具栏上的下载按钮"Download"或菜单项 File/Download，将当前项目下载到 802D PLC 中。

④ 点击工具栏上的启动按钮"Run"或菜单项 PLC/ Run，启动下载到 802D 中的 PLC 程序。

⑤ 测试机床控制面板上的按钮。

（3）编制 X 轴的点动控制程序。

（4）编译 X 轴点动控制程序，然后下载到 802D PLC 中并启动之，并测试机床控制面板的 X 轴点动按钮。

（5）测试成功后，将编制好的 PLC 程序保存在一个适当的位置，项目名为 PLC1，以备后继实验使用。

模块八　数控机床 PLC 控制的故障诊断

任务一　认知 PLC 图形程序

一、数控机床中 PLC(PMC)的用途

PLC 简称为可编程控制器,数控机床中的 PLC 用于控制系统中开关量的输入/输出,开关量是用"0"或"1"表达的逻辑关系的量,包括机床操作面板、各种外部开关(行程开关、接近开关、压力开关和温控开关等)、主轴和伺服进给驱动装置的使能信号、报警处理等,均属于对开关量的控制。FANUC 数控系统将 PLC 记作 PMC(programmable machine controller),本书在论及 FANUC 系统时,也记作 PMC。

开关量(信号)控制流程为:PMC 装置→接口电路→执行元件。

(1) PMC 装置。由硬件和软件两部分组成,硬件是数控专用 PMC 芯片。PMC 软件分为 PMC 系统软件和用户软件两部分,系统软件由 FANUC 公司开发,用户软件是机床厂根据机床具体情况开发的梯形图程序。

(2) I/O 接口电路。接收和发送机床输入和输出开关信号或模拟信号,用于驱动信号。

(3) 执行元件。电磁阀、接近开关、按钮、传感器等。

二、PMC 梯形图程序

PMC 面向用户的软件称为用户程序。用户程序的表达方法主要有两种:梯形图和语句表。PMC 图形编程器支持这两种编程方法。本书仅介绍梯形图程序。

(一) 梯形图程序

梯形图程序采用类似继电器触点、线圈的图形符号组成,如图 8-1 所示。梯形图左右两条竖直线称为母线(或称"电力轨")。梯形图是母线和夹在母线之间的节点(或称触点)、线圈(或称继电器线圈)、功能块(功能指令,图中未画出)等构成的一个或多个"网络"。每个梯级由一行或数行构成。梯形图两边的母线没有电源,当控制节点全部接通时,并没有电流在梯形图中流过,在分析梯形图工作状态时沿用了继电器电路的分析方法,流过梯形图的"电流"是一种虚拟电流。梯形图只描述了电路工作的顺序和逻辑关系。

(二) 地址

梯形图中的继电器线圈和触点都被赋予一个地址,地址用于区分信号。PMC 信号有开关重信号、寄存器状态信号等。PMC 中的地址由地址号(字母后四位数字)和位号(0~7)组成。地址格式如图 8-2 所示。其中地址号由字母和数字组成,地址号的开头是一个字母,用于表示信号的类型,排在字母后的数字表示的是地址编号和位号。在功能指令中具有字节单位的地址,其位号可以省略。

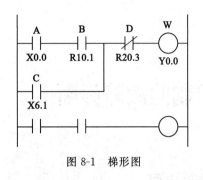

图 8-1　梯形图

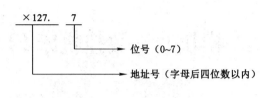

图 8-2　地址格式

（三）梯形图程序执行顺序

梯形图程序执行顺序是从梯形图的开头，按照从左到右、由上到下的顺序，逐一执行梯形图中的指令，直至梯形图结束。梯形图程序执行完后，再次从梯形图的开头运行，称作循环运行。从梯形图开头直至结束执行一遍的时间称为循环处理周期，它取决于控制的规模（步数）和第一级程序的大小。处理周期越短，信号的响应能力也越强。

（四）梯形图程序和继电器电路的区别

梯形图的控制逻辑与继电器逻辑电路相似，一般可以按照继电器控制电路的原理分析梯形图，但是梯形图与传统的继电器控制电路是有区别的。

（1）梯形图工作顺序与继电器逻辑电路不同。梯形图是顺序程序，触点动作是有先后的；而在一般的继电器控制电路中，各继电器在时间上完全可以同时动作。例如，在继电器控制电路（图 8-3）中的（a）和（b）的动作是相同的，即接通触点 A（按钮开关）后，线圈 B 和线圈 C 中有电流通过，触点 C 接通后线圈 B 断开。

作为梯形图，在图 8-3（a）中 PMC 梯形图程序的作用和继电器电路一样，即 A 触点接通后 B 线圈和 C 线圈接通，经过一个扫描周期后 B 触点关断。而在图 8-3（b）中，按梯形图程序的扫描顺序，A 触点接通后 C 线圈得电，但 B 线圈并不得电。

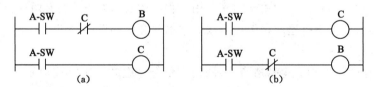

图 8-3　PMC 顺序程序和继电器控制电路的区别

（2）通常在继电器控制电路中继电器的触点数是有限的，所以几个继电器使用一个触点以尽可能减少所使用的触点数量，如图 8-4 所示。而在 PMC 梯形图程序中继电器触点认为有无限多个，不受数量限制，如图 8-5 所示。

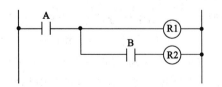

图 8-4　继电器控制电路

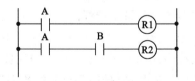

图 8-5　PMC 顺序程序

三、PMC 基本指令及其应用

（一）系统 PMC 基本指令程序

在 FANUC 数控系统系列的 PMC 中，规格型号不同，只是指令的条数有所不同，例如 PMC-SA1 有 12 条基本指令，功能指令有 48 条；而 PMC-SA3 有 14 条基本指令（见表 8-1），功能指令有 66 条。在基本指令和功能指令的执行中，用一个堆栈寄存器暂存逻辑操作的中间结果，堆栈寄存器共有 9 位，按先进后出、后进先出的原理工作。当前操作结果压入时，堆栈各原状态全部左移一位；相反地，如果取出操作结果时堆栈全部右移一位，最后压入的信号首先恢复读出。

数控机床所用 PLC 的指令必须满足数控机床信息处理和动作控制的特殊要求，例如由 NC 输出的 M、S、T 二进制代码信号的译码（DEC），机械运动状态或液压系统动作状态的延时（TMR）确认，加工零件的计数（CTR），刀库、分度工作台沿最短路径旋转和现在位置至目标位置步数的计算（ROT），换刀时数据检索（DSCH）等。对于上述的译码、定时、计数、最短路径选择，以及比较、检索、转移、代码转换、四则运算、信息显示等控制功能，仅用一位操作的基本指令编程实现起来将会十分困难。因此要增加一些具有专门控制功能的指令，这些专门指令就是功能指令。功能指令都是一些子程序，应用功能指令就是调用了相应的子程序。

表 8-1　　　　　　　　　　　　　　　　基本指令和处理内容

序号	指令	处理内容
1	RD：	读指令信号的状态，并写入 ST0 中。在一个阶梯开始的是常开节点时使用
2	RD.NOT	将信号的"非"状态读出，送入 ST0 中。在一个阶梯开始的是常闭节点时使用
3	WRT	输出运算结果（ST0 的状态）到指定地址
4	WRT.NOT	输出运算结果（ST0 的状态）的"非"状态到指定地址
5	AND	将 ST0 的状态与指定地址的信号状态相"与"，再置于 ST0 中
6	AND.NOT	将 ST0 的状态与指定地址的"非"状态相"与"后，再置于 ST0 中
7	OR	将指定地址的状态与 ST0 的状态相"或"后，再置于 ST0
8	OR.NOT	将指定地址的"非"状态与 ST0 的状态相"或"后，再置于 ST0
9	RD.STK	堆栈寄存器左移一位，并把指定地址的状态置于 ST0
10	RD.NOT.STK	堆栈寄存器左移一位，并把指定地址的状态取"非"后再置于 ST0
11	AND.STK	将 ST0 和 ST1 的内容执行逻辑"与"，结果存于 ST0，堆栈寄存器右移一位
12	OR.STK	将 ST0 和 ST1 的内容执行逻辑"或"，结果存于 ST0，堆栈寄存器右移一位
13	SET	将 ST0 的数据与指定地址的数据相"或"后，结果返回到指定地址中
14	RST	将 ST0 的数据取反后与指定地址的数据相"与"，结果返回到指定地址中

PMC 程序基本符号如图 8-6 所示。

（二）逻辑"0"和逻辑"1"

辑"0"和逻辑"1"，如图 8-7 所示。

（三）上升沿触发脉冲和下降沿触发脉冲

上升沿触发脉冲和下降沿触发脉冲如图 8-8 所示。

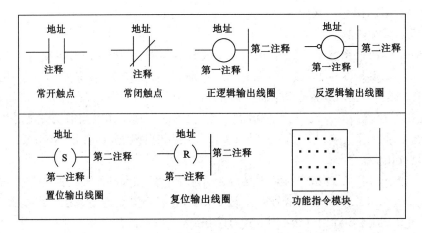

图 8-6　PMC 程序基本符号

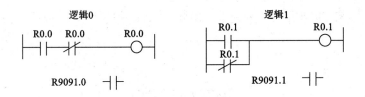

图 8-7　逻辑"0"和逻辑"1"

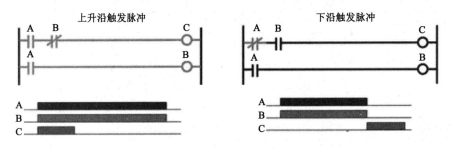

图 8-8　上升沿触发脉冲和下降沿触发脉冲

（四）开机脉冲及其应用

开机脉冲:指系统每次开机发出一个扫描周期的脉冲指令,实际使用时必须把开机脉冲放在程序的最前面,否则就失去对开机脉冲的控制,如图 8-9 所示。

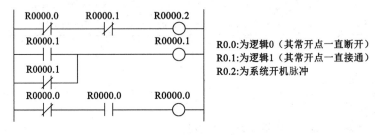

R0.0:为逻辑0（其常开点一直断开）
R0.1:为逻辑1（其常开点一直接通）
R0.2:为系统开机脉冲

图 8-9　开机脉冲程序

当系统开机时,通过常数定义指令(NUMEB),完成机床设定数据的初始化,如参数为机床的维修参数,故障排除后,开机恢复机床的初始化设定值,程序如图 8-10 所示。

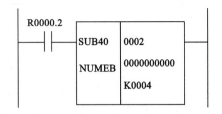

图 8-10　开机脉冲后定义常数指令

（五）按钮互锁指令及具体应用

如图 8-11 所示,如对机床【MC LOCK】按键设定,定义"X55.1"为机床锁住按钮,"Y55.1"为机床锁住指示灯,"G44.1"为机床锁住指令。

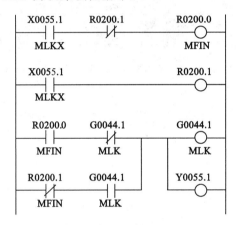

图 8-11　机床锁键的互锁程序

机床轴锁住信号:全轴锁住信号 MLK(G44.1)

各轴互锁信号 MLK1—MLK4(G108.0—G108.3)

机床轴互锁信号:各轴互锁信号 * JT(G8.0)

各轴互锁信号 * JT1— * JT4(G130.0—G130.3)

各轴正方向互锁信号＋MIT1—＋MIT3(G132.0—G132.3)

各轴负方向互锁信号－MIT1——MIT3(G134.0—G134.3)

参数定义：3003

♯0　ITL 使所有轴互锁信号,0:有效,1:无效。

♯2　ITX 使各轴互锁信号,0:有效,1:无效。

♯3　DIT 使不同轴向的互锁信号,0:有效,1:无效。

（六）定时器功能指令应用

FANUC 系统 PMC 定时器指令有三种:TMR、TMRB、TMRC。

1. 可变定时器 TMR

TMR 指令为延时通定时器,其延时时间可以通过 PMC 参数进行更改,如图 8-12 所示。

图 8-12　TMR 指令

定时器初始值 1—8 号精度为 48 ms, 9 号以后精度为 8 ms(现在 D 系统精度可设定)。每个定时器占 2 个字节(设定显示为十进制, 单位 ms), 如图 8-13 所示。案例应用程序如图 8-14 所示。

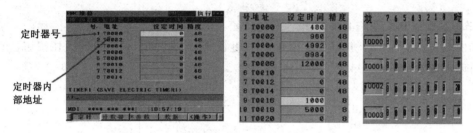

图 8-13　可变定时器(TMR)的内部地址及格式

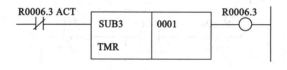

图 8-14　TMR 实例

2. 固定延时定时器(上升沿触发)TMRB

0i D 系统有 500 个, 0i MATE D 系统有 100 个。TMRB 指令为延时接通定时器, 定时器的延时时间与 PMR 程序一起写入 FROM 中, 用户无须变更设定时间, 如图 8-15 所示。

图 8-15　TMRB 指令

固定延时定时器 TMRB 和延时定时器 TMR 不共用定时器号, 不产生冲突。TMRB 时间单位 ms, 设定范围 1—32760000 ms。案例程序应用如图 8-16 所示。

3. 延时器 TMRC

有关延时器 TMRC 的相关内容请查阅相关手册, 此处不再叙述。

(七) 计数器功能指令及应用

FANUC 系统 PMC 计数器指令有三种: CTR、CTRB、CTRC。

可变计数器 CTR: 数值可以是二进制的形式, 也可是 BCD 代码格式(通过 PMC 参数进

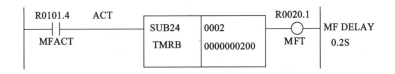

图 8-16　TMRB 实例

行设定),计数器的设定值通过 PMC 参数修改,如图 8-17 所示,可以设定计数器的设定值与现在值。

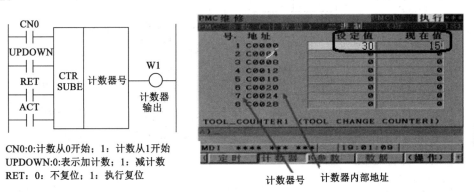

CN0:0:计数从0开始; 1:计数从1开始
UPDOWN:0:表示加计数; 1:减计数
RET:0:不复位; 1:执行复位

图 8-17　可变计数器 CTR 指令应用

　　例,定时器和计数器在自动润滑中的应用如图 8-18 所示,相应程序梯形图如图 8-19 所示。

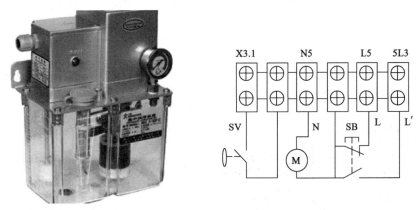

图 8-18　设备连接图

四、PMC 与外部信息的交换

(一) PMC 接口

在数控机床中 PMC 处于数控装置(CNC)与机床(MT)中间,是数控装置与机床信息联系的中间环节,如图 8-20 所示。

CNC 系统、PMC、机床本体之间连接的节点称为接口,接口的状态信息为:通为"1",断为"0"。接口包括四部分,即机床至 PMC(MT→PMC)、PMC 至机床(PMC→MT)、CNC 至 PMC(CNC→PMC)和 PMC 至 CNC(PMC→CNC)。

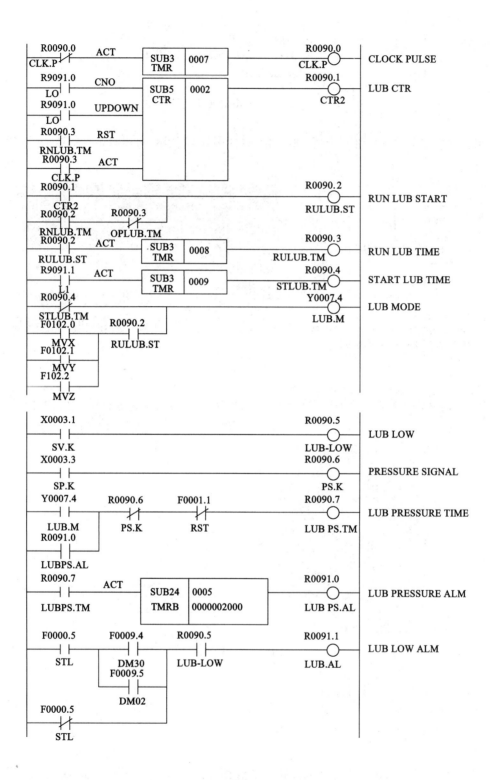

图 8-19 定时器和计数器在自动润滑中应用梯形图

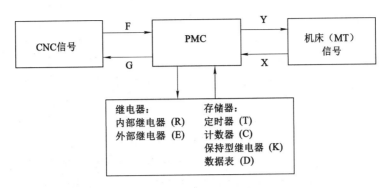

图 8-20　PMC 与系统及机床信息交换图

（二）PMC 地址号分配

PMC 地址包括机床侧的输入、输出信号；CNC 侧的输入、输出信号；内部继电器、计数器、保持型继电器（PMC 参数）和数据表等。PMC 中信号和继电器的地址采用统一编址，地址分配见表 8-2。

表 8-2　　　　　　　　　　　　　　PMC 地址分配一览表

字母	信号类型	字节	地址	备注
X	机床给 PMC 的输入信号（MT→PMC）		X0～X127	
			X1000～X1011	
Y	PMC 输出给机床的信号（PMC＋MT）	142	Y0～Y127	FANUC I/O LINK
			Y1000～Y1008	内装 I/O 卡
F	NC 给 PMC 的输入信号（CNC→PMC）	256	F0～F255	
G	PMC 输出给 NC 的信号（PMC→CNC）	256	G0～G255	
R	内部继电器	1110	R9000～R9099	运算结果、系统备用区
		1118	R0～8999；R9000～R9117	
A	信息要求信号	25	A0～A24	
C	计数器	80	C0～079	
K	保持继电器	20	K0～K16	系统备用区
			K17～K19	
D	数据表	1860	D0～D1859	
T	可变定时器	80	T0～T79	

注：表中信号的"输入/输出"是从 PMC 角度上而言的。

表 8-2 中的地址分配简述如下。

X——MT 输入到 PMC 的信号。如接近开关、急停输入信号等。该信号在控制程序中进行逻辑运算，作为机床动作的条件及对外围设备进行自诊断的依据。例如某信号的符号是"ZAE"，查阅"PMC 输入输出一览表"，该信号的地址是"X1004♯2"，其功能是"Z 轴运动测量位置到达信号"，如果外观确认 Z 轴运动到位，通过调出 PMC 显示屏面，在屏幕 PMC

DGN 主屏面中的 STATUS 状态子屏面下,观察"X1004"第 2 位是"0"或"1"(开关接通,应为"1"),来获知测量 Z 轴位置的接口开关是否有效。

Y——PMC 输出到 MT 的信号。如电磁阀、灯等执行元件的信号。输出信号用于控制机床侧的电磁阀、接触器、信号指示灯动作等,满足机床运行的需要。

F——CNC 输入到 PMC 的信号。FANUC 公司定义的固定地址,如 M 代码(地址 F10～F13)、T 代码(地址 F26～F29)、系统准备信号 MA(地址 F1.7)、伺服准备信号 SA(地址 F0.6)等均使用 F 地址。例如,在操作面板上由按钮发出要求机床单程段运行的信号(其符号为"MSBK"),该"MSBK"信号送到 CNC,其地址为"F004♯3"。在屏幕 PMCDGN 主屏面中的 STATUS 状态子屏面下,可以观察到地址位为"F004♯3"的状态是"0"或"1"。如果是"1",则指令信号已进入 CNC(可以断定机床侧的输入正常,故障可能在 PMC 侧);如果是"0",则指令信号没到达 CNC(故障可能在 CNC 侧)。

G——PMC 输出到 CNC 的信号。是经过 PMC 处理后通知到 CNC 的信号,FANUC 定义的固定地址,如自动运转启动信号 ST(G7.2)。

此外还有 PMC 内部继电器地址,PMC 的计数器、保持型继电器和数据表地址等。PMC 信号地址可以分成两大类,即内部地址(G、F)和外部地址(X、Y)。内部地址(G、F)是 FANUC 公司已经定义好的,机床厂在使用时根据 FANUC 公司提供的地址表"对号入座"。外部地址(X、Y)即通常所说的系统输入/输出信号,除个别信号被 FANUC 公司定义外,绝大多数地址由机床制造厂定义。所以对于 X、Y 地址的含义,必须查阅机床厂提供的技术资料。

五、PMC 用户程序结构及周期

PMC 用户程序从整体结构上一般由两部分组成,即第一级程序和第二级程序,还有子程序等。其程序组成结构如图 8-21 所示。

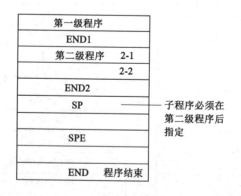

图 8-21 PMC 的程序结构

PMC 执行扫描第一级程序每 8 ms 执行一次,第二级程序根据其程序的长短被自动分割成 n 等份,每 8 ms 中扫描完第一级程序后(读取 END1),再依次扫描第二级程序,直至执行到第 2 级的终了(读取 END2),所以整个 PMC 的执行周期是 $8n$ ms。而子程序是位于第二级程序之后,PMC 执行周期如图 8-22 所示。

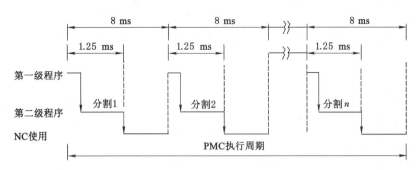

图 8-22 PMC 执行周期

任务二 PMC 的操作与应用

一、系统 PMC 操作菜单

维修人员应掌握在屏面上操作 PMC 梯形图的方法,以利用梯形图诊断数控机床故障。与诊断故障相关的 PMC 主菜单:按【SYSTEM】→扩展键【＋】3 次,显示 PMC 主菜单,如图 8-23 所示。

图 8-23 PMC 主菜单

PMC MNT:PMC 的维护菜单。显示 PMC 信号状态的监控、跟踪,PMC 数据的显示/编辑等与 PMC 维护相关的画面。扩展分级如图 8-24 所示。

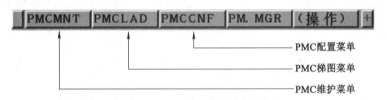

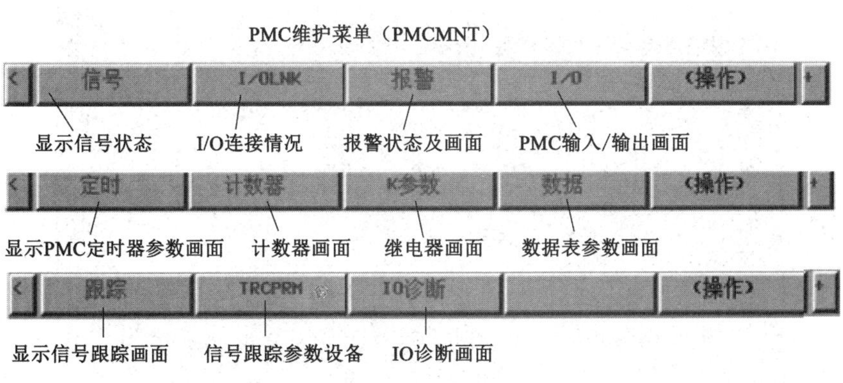

图 8-24 PMCMNT 维护菜单扩展界面

PMC LAD:梯形图菜单。显示与梯形图的显示/编辑相关的画面。

PMC CNF:配置菜单。显示构成顺序程序的梯形图以外的数据的显示/编辑、PMC 设定的画面。

PMC.MGR:POWER MATE CNC 管理器菜单。显示 I/O Link 轴位置、参数、信息等功能画面。

（一）PMC MNT 部分功能应用

在信号状态画面上，显示在程序中指定的所有地址的内容。地址的内容以位模式（"0""1"）显示，最右边每个字节以 16 进制数字或 10 进制数字显示，并且通过操作实现信号的搜索、显示形式的改变及信号的强制操作，如图 8-25 所示。

在 I/O LINK 的情况界面上，显示当前 PMC 通道所连接的 I/O 装置，并且通过操作显示次通道所连接的 I/O 装置，如图 8-26 所示。

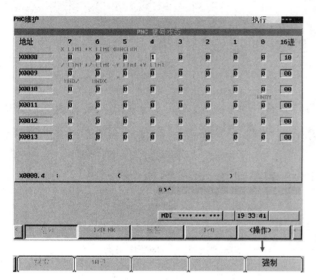

图 8-25　信号强制应用界面

图 8-26　I/O LINK 检测连接情况

I/O 界面，进行装置与功能选择，如图 8-27 所示。

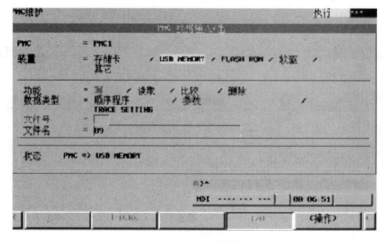

图 8-27　I/O 界面

装置选用：存储（使用 C-F）卡、USB MEORY（使用 USB）、FLASH（与系统 F-ROM 传输）、软驱（使用手持编程器）、其他（使用 RS232）。

功能实现选用：写（实现 PMC 程序和参数的备份）、读取（PMC 程序与参数的会装）、比较（传输的 PMC 与系统 PMC 比较）、删除（删除传输装置的 PMC 程序）、格式化（对传输装置格式化）。

K 参数保持继电器，地址 K0—K99 为"用户保持继电器"，即机床厂家根据机床需要进行个性化开发应用。地址 K900—K999 为"系统保持继电器"，即系统出厂后，保持型继电器功能固定，用户不能他用。修改地址在 MDI 态下完成。

（二）PMC LAD 部分功能应用

PMC 程序菜单中的【列表】功能显示机床 PMC 程序列表：全部、1 级、2 级及子程序项，如图 8-28 所示。

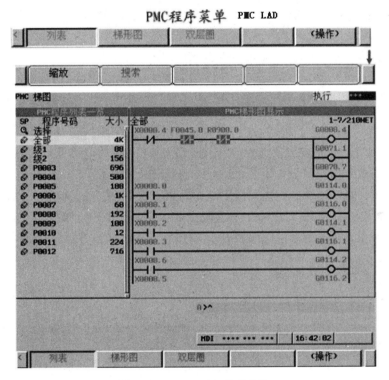

图 8-28　PMC LAD 程序菜单

【梯形图】功能界面如图 8-29 所示。

二、数控机床报警文本

（一）报警信息

数控机床报警信息分为故障信息报警、操作信息报警、宏程序报警等几类。报警代码范围分配如下：

（1）♯1000—♯1999 故障信息报警代码：出现该类报警时，机床不动且系统处于急停状态（系统急停信号 * G8.4 断开）。如机床急停、机床超程、主轴故障、伺服故障、刀库故障等。

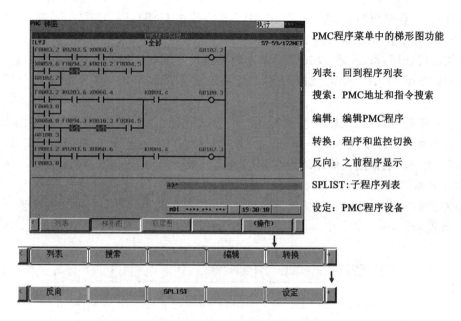

PMC程序菜单中的梯形图功能

列表：回到程序列表

搜索：PMC地址和指令搜索

编辑：编辑PMC程序

转换：程序和监控切换

反向：之前程序显示

SPLIST：子程序列表

设定：PMC程序设备

图8-29　PMC菜单中【梯形图】功能界面

（2）♯2000—♯2099操作信息报警代码：出现该类报警时，通常机床自动运行功能无效，但机床手动操作正常，系统处于正常状态（系统进给暂停信号＊G8.5断开）。如机床润滑不足、加工时机床防护门没关闭、加工中出现超程（扭矩限制）等报警。

（3）♯3000—♯3200宏程序报警代码：出现该报警时，通常机床自动运行功能无效，但机床手动操作正常，系统处于正常状态（宏程序中系统变量♯3000赋值1—200）。如刀具没有找到（T码错误）、加工完毕没有取消刀补、刀具长度设定错误等报警。

（4）♯5000—♯5999报警信息（CNC路径二的报警）。

（5）♯7000—♯7999报警信息（CNC路径三的报警）。

（二）报警文本编辑

系统报警变量♯3000（系统报警号3000—3200）。当变量♯3000值为0—200时，系统停止运行且发出报警信息。

编写方法：♯3000＝1—200（）；"（）里是不超过26个字符的报警信息"。

例如：♯3000＝1（TOOL NOT FOUND），系统报警界面显示：3001 TOOL NOT FOUND 。

例如：N0030 ♯3000＝185（取消刀补），系统报警显示：3185 取消刀补。

三、PMC相关参数设定

	#7	#6	#5	#4	#3	#2	#1	#0
K0900								

#7　数据表控制画面设定显示。0：显示；1：不显示。

#4　RAM写入允许"PMC诊断画面【FFORCE】有效"。0：RAM写入不允许；1：写入

允许。

　　#2　PMC 程序启动。0:电源接通时,PMC 程序自动启动;1:接通电源,需手动启动 PMC。

　　#1 编辑器功能有效。0:内置编程器功能无效;1:内置编程器功能有效。

　　#0　0:PMC 程序显示;1:PMC 程序不显示。

	#7	#6	#5	#4	#3	#2	#1	#0
K0901								

　　#6　编辑功能有效。0:编辑功能无效;1:编辑功能有效。

	#7	#6	#5	#4	#3	#2	#1	#0
K0902								

　　#7　PMC 参数修改禁止(PMC 参数的设定和外部的输入)。0:不禁止;1:禁止。

　　#6　PMC 参数显示禁止(PMC 参数的显示和外部的输出)。0:不禁止;1:禁止。

　　#2　PMC 停止操作。0:PMC 手动停止不允许;1:PMC 手动停止允许。

　　#0　编辑后保存(PMC 编辑后,是否提示写入 F-ROM 保存)。0:需手动保存;1:退出时,提示保存。

任务三　数控机床 PLC 的输入输出

　　PLC 的功能是对数控机床进行顺序控制。所谓顺序控制,就是按照事先确定的顺序或逻辑,对控制的每一个阶段依次进行的控制。对数控机床来说,以 CNC 内部和机床各行程开关、传感器、按钮、继电器等的开关量信号状态为条件,并按照预先规定的逻辑顺序对诸如主轴的启停与换向,刀具的更换,工件的夹紧与松开,液压、冷却、润滑系统的运行等进行的控制,其信号主要是开关量信号。

　　因此,对于不同的机床制造商的产品,其相应的输入输出点是不一样的,用户需要对PLC 的输入输出点进行定义,以实现其特殊功能的需要。

　　一、FANUC 系统 I/O 总线连接及地址分配

　　机床采用外置 I/O 单元及机床操作面板(图 8-30),系统采用 I/O Link 总线控制,系统主板的 JD51A 连接到 I/O 单元的 JD1B,I/O 单元的 JD1A 连接到机床操作面板的 JD1B。I/O 单元站地址为 0 组 0 座 01 槽,规格 OC021/OC020(16 个字节),输入输出地址分别为X0—X15,Y0—Y15。机床操作面板站地址为 1 组 0 座 01 槽,规格 OC021/OC020(16 个字节),输入输出地址分别为 X50—X65、Y54—Y69,如图 8-31 所示。

　　相应 PMC 软键【模块】部分 I/O 模块参数对应填写或监控画面,如图 8-32 所示。

　　二、机床操作面板按键地址信号

　　机床操作面板按键地址信号:按键输入地址为 X,按键指示灯地址为 Y。m 为输入信号地址的首地址数,n 为输出地址的首地址数,如图 8-33、图 8-34 所示。

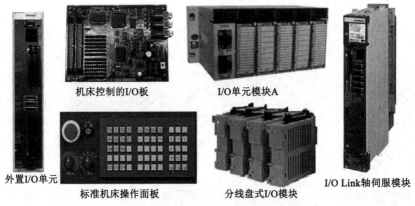

图 8-30　FANUC 系统常见 I/O 模块

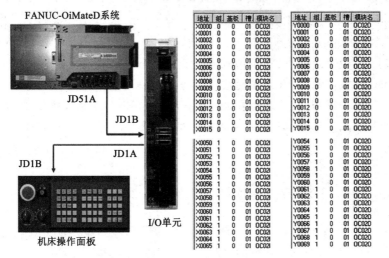

图 8-31　机床操作面板 I/O 装置 Link 总线设定及地址分配

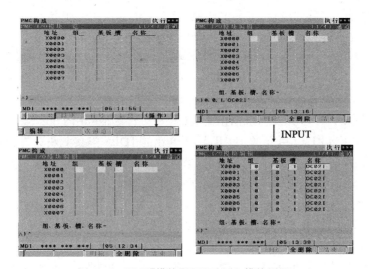

图 8-32　PMC【模块】界面下 I/O 模块图组

图 8-33　对应操作面板按键

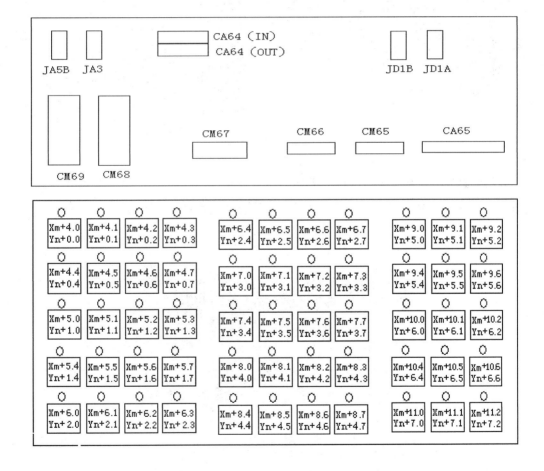

图 8-34　机床操作面板按键输入/输出信号地址分配

三、外置 I/O 单元

外置 I/O 单元插排及其地址分配如图 8-35 所示。

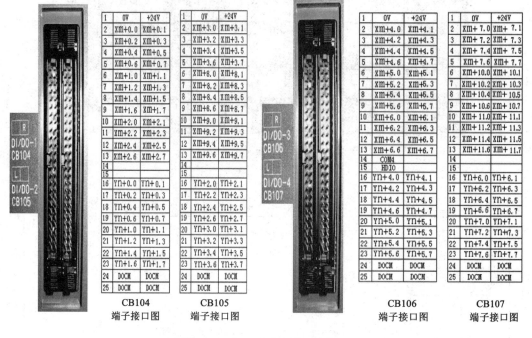

图 8-35　外置 I/O 单元地址分配

四、PMC I/O 控制信号的电路连接

以 FANUC 0i 系统专用 I/O 单元为例,分析输入/输出控制信号的具体连接。

（一）机床输入控制信号（X）的具体连接

输入信号端子排实物及连接如图 8-36、图 8-37 所示。

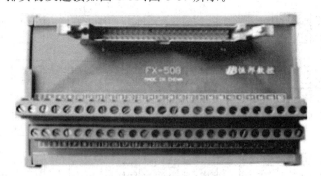

图 8-36　输入信号端子排

（二）输出接口信号（Y）连接

输出信号端子排实物及连接如图 8-38、图 8-39 所示。

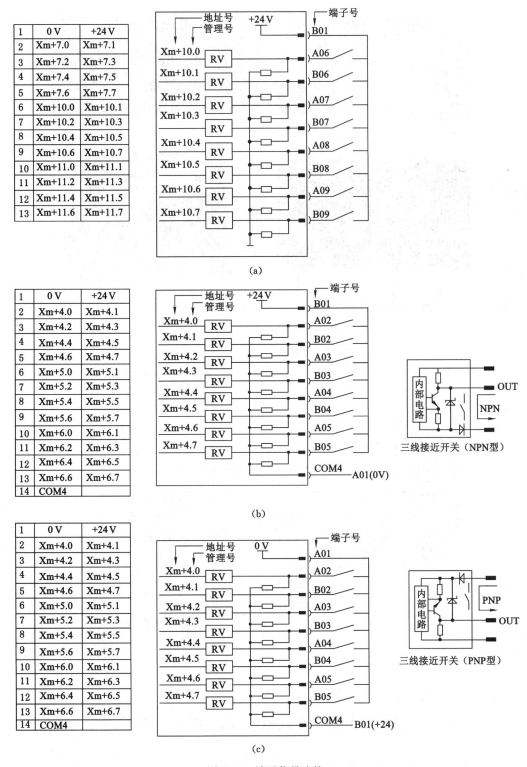

图 8-37　端子信号连接

(a) 7—11 组；(b) 4—6 组 NPN 结构；(c) 4—6 组 PNP 结构

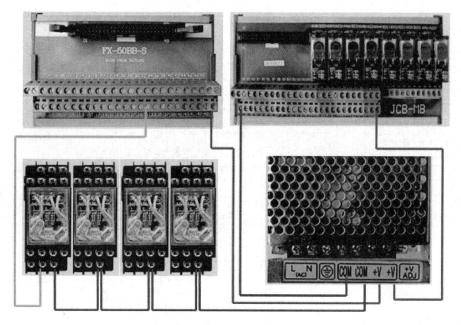

图 8-38　输出信号端子排外观连接

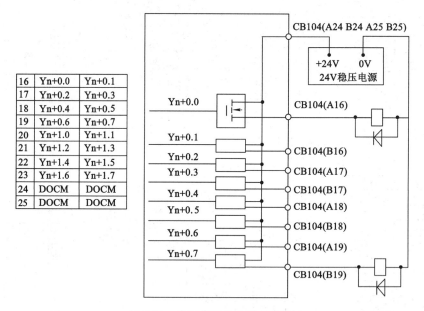

图 8-39　控制信号输出接口电路

任务四　PMC 编程软件 LADDER Ⅲ 应用

一、FANUC LADDER Ⅲ 基本操作

FANUC LADDER Ⅲ（图 8-40）软件是在 Windows 系统下运行进行编制 FANUC PMC 顺序程序的编程系统。

图 8-40 软件界面

（一）软件的主要功能

（1）输入、编辑、显示、输出顺序程序。

（2）监控、调试顺序程序。在线监控梯形图、PMC 状态、显示信号状态、报警信息等。

（3）显示并设置 PMC 参数。

（4）执行或停止顺序程序。

（5）将顺序程序传入 PMC 或将顺序程序从 PMC 传出。

（6）打印输出 PMC 程序。

（二）PMC 程序的操作

对于一个简单梯形图程序的编制，通常分 PMC 类型的选择、程序编辑、编译等几步完成。完整的程序还包含标头、I/O 地址、注释、报警信息等。

（1）PMC 类型的选择。对于 0i D 的数控系统 PMC 程序的编辑，一般包含图 8-41、图 8-42、图 8-43 所示步骤。

图 8-41　FANUC LADDER Ⅲ新建文档　　　　图 8-42　FANUC LADDER Ⅲ类型选择

（2）在软件编辑区进行软件的编辑，如图 8-44、图 8-45、图 8-46 所示。

（3）对编辑的内容进行编译，如图 8-47、图 8-48 所示。

（4）对编译好的顺序程序进行输出，转化为系统可以识别的文件后输入系统，如图 8-49、图 8-50 所示。

（5）系统部分的操作。把编译好的文件存入 C-F 卡内，在系统左侧的 PCMCIA 插槽内插入 C-F 卡，启动系统的同时，需要按住最右边内的两个键，进入引导画面，选择 2 号选项"USER DATA LOADING"，按【SELECT】软键，选中卡内的文件 PMC1.000，按【YES】键。

（6）对系统内 PMC 程序传入 PCMCIA 卡。若要把系统内的 PMC 文件导入计算机，需要进行如下步骤的操作：同上操作进入引导画面，选择 6 号选项，按【SELECT】进入；按

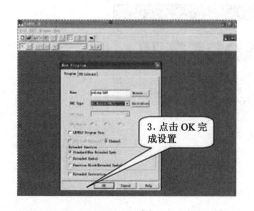

图 8-43　LADDER Ⅲ 类型确定

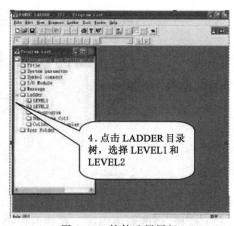

图 8-44　软件选择层级

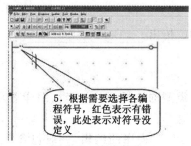

图 8-45　定义符号

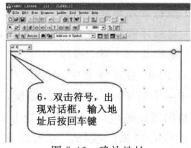

图 8-46　确认地址

图 8-47　软件编译

图 8-48　执行编译

图 8-49　程序导出

图 8-50　选择文档

【PAGE】键进入画面,选 PMC1 项,按【SELECT】键进入;按【YES】键完成 PMC 文件的导出,完成。

二、存储卡格式与 PMC 的转换

通过存储卡备份的 PMC(梯形图)称为存储卡格式(Memory card formal file)的 PMC。其为机器语言格式,不能由计算机的 LADDER Ⅲ 直接识别和读取并进行编辑。同样,在计算机上编辑好的 PMC 程序也不能直接存储到 M-CARD 上,两者必须通过格式转换,才能装载到 CNC 中。

(一) M-CARD 格式(PMC-SA.000 等)→计算机格式(PMC.LAD)

(1) 运行 LADDER 软件,新建一个类型与备份的 MCARD 格式的 PMC 程序类型相同的空文件。

(2) 选择 FILE 中的 IMPORT(即导入 M-CARD 格式文件),软件会提示导入的源文件格式,选择 M-CARD 格式,然后再选择需要导入的文件名(找到相应的路径)。执行下一步找到要进行转换的 M-CARD 格式文件,按照软件提示的默认操作一步步执行,即可将 M-CARD 格式的 PMC 程序转换成计算机可直接识别的.LAD 格式文件。这样就可以在计算机上进行修改和编辑了。

(二) 计算机格式(PMC.LAD)→M-CARD 格式

当把计算机格式(PMC.LAD)的 PMC 转换成 M-CARD 格式的文件后,可以将其存储到 M-CARD 上,通过 M-CARD 装载到 CNC 中,而不用通过外部通信工具(如 RS232C 或网线)进行传输。

(1) 在 LADDER Ⅲ 软件中打开要转换的 PMC 程序。先在"Tool"中选择"Compile"将该程序编译成机器语言,如果没有提示错误,则编译成功。如果提示有错误,要退出修改后重新编译,然后保存。再选择"File"中的"Export"。如果要在梯形图中加密码,则在编译的选项中单击输入两遍密码即可。

(2) 在选择"Export"后,软件提示选择输出的文件类型,选择 M-CARD 格式。确定 M-CARD 格式后,选择下一步指定文件名,按照软件提示的默认操作即可得到转换了格式的 PMC 程序,注意该程序的图标是一个 Windows 图标(即操作系统不能识别的文件格式,只有 FANUC 系统才能识别)。转换好的 PMC 程序即可通过存储卡直接装载到 CNC 中。

三、不同类型的 PMC 文件之间的转换

(1) 运行 FANUC LADDER Ⅲ编程软件。

(2) 单击"File"栏选择"Open Program"项,打开一个希望改变种类的 Windows 版梯形图的文件。

(3) 选择工具栏"Tool"中助记符转换项"Mnemonic ConVert",则显示"Mnemonic ConVersion"页面。其中,助记符文件(Mnemonic file)栏需新建中间文件名,含文件存放路径。转换数据种类(ConVert Data Kind)栏需选择转换的数据,一般为 ALL。

(4) 完成以上选项后,单击"OK"确认,然后显示数据转换情况信息,无其他错误后关闭此信息页,再关闭"Mnemonic ConVert"页面。

(5) 单击"File"栏,选择"New Program"项,新建一个目标 Windows 版的梯形图,同时选择目标 Windows 版梯形图的 PC 种类。

(6) 选择工具栏"Tool"中源程序转换项"Source Program ConVert",则显示"Source

Program ConVert"页面。其中,中间文件(Mnemonic File)栏需选择刚生成的中间文件名,含文件存放路径。

(7) 完成以上选项后,单击"OK"确认,然后显示数据转换情况,"All the content of the source program is going to be lost .DO you replace it?",单击"是"确认,无错误后关闭此信息页,再关闭"Source Program ConVersion"页面。

四、利用 FANUC Ladder Ⅲ 进行梯形图在线编辑

利用 FANUC 提供的 PCMCIA 网卡,不仅可以进行 Ser Vo Guide 的调试,还可以利用其网络功能进行 PMC(梯形图)的在线编辑。

(一) 对 PCMCIA 网卡设定 IP 地址

选择方法如下:【SYSTEM】→右扩展键【+】(多次)→【ETHPRM】→【操作(OPR)】→【PCMCIA】,可以看到如图 8-51 所示画面。

图 8-51　IP 地址设定

其中 IP 地址的设定必须与计算机处的 IP 地址设定一致,例如图 8-51 中的 169.254.205.*,计算机中 IP 地址的前三位也必须为 169.254.205.*;

但是最后一位必须不同。

子网掩码的设定:计算机和 CNC 的设定必须相同,具体的设定数值在 PC 侧可以自动生成。

(二) 设定 PMC 功能下的 ONLINE 功能

选择方法:【SYSTEM】→【PMC】→扩展键【+】(多次)→【MONIT】→【ONLINE】。有"RS232C"与"HIGH SPEED I/F"为两种传输方法。

采用 PCMCIA 网卡进行传输时,要进行"HIGH SPEED I/F"通信方式的选择。按下下翻页键后,则将该地址显示于"Network Address"中。

选择端口:在"Communication…"菜单中选择"Setting"菜单。将"EnableDeVice"中的主机 IP 地址(NC 端的 IP 地址)选中,添加到"UseDeVice"中,然后单击"Connect",即可显示与 NC 的连接过程。连接完成后,即可在线显示梯形图的当前状态,同时可以在线监视梯形图的运行状态。选择端口。在此状态下,无法对梯形图进行修改。

(三) 利用 PC 端 FANUC LADDER Ⅲ 软件对 NC 的梯形图进行在线修改

(1) 选择 LADDERⅢ软件的"Ladder"下拉菜单。

(2) 如状态为"Monitor",将当前状态改为"Editor"模式,此时就可以对梯形图进行修改了。

（3）修改完毕后，重新将"Ladder Mode"的状态改为"Monitor"，此时会弹出对话框，提示梯形图已经修改，是否将 NC 中的梯形图进行修改，单击"Yes"后，会再次确认将修改 PC 以及 NC 侧的梯形图。单击"No"后，即完成在线修改。

注意：① 将 FANUC LADDER Ⅲ 的"Programmer Mode"改为"Offline"状态后，需要将修改过的梯形图写入 FROM 才能保存在 NC 端。在 NC 端，在"Online"状态下不能对梯形图进行修改。

② 如果梯形图中设有密码，在计算机侧进行显示的过程中，会提示输入密码。

任务五　数控机床限位等功能 PMC 调试

一、机床限位保护 PMC 控制

NXK8045 数控铣床（电气图见附录）各轴移动两个方向均有限位开关（SQ1、SQ2、SQ3、SQ4、SQ5 及 SQ6 常闭点）实施硬限位保护控制。

X8.0、X8.1 及 X8.2 分别为 X 轴、Y 轴及 Z 轴正向限位保护开关信号，X8.3、X8.5 及 X8.6 分别为 X 轴、Y 轴及 Z 轴负向限位保护开关信号。

（一）当系统参数 3004#5 设定为 1 时

系统专用各轴方向超程信号（G114 和 G116）无效，此时机床 PMC 控制程序中编制硬超程保护控制。机床就绪状态（各轴无硬超程）时，X8.0、X8.1、X8.2、X8.3、X8.5 及 X8.6 硬限位保护信号常开点接通（SQ1、SQ2、SQ3、SQ4、SQ5 及 SQ6 硬限位开关常闭点闭合状态），继电器 R900.0 线圈接通状态，R900.0 常开点接通，机床就绪状态（系统急停信号 G8.4 维持 1）；当机床任意一轴出现超程时，即 X8.0、X8.1、X8.2、X8.3、X8.5 及 X8.6 硬限位保护信号任意常开点断开，继电器 R900.0 线圈为 0 状态，R900.0 常开点断开，系统急停信号 G8.4 为 0，系统急停，此时系统和伺服就绪信号断开，并发出系统急停报警信息。

解除硬保护操作方法：在机床手动状态下（JOG 状态），按下超程释放开关（X60.1），机床就绪，再按超程轴反向移动按钮，使机床退出超程位置，完成机床硬超程的操作。

其中 K0.0 为机床硬限位保护功能有效设定 PMC 参数，如果设定为 1，硬保护功能无效（比如机床采用绝对编码器控制无挡块回零控制）。

NXK8045 数控铣床各轴硬限位保护 PMC 控制，3004#5 设定 1，程序如图 8-52 所示。

（二）当系统参数 3004#5 设定为 0 时

系统专用各轴方向超程信号（G114 和 G116）有效，G114.0、G114.1 及 G114.2 分别为 X 轴、Y 轴及 Z 轴正向硬限位保护信号。当保护信号为 0 时，系统发出 OT506 各轴正方向超程报警。

G116.0、G116.1 及 G116.2 分别为 X 轴、Y 轴及 Z 轴负向硬限位保护信号，当保护信号为 0 时，系统发出 OT507 各轴负方向超程报警。当系统轴出现硬超程报警时，在手动状态下，只要按下该轴反向点动开关，使机床轴反向移动退出超程位置，再按下系统复位键即可解除硬超程保护。

NXK8045 数控铣床各轴硬限位保护 PMC 控制（参数 3004#5 设定 0）程序如图 8-53 所示。

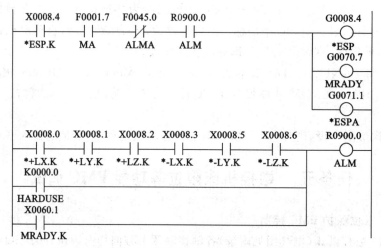

图 8-52　NXK8045 数控铣床各轴硬限位保护 PMC 控制

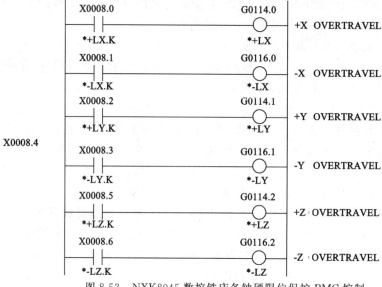

图 8-53　NXK8045 数控铣床各轴硬限位保护 PMC 控制

二、机床参考点控制 PMC 编制

(一)数控机床返回参考点的控制形式

(1)增量式编码器有挡块返回参考点:系统参数 1815♯5＝0。

(2)绝对式编码器无挡块返回参考点:系统参数 1815♯5＝1,1005♯1(每个轴)＝1。

(3)绝对式编码器有挡块返回参考点:系统参数 1815♯5＝1,1005♯1(每个轴)＝0。

(二)参考点相关控制参数

对应机床设置相应参数,如栅格偏移量:1850;手动返回参考点的移动方向:1006♯5;手动返回参考点同时控制的轴数:1002♯0;第 1 参考点的坐标显示:1240;栅格宽度:1821;手动返回参考点各轴快移速度:1420;返回参考点的减速速度:1425。具体设置根据实际确定。

(三)参考点控制 PMC 程序

相应程序如图 8-54 所示。

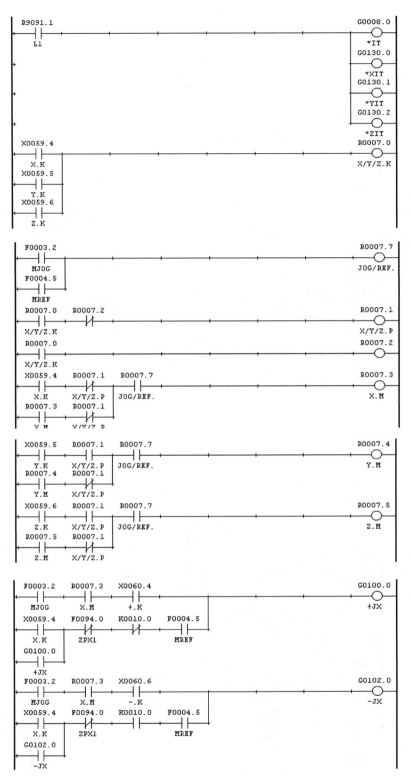

图 8-54 参考点控制 PMC 程序

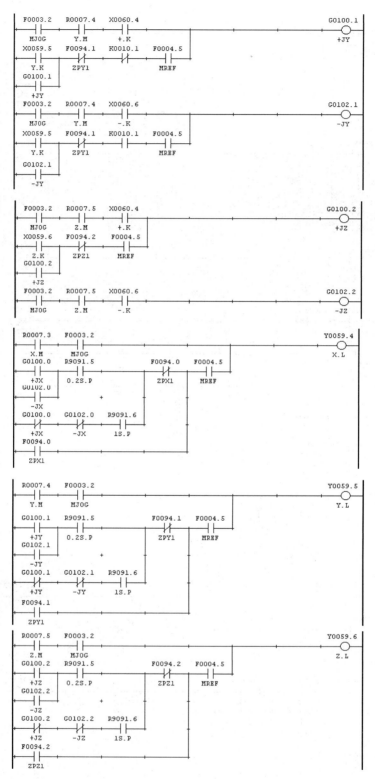

续图 8-54　参考点控制 PMC 程序

（四）参考点控制常用方法处理

1. 有挡块绝对位置丢失报警的处理

（1）修改系统参数 1815♯5 为"0"，系统为增量编码器方式。目的是防止机床出现"飞车"事故发生。

（2）系统断电再重新上电。

（3）手动控制各轴到机床的参考点位置。

（4）手动移动各轴离开参考点（电动机一转以上位置）。

（5）把系统参数 1815♯5 设定为"1"。

（6）系统断电再重新上电。

（7）手动控制各轴到机床的参考点位置。

（8）正确情况下，系统参数 1815♯4（绝对位置确认）自动变成"1"。

2. 无挡块绝对位置丢失报警的处理

（1）机床手动将各轴移动到机床参考点位置。

（2）把系统参数 1815♯4 设定为"1"。

（3）系统断电、机床断电及机床再启动。

3. 机床返回参考点有减速开关输入信号（＊DEC）的处理

（1）系统参数 3006♯0 参考点操作的信号："0"专用输入地址 X9；"1"PMC 控制信号 G196（X9）输入信号无效。

（2）系统设置了专用减速信号地址 X9，由于 CNC 直接读取该信号，故无须 PMC 处理。

4. 减速开关触点（常开点/常闭点）的接法

系统参数 3003♯5（DEC）：设定"0"接常闭点、"1"接常开点。

5. 机床软件限位的设定

机床软件限位是通过系统参数设定的坐标值实施机床限位保护，该坐标值是机床坐标系的坐标值。

（1）系统参数 1320：各轴的存储行程限位 1 的正方向坐标值，出厂时 1320 = 999999.999。

（2）系统参数 1321：各轴的存储行程限位 1 的负方向坐标值，出厂时 1320 = −999999.999。

三、机床进给轴手动和自动速度倍率 PMC 控制

程序如图 8-55 所示。

四、进给轴快速倍率及速度控制

程序如图 8-56 所示。

五、机床手脉单元 PMC 控制

（一）机床手脉单元及接线

NXK8045 数控铣床采用 FANUC 公司的手脉单元，手脉单元操作面板上有手脉轴选择开关（X、Y 及 Z）、手脉倍率选择开关（×1、×10 及 ×100）及手摇脉冲发生器（一圈发出 100 个脉冲）。手脉单元的接线如图 8-57 所示。

手摇脉冲发生器与系统 I/O 单元的 JA3 连接，+5 V、0 V 为系统 I/O 单元提供手摇脉冲发生器的直流 5 V 电源，A 和 B 为手摇脉冲发生器的 A 相和 B 相脉冲，实现手摇脉冲计

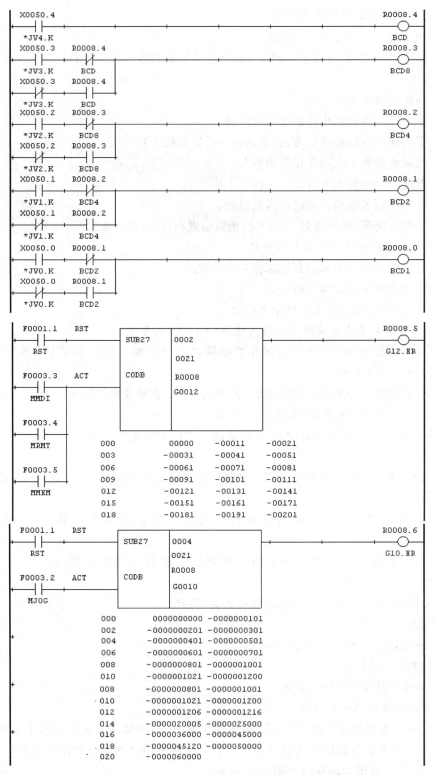

图 8-55　机床进给轴手动和自动速度倍率 PMC 控制程序

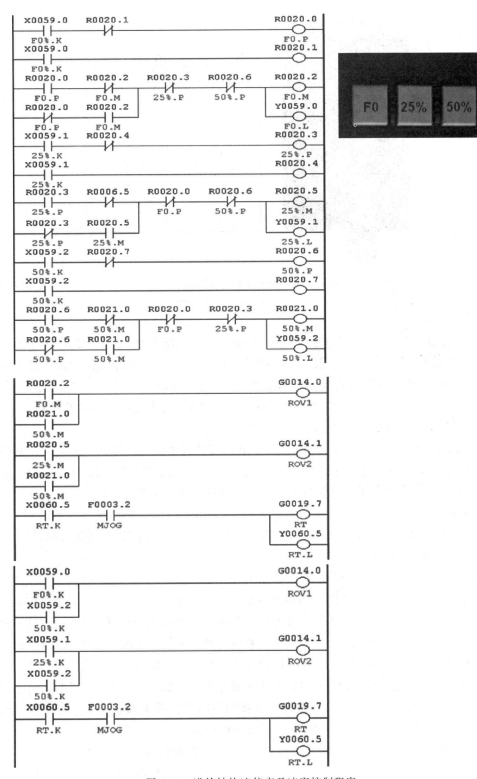

图 8-56 进给轴快速倍率及速度控制程序

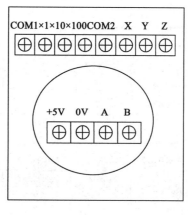

图 8-57　手脉实物与接线端子

(a) 手脉实物图；(b) 手脉接线端子

数及鉴相,注意＋5 V 和 0 V 不能接错,否则手摇脉冲发生器不能工作。COM1 为手脉单元的倍率开关输入信号(×1、×10 及×100)的公共端,COM2 为手脉单元的轴选择开关输入信号(X、Y 及 Z)的公共端,实际为了接线方便,通常把 COM1 和 COM2 连接一起,共同作为手脉单元控制信号输入的公共端,控制输入信号与 PMC 输入控制信号端子连接。

（二）手脉单元 PMC 控制输入信号及接线

NXK8045 数控铣床手脉单元 PMC 控制输入信号有手脉轴选择和手脉倍率控制输入信号两种,输入控制信号通过分线器 XT2 连接到 I/O 单元的 CB107 输入/输出接口。手脉单元 X 轴、Y 轴及 Z 轴手脉轴选择输入信号地址分别为 X10.0、X10.1 及 X10.2,手脉单元倍率选择×10 和×100 输入信号地址为 X10.4 和 X10.5,为了接线方便,手脉倍率×1 选择输入信号可以不用连接,手脉单元公共线(COM1 和 COM2)通过 XT2 接到 CB107 的 B01(24E)端,如图 8-58 所示。

（三）手脉单元 PMC 控制

1. 系统 PMC 手脉轴选择信号(G18.0、G18.1 及 G18.2)控制

当手脉轴选择信号 G18.0、G18.1 及 G18.2 均为"000"时,系统手脉控制无效;当手脉轴选择信号 G18.0、G18.1 及 G18.2 为"100"时,机床手脉轴为第一轴即 X 轴有效;当手脉轴选择信号 G18.0、G18.1 及 G18.2 为"010"时,机床手脉轴为第二轴即 Y 轴有效;当手脉轴选择信号 G18.0、G18.1 及 G18.2 为"110"时,机床手脉轴为第三轴即 Z 轴有效;当手脉轴选择信号 G18.0、G18.1 及 G18.2 为"001"时,机床手脉轴为第四轴即 4 轴有效。因为该机床只有 X 轴、Y 轴及 Z 轴三个轴,所以 PMC 轴选择选择信号 G18.0 和 G18.1 即可。

当手脉轴选择开关 SA4 选择 X 轴时,轴选择输入控制信号 X10.0 为 1,系统手脉轴选择信号 G18.0＝1 和 G18.1＝0,此时手摇脉冲发生器控制是 X 轴;当手脉轴选择开关 SA4 选择 Y 轴时,轴选择输入控制信号 X10.1 为 1,系统手脉轴选择信号 G18.0＝0 和 G18.1＝1,此时手摇脉冲发生器控制是 Y 轴;当手脉轴选择开关 SA4 选择 Z 轴时,轴选择输入控制信

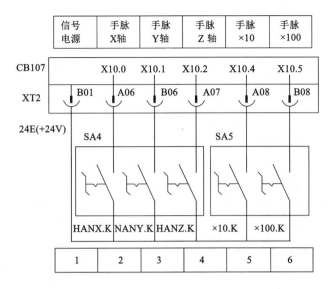

图 8-58　手脉单元 PMC 控制输入信号接线图

号 X10.2 为 1,系统手脉轴选择信号 G18.0＝1 和 G18.1＝1,此时手摇脉冲发生器控制是 Z 轴。具体手脉轴 PMC 控制程序如图 8-59 所示。

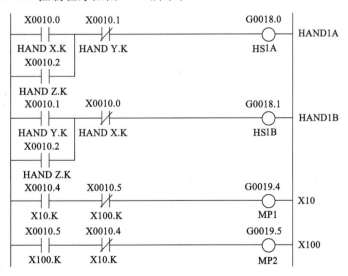

图 8-59　手脉轴 PMC 控制程序

2. 系统 PMC 手脉倍率信号(G19.4 和 G19.5)控制

当手脉倍率信号 G19.4 和 G19.5 均为"00"时,手脉倍率×1 控制,即手摇脉冲发生器发出一个脉冲,机床进给轴移动一个检测单位;当手脉倍率信号 G19.4 和 G19.5 为"10"时,手脉倍率×10 控制,即手摇脉冲发生器发出一个脉冲,机床进给轴移动 10 个检测单位;当手脉倍率信号 G19.4 和 G19.5 为"01"时,手脉倍率×M 控制,M 具体数据由系统参数 7113 设定,通常为 100,即手摇脉冲发生器发出 1 个脉冲,机床进给轴移动 100 个检测单位;当手脉倍率信号 G19.4 和 G19.5 为"11"时,手脉倍率×N 控制,N 具体数据由系统参数 7114 设定,比如设定为 1000,即手摇脉冲发生器发出 1 个脉冲,机床进给轴移动 1000 个检测单位。

当手脉倍率选择开关 SA5 选择×1 时,手脉倍率控制输入信号 X10.4 和 X10.5 均为 0,系统手脉倍率信号 G19.4 和 G19.5 为"00",即手摇脉冲发生器发出一个脉冲,机床进给轴移动一个检测单位;当手脉倍率选择开关 SA5 选择×10 时,手脉倍率控制输入信号 X10.4 为 1,系统手脉倍率信号 G19.4 和 G19.5 为"10",即手摇脉冲发生器发出一个脉冲,机床进给轴移动 10 个检测单位;当手脉倍率选择开关 SA5 选择×100 时,手脉倍率控制输入信号 X10.5 为 1,系统手脉倍率信号 G19.4 和 G19.5 为"01",即手摇脉冲发生器发出一个脉冲,机床进给轴移动 100 个检测单位(系统参数 7113 设定为 100)。

(四)手脉单元系统相关控制功能及参数设定

系统参数 8131♯0:设定为 1 时,表示为手脉状态(HAND);设定为 0 时,表示为步进状态(INC)。当机床手脉损坏时,可以将系统参数 8131♯0 设定为 0,通过机床操作面板手动各轴移动方向键实施各轴的步进控制。

系统参数 7102♯0:设定为 0 时,手脉顺时针旋转对应各轴的正方向;设定为 1 时,手脉逆时针旋转对应各轴的正方向。

系统参数 7100♯0:设定为 1 时,JOG 状态下手脉控制功能有效;设定为 0 时,JOG 状态下手脉控制无效。

当系统状态信号 G43.0、G43.1 及 G43.2 为"001"时,系统状态为手脉状态(HAND),此时手脉单元才有效控制。当系统状态信号 G43.0、G43,1 及 G43.2 为"011"时,系统为手轮试教状态,在此状态下,通过系统记忆手轮轴移动的轨迹实施对简单工件自动加工控制。

手摇中断控制信号 G41.0、G41.1 及 G41.2 分别为 X 轴、Y 轴及 Z 轴手摇中断控制信号,当该轴手摇中断信号为 1 时,手脉轴移动距离自动叠加到加工程序中的相对应坐标轴的移动中。

六、机床三色指示灯 PMC 控制及机床故障信息的编制

(一)三色指示灯功能及控制信号接线

机床三色指示灯用来直观显示当前机床的状态:当机床为自动加工状态时,绿色灯闪烁;当机床为故障状态时,红色灯闪烁;机床处于加工待机状态,而且无故障时黄色灯闪烁。

数控机床三色指示灯目前广泛采用 LED 高效节能型的指示灯,三色指示灯内部有三层,每一层由多个 LED 并联组成,接线形式有共阴极和共阳极两种形式。NCK8045 数控铣床三色指示灯采用直流 24 V 共阴极 LED 指示灯,三色指示灯引出线有 4 根,分别表示红色指示灯(红色线)、黄色指示灯(黄色线)、绿色指示灯(绿色线)及公共线(黑色线)。三色指示灯控制信号的输出地址分别为 I/O 单元 CB107 中的 Y6.0、Y6.1 及 Y6.2,三色指示灯的公共线与直流电源 DC 24 V 的 0 V 端(线号 300)连接,CB107 输出公共端(A24、B24、A25、B25)与直流稳压电源 DC 24 V 的+24 V 端(线号 302)连接,提供三色指示灯的直流电源。机床三色指示灯及 PMC 输出控制信号接口电路如图 8-60 所示。

(二)三色指示灯 PMC 控制程序的编制

NXK8045 数控铣床三色指示灯的 PMC 控制程序如图 8-61 所示。

F0.7 为机床自动运行状态信号,F0.5 为循环启动状态信号。当机床和系统就绪并执行自动加工时,三色指示灯的绿色灯输出信号 Y6.0 为 1,绿色灯闪烁,表示机床正在加工状态。

F1.7 为 CNC 就绪信号。当 CNC 正常时,F1.7 常开点为 1;当 CNC 异常时,F1.7 常闭

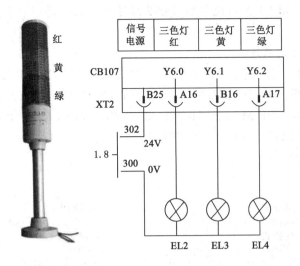

图 8-60 机床三色指示灯及 PMC 输出控制信号电路

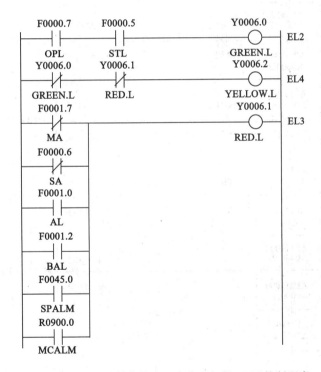

图 8-61 NXK8045 数控铣床三色指示灯的 PMC 控制程序

点闭合,机床报警,同时机床三色指示灯红色灯闪烁。

F0.6 为伺服就绪信号。当 CNC 就绪信号 F1.7 为 1,伺服无任何报警时,该信号就绪,常开点闭合;当出现任何伺服故障时,系统断开伺服就绪信号,F0.6 常闭点闭合,发出系统伺服报警信息,同时机床报警灯红色灯闪烁。

同样道理,F1.0 为系统报警,系统出现任何报警(CNC 报警、伺服报警及主轴报警等)该信号的常开点均为 1。F1.2 为系统电池报警信号,F45.0 为串行数字主轴报警信号,R900.0 为机床报警信号。

(三) 机床报警信息的编制

机床报警包括机床急停报警"1000 SYSTEM EMERGENCY STOP (X8.4)"、刀库电动机过载报警"1001 QF10 OFF MAGAZINE MOTER OVERLOAD(X3.0)"、机械手电动机过载报警"1002 QF11 OFF MAGIC HAND MOTER OVERLOAD(X3.2)"、冷却泵电动机过载报警"1003 QF12 OFF COOL MOTER OVERLOAD(X3.4)"及主轴风扇电动机过载报警,程序如图 8-62 所示。

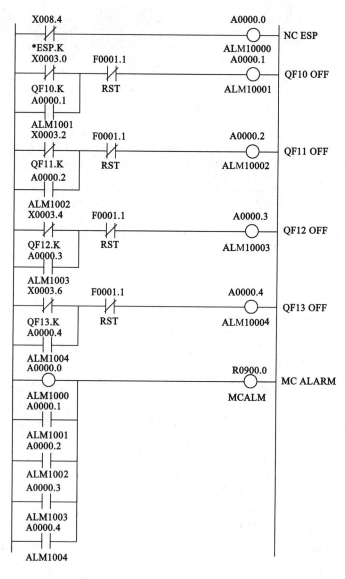

图 8-62　机床报警信号 R900.0 程序

七、斗笠式加工中心 PMC 控制及应用

（一）刀库数据表和计数器的确定

进入刀库数据表和计数器界面设置相应参数，如图 8-63、图 8-64 所示。

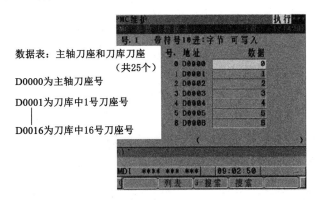

图 8-63　刀库数据表界面及含义

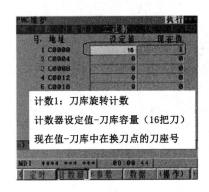

图 8-64　刀库计数器界面及含义

（二）斗笠式换刀装置的自动换刀控制流程

（1）程序执行代码 T 时，首先搜索 T 码刀库数据表是否存在：如果不存在，立即报警（"MC3001 TOOL NOT FOUND"），并结束换刀控制；如果刀库数据表存在，把刀具所在的刀座号（包括主轴上的刀号）找到。

（2）如果换刀的刀具在主轴上，跳出换刀宏程序，执行程序加工。

（3）如果 T≠0，主轴上无刀（主轴刀具数据表 D0＝0）时：Z 轴返回第一参考点→主轴定向准停→刀盘移动到右侧→刀盘旋转到所需刀号→主轴松刀吹气→Z 轴返回第二参考点→主轴刀具锁紧→刀盘移动到左侧→结束换刀控制。

（4）如果 T≠0，主轴上有刀（主轴刀具数据表 D0≠0）时：Z 轴返回第二参考点→主轴定向准停→刀盘旋转到主轴刀具的刀座位置→刀盘移动到右侧→主轴松刀吹气→Z 轴返回第一参考点→刀盘旋转到所需刀号→Z 轴返回第二参考点→主轴刀具锁紧→刀盘移动到左侧→结束换刀控制。

（5）如果 T＝0（T0 M45），主轴刀具还刀控制（主轴刀具表 D0≠0）：Z 轴返回第二参考点→主轴定向准停→刀盘移动到右侧→主轴松刀吹气→主轴刀具锁紧→刀盘移动到左侧→

结束换刀控制。

（6）自动换刀完成后，刷新数据表，当前刀座号数据改写为主轴上的刀号，换刀点刀座数据改写为"0"，主轴数据 D0 改写为当前刀具号。

（三）斗笠式换刀装置的自动换刀宏程序参数

系统参数 6071 设定 6/45/..，可调用 O＊＊＊ 程序 M06/M45/..代码。

参数 1241 设定，设置换刀点。

参数 4077 设定，主轴准停角度。

（四）斗笠式换刀装置自动装刀控制（刀乱的故障处理）

（1）手动状态下，刀盘转动到指定的刀座号位置，主轴装指定的刀号。

（2）系统在 MDI 状态下，执行 T0 M45，自动将主轴的刀具装回刀库当前刀座上。

（3）将数据表数据和计数器刷新。

例如：更换 T5、T3 刀具，数据表变化如图 8-65 所示。

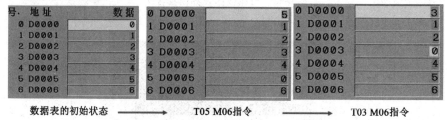

图 8-65 更换 T5、T3 刀具后数据表变化状况

任务六 数控机床 PLC 的维护与故障诊断处理

一、可编程控制器的维护

机器设备在一定工作环境下运行，总是要发生磨损甚至损坏。尽管 PLC 是由各种半导体集成电路组成的精密电子设备，而且在可靠性方面采取了很多措施，但由于所应用的环境不同，将对 PLC 的工作产生不同程度的影响。因此，对 PLC 进行维护是十分必要的。

（一）PLC 维护的主要内容

1. 供电电源

在电源端子处测量电压变化是否在标准范围内。一般电压变化上限不超过额定供电电压的 110％，下限不低于额定供电电压的 80％。

2. 外部环境

温度在 0～55℃范围内，相对湿度在 85％以下，振动幅度小于 0.5 mm，振动频率为 10～55 Hz，无大量灰尘、盐分和铁屑。

3. 安装条件

基本单元和扩展单元安装是否牢固，连接电缆的连接器是否完全插入并旋紧，接线螺钉是否有松动，外部接线是否有损坏。

4. 寿命元件

对于接点输出继电器，阻性负载寿命一般为 30 万次，感性负载则为 10 万次。

对于锂电池,要检查电压是否下降。存放用户程序的随机存储器(RAM)、计数器和具有保持功能的辅助继电器等均用锂电池保护,一般锂电池的工作寿命为 5 年左右,当锂电池的电压逐渐降低到一定的限度时,PLC 基本单元上电池电压跌落指示灯亮,这就提示由锂电池支持的电压还可保持一周左右,必须更换电池。

(二) 调换锂电池的步骤

(1) 购置好锂电池,做好准备工作;

(2) 拆装之前,先把 PLC 通电约 15 s(使作为存储器备用电源的电容充电,在锂电池断开后,该电容对 RAM 短暂供电);

(3) 断开 PLC 交流电源;

(4) 打开基本单元的电池盖板;

(5) 从电池支架上取下旧电池,装上新电池;

(6) 盖上电池盖板。

从取下旧电池到换上新电池的时间要尽量短,一般不允许超过 3 min。如果时间过长,用户程序将消失。

二、PLC 的常见故障及其处理方法

由于 PLC 同时具有软件结构与硬件结构,因此,它存在的故障也有两种:软件故障与硬件故障。PLC 自诊断能够在 CRT 上显示软件故障或其他一些被检测的硬件内容的报警信息,也能以警示灯或指示灯来显示一些主要控制件的信号状态信息。但是,有些程序中断后,却没有任何报警信息,这时就必须考虑是否 PLC 装置出了故障,说明如下:

(1) 操作错误信息:例如,在 SINUMERIK810 系统的 7000~7031 号报警,就是将提示操作者进行某些操作的信息赋予了特定的标志位而取得的。此类报警不需要清除。当相应的操作状态消失时,这些特定的标志位就会自动复位,报警显示也就自行消除。

(2) 例如,在 SINUMERIK810 系统的 3 号报警含义为"PLC 处于停止状态"。此时,PLC 的 I/O 接口被封锁,机床不能工作。一般采用 PLC 编程仪来读出中断堆栈,即可找出故障成因。但是,现场往往无此条件。现场可采用的处理方法有:

① 对于偶然出现的这种报警,可采用初始化方法,重新启动 PLC,往往可恢复机床工作;

② 如果频繁重演故障,则表明 PLC 设计或使用存在缺陷,需由专职维修人员处理。

接口电路是控制器的"门户",其元器件的失效(如光电耦合器)、集成电路不良或电器接触不良,将造成输出信号不正常而导致失控。

如果出现 PLC 无输出故障时,应该记住 PLC 的输入包括了电源输入,电源供给的正常与否,屏蔽与接地是否良好,是 PLC 正常工作的前提。如果出现失控,必须考虑反馈输入的异常及其抗干扰的失败。若输入都正常,而 PLC 输出不正常、停止工作或无输出,就是 PLC 装置本身故障(软件或硬件故障)。此时更换模板是解除故障的有效方法。但是,在更换前最好记下原来的接线号与接线位置,以免发生错误,造成延误时间甚至扩大故障。

三、PLC 的故障检测与诊断

(一) PLC 故障的表现形式

当数控机床出现有关 PLC 方面的故障时,一般有三种表现形式:故障可通过 CNC 报警直接找到故障的原因;故障虽有 CNC 故障显示,但不能反映故障的真正原因;故障没有任何提示。对于后两种情况,可以利用数控系统的自诊断功能,根据 PLC 的梯形图和输入/输出状态信息来分析和判断故障的原因,这种方法是解决数控机床外围故障的基本方法。

（二）与 PLC 有关的故障的特点

PLC 在数控机床上起到连接 NC 与机床的桥梁作用,一方面,它不仅接受 NC 的控制指令,还要根据机床侧的控制信号,在内部顺序程序的控制下,给机床侧发出控制指令,控制电磁阀、继电器、指示灯,还要将状态信号发送到 NC;另一方面,在大量的开关信号处理过程中,任何一个信号不到位,任何一个执行元件不动作,都会使机床出现故障。在数控机床的维修过程中,这类故障占有比较大的比例,掌握 PLC 故障查找显然是很重要的。

对于 PLC 有关的故障,首先确认 PLC 的运行状态,例如一台 FANUC-10 系统的加工中心,机床通电后,所有外部动作都不能执行（没有输出动作）,因为该系统可以调用梯形图编辑功能,在编辑状态 PLC 是不能执行程序的,也不会有输出,经过检查,系统设定为 PLC 手动启动状态。在正常情况下,PLC 应该设为自动启动状态,将相应设置改为自动启动后,机床正常。还有当 PLC 因异常原因产生中断,自己不能完成自启动过程,需要通过编程器进行启动。这就要求维修人员维修数控系统前对相应数控系统的运行原理有一定了解。

在 PLC 正常运行情况下,分析与 PLC 相关的故障时,应先定位不正常的输出结果。例如,机床进给停止是因为 PLC 向系统发出了进给保持的信号;机床润滑报警是因为 PLC 输出了润滑监控的状态;换刀中间停止,是某动作的执行元件没有接到 PLC 的输出信号等问题。

大多数有关 PLC 的故障是外围接口信号故障,PLC 在数控系统的执行有它自身诊断程序,在程序存储错误、硬件错误时都会发出相应的报警,所以在维修时,只要 PLC 有些部分控制的动作正常,都不应该怀疑 PLC 程序,因为它毕竟安装调试完成且运行了一段时间。如果通过诊断确认运算程序有输出,而接口没有输出,则为硬件接口电路故障,应检查或更换电路板。

模块九　主轴伺服系统的故障诊断

任务一　认知伺服系统

一、伺服系统概述

伺服是英文 Servo 的谐音,意思是服从指挥、服从命令。数控机床中的伺服系统取代了传统机床的机械传动,这是数控机床重要特征之一。

由于伺服系统包含了众多的电子电力器件,并应用反馈控制原理将它们有机地组织起来,因此可以说伺服系统的高性能和高可靠性决定了整台数控机床的性能和可靠性。

驱动系统与 CNC 位置控制部分构成位置伺服系统。伺服系统如果离开了高精度的位置检测装置,就满足不了数控机床的要求。数控机床的驱动系统主要有两种:进给驱动系统和主轴驱动系统。从作用看,前者控制机床各坐标的进给运动,后者控制机床主轴旋转运动。驱动系统的性能,在较大程度上决定了现代数控机床的性能。数控机床的最大移动速度、定位精度等指标主要取决于驱动系统及 CNC 位置控制部分的动态和静态性能。另外,对某些加工中心而言,刀库驱动也可认为是数控机床的某一伺服轴,用以控制刀库中刀具的定位。

不论是进给驱动系统还是主轴驱动系统,从电气控制原理来分都可分为直流和交流两类。直流驱动系统在 20 世纪 70 年代初至 80 年代中期在数控机床上占据主导地位,这是由于直流电动机具有良好的调速性能,输出力矩大,过载能力强,精度高,控制原理简单,易于调整。随着微电子技术的迅速发展,加之交流伺服电动机材料、结构及控制理论有了突破性的进展,20 世纪 80 年代初期推出了交流驱动系统,标志着新一代驱动系统的崛起。由于交流驱动系统保留了直流驱动系统的优越性,而且交流电动机无须维护,便于制造,不受恶劣环境影响,所以目前直流驱动系统已逐步被交流驱动系统所取代。从 20 世纪 90 年代开始,交流伺服驱动系统已走向数字化,驱动系统中的电流环、速度环的反馈控制已全部数字化,系统的控制模型和动态补偿均由高速微处理器实时处理,增强了系统自诊断能力,提高了系统的快速性和精度。

二、伺服系统的组成及工作原理

在自动控制系统中,把输出量能够以一定准确度跟随输入量的变化而变化的系统称为随动系统,亦称伺服系统或拖动系统。数控机床的伺服系统是指以机床移动部件的位移和速度作为控制量的自动控制系统。数控机床的伺服系统主要是控制机床的进给运动和主轴转速。

数控机床的伺服系统是机床主体和数控装置(CNC)的联系环节,是数控机床的重要组成部分,是关键部件,故称伺服系统为数控机床的三大组成部分之一。

（一）伺服系统的组成

数控机床的伺服系统一般由驱动控制单元、驱动元件、机械传动部件、执行元件、检测元件和反馈电路等组成。驱动控制单元和驱动元件组成伺服驱动系统，机械传动部件和执行元件组成机械传动系统，检测元件与反馈电路组成检测装置（亦称检测系统），如图 9-1 所示。

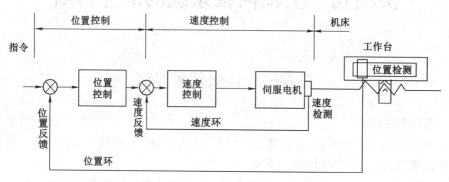

图 9-1　闭环伺服系统框图

（二）伺服系统的工作原理

在图 9-1 中，位置环也称为外环，其输入信号是计算机给出的指令和位置检测器反馈的位置信号。这个反馈是负反馈，也就是说与指令信号相位相反。指令信号是向位置环送去加数，而反馈信号是送去减数。位置环的输出就是速度环的输入。

速度环也称为中环。这个环是一个非常重要的环，它的输入信号有两个：一个是位置环的输出，作为速度环的指令信号送给速度环；另一个是由电动机带动的测速发电机经反馈网络处理后的信息，作为负反馈送给速度环。速度环的两个输入信号也是反相的。一个是加，一个是减。速度环的输出就是电流环的指令输入信号。另外，在速度环中还有个电流环，如图 9-2 所示。

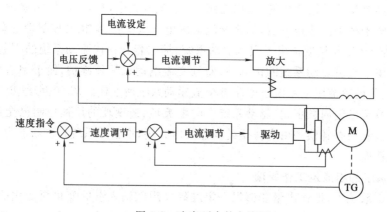

图 9-2　速度环中的电流环

电流环也叫作内环，也有两个输入信号，一个是速度环输出的指令信号；另一个是经电流互感器，并经处理后得到的电流信号，它代表电动机电枢回路的电流，送入电流环的也是负反馈。电流环的输出是一个电压模拟信号，用它来控制 PWM 电路，产生相应的占空比信号去触发功率变换单元电路,使电动机获得一个与计算机指令及电动机的位置、速度、电流相关的运行状态,这个运行状态应满足计算机指令的要求。

这三个环都有调节器,其中有时采用比例调节器,有时采用比例积分调节器,有时还要用比例积分微分调节器。比例调节器称为 P 调节器,比例积分调节器称为 PI 调节器,比例积分微分调节器称为 PID 调节器。之所以采用这种调节方式,主要是能充分利用设备的潜能,使整个机床能快速准确地响应计算机的指令要求。

在这三环系统中,应该知道两个问题。第一个问题是位置调节器的输出是速度调节器的输入;速度调节器的输出是电流调节器的输入;电流调节器的输出直接控制功率变换单元,也就是控制 PWM。第二个问题就是这三个环的反馈信号都是负反馈,这里没有正反馈问题,所以三个环都是反相放大器。由此可以看出,伺服系统是一种反馈控制系统,它以指令脉冲为输入给定值与输出被调量进行比较,利用比较后产生的偏差值对系统进行自动调节,以消除偏差,使被调量跟踪给定值。所以伺服系统的运动来源于偏差信号,必须具有负反馈回路,始终处于过渡过程状态。伺服系统必须有一个不断输入能量的能源,外加负载可视为系统的扰动输入。

三、主轴伺服系统的分类

主轴伺服系统主要完成切削加工时主轴刀具旋转速度的控制,主轴要求调速范围宽,当数控机床有螺纹加工、准停和恒线速度加工等功能时,主轴电动机需要装配脉冲编码器位置检测元件作为主轴位置反馈。现在有些系统还具有 C 轴功能,即主轴旋转像进给轴一样进行位置控制,它可以完成主轴任意角度的停止以及和 Z 轴联动完成刚性攻螺纹等功能。

主轴伺服系统分为直流主轴系统和交流主轴系统。直流主轴电动机的结构和永磁式电动机不同,由于要输出较大的功率,所以一般采用他励式。直流主轴控制系统要为电动机提供励磁电压和电枢电压,在恒转矩区励磁电压恒定,通过增大电枢的电压来提高电动机的速度;在恒功率区保持电枢电压恒定,通过减少励磁电压来提高电动机转速。为了防止直流主轴电动机在工作中过热,常采用轴向强迫风冷或采用热管冷却技术。直流电动机的功率一般比较大,因此直流主轴驱动多半采用三相全控晶闸管调速。交流主轴伺服电动机大多数采用感应异步电动机的结构形式,这是因为永磁式电动机的容量还不能做得很大,对主轴电动机的性能要求还没有对进给伺服电动机的性能要求那么高。感应异步电动机是在定子上安装一套三相绕组,各绕组之间的角度相差 120°,其中转子是用铝合金浇注的短路条与端环。这样的结构简单,与普通电动机相比,它的机械强度和电气强度得到了加强,在通风结构上已有很大的改进,定子上增加了通风孔,电动机外壳使用成形的硅钢片叠片,有利于散热。电动机尾部安装了脉冲编码器等位置检测元件。

交流主轴伺服最早采用的是矢量变换来控制感应异步电动机,矢量变换主要包括:三相固定坐标系变换为两相固定坐标系,两相固定坐标系变换成两相旋转坐标系,直角坐标系变换成极坐标系,以及这些变换的反变换。通过坐标变换,把交流电动机模拟成直流电动机来控制。

(一)FANUC 公司主轴驱动系统

从 20 世纪 80 年代开始,该公司已使用了交流主轴驱动系统,直流驱动系统已被交流驱动系统所取代。目前三个系列交流主轴电动机为:S 系列电动机,额定输出功率范围 1.5～37 kW;H 系列电动机,额定输出功率范围 1.5～22 kW;P 系列电动机,额定输出功率范围

3.7～37 kW。该公司交流主轴驱动系统的特点为：

(1) 采用微处理器控制技术,进行矢量计算,从而实现最佳控制;

(2) 主回路采用晶体管 PWM 逆变器,使电动机电流非常接近正弦波形;

(3) 具有主轴定向控制、数字和模拟输入接口等功能。

（二）SIEMENS 公司主轴驱动系统

西门子公司生产的直流主轴电动机有 1GG5、1GF5、1GL5 和 1GH5 四个系列,与这四个系列电动机配套的 6RA24、6RA27 系列驱动装置采用晶闸管控制。

20 世纪 80 年代初期,该公司又推出了 1PH5 和 1PH6 两个系列的交流主轴电动机,功率范围为 3～100 kW。驱动装置为 6SC650 系列交流主轴驱动装置或 6SC611A 主轴驱动模块,主回路采用晶体管 SPWM 变频器控制的方式,具有能量再生制动功能。另外,采用微处理器 80186 可进行闭环转速、转矩控制及磁场计算,从而完成矢量控制。通过选件实现 C 轴进给控制,在不需要 CNC 帮助的情况下,实现主轴的定位控制。

四、主轴伺服系统的故障分析

主轴伺服系统发生故障时,通常有三种表现形式:一是在 CRT 或操作面板上显示报警内容或报警信息;二是在主轴驱动装置上用报警灯或数码管显示主轴驱动装置的故障;三是主轴工作不正常,但无任何报警信息。主轴伺服系统常见故障如下。

（一）外界干扰

由于受电磁干扰,屏蔽和接地措施不良,主轴转速指令信号或反馈信号受到干扰,使主轴驱动出现随机和无规律性的波动。有干扰的现象是:当主轴转速指令为零时,主轴仍往复转动,调整零速平衡和漂移补偿也不能消除故障。

（二）过载

切削量过大,频繁正、反转等均可引起过载报警。具体表现为主轴电动机过热、主轴驱动装置显示过电流报警等。

（三）主轴定位抖动

主轴定向控制(也称主轴定位控制)是将主轴准停在某一固定位置上,以便在该位置进行刀具交换、精镗退刀及齿轮换挡等,一般用以下三种方式实现主轴准停定向。

(1) 机械准停控制。由带 V 形槽的定位盘和定位用的液压缸配合动作。

(2) 磁性传感器的电气准停控制。发磁体安装在主轴后端,磁传感器安装在主轴箱上,其安装位置决定了主轴的准停点,发磁体和磁传感器之间的间隙为(1.5 ± 0.5)mm。

(3) 编码器型的电气准停控制。通过在主轴电动机内安装或在机床主轴上直接安装一个光电编码器来实现准停控制,准停角度可任意设定。

上述准停均要经过减速的过程,如减速或增益等参数设置不当,均可能引起定位抖动。此外,采用上述准停方式(1)时,定位液压缸活塞移动的限位开关失灵;采用上述准停方式(2)时,发磁体和磁传感器之间的间隙发生变化或磁传感器失灵,均可能引起定位抖动。

（四）主轴电动机振动或噪声太大

引起主轴电动机振动或噪声太大故障的可能原因有:

(1) 电源缺相或电源电压不正常;

(2) 驱动器上的电源开关设定错误(如 50/60 Hz 切换开关设定错误等);

(3) 驱动器上的增益调整电路或颤动调整电路的调整不当;

（4）电流反馈回路调整不当；

（5）三相电源相序不正确；

（6）电动机轴承存在故障；

（7）主轴齿轮啮合不良或主轴负载太大。

（五）主轴转速与进给不匹配

当进行螺纹切削或用每转进给指令切削时，可能出现停止进给、主轴仍继续运转的故障。

系统要执行每转进给的指令，主轴每转必须由主轴编码器发出一个脉冲反馈信号，出现主轴转速与进给不匹配故障，一般情况下为主轴编码器有问题，可用以下方法来确定：

（1）CRT 界面有报警显示；

（2）通过 CRT 调用机床数据或 I/O 状态，观察编码器的信号状态；

（3）用每分钟进给指令代替每转进给指令来执行程序，观察故障是否消失。

（六）转速偏离指令值

当主轴转速超过技术要求所规定的范围时，要考虑的因素是：

（1）电动机过载；

（2）CNC 系统输出的主轴转速模拟量（通常为 $0 \sim \pm 10$ V）没有达到与转速指令对应的值；

（3）测速装置有故障或速度反馈信号断线；

（4）主轴驱动装置故障。

（七）主轴异常噪声及振动

首先要区别异常噪声及振动发生在主轴机械部分还是在电气驱动部分。

（1）在减速过程中发生异常噪声，一般是由驱动装置造成的，如交流驱动中的再生回路故障。

（2）在恒转速时产生异常噪声，可通过观察主轴电动机自由停车过程中是否有噪声和振动来区别，如有，则主轴机械部分有问题。

（3）检查振动周期是否与转速有关。如无关，一般是主轴驱动装置未调整好；如有关，应检查主轴机械部分是否良好，测速装置是否不良。

（八）主轴电动机不转

CNC 系统至主轴驱动装置除了转速模拟量控制信号外，还有使能控制信号，一般为 DC $+24$ V 继电器线圈电压。

（1）检查 CNC 系统是否有速度控制信号输出。

（2）检查使能信号是否接通。通过 CRT 观察 I/O 状态，分析机床 PLC 梯形图（或流程图），以确定主轴的启动条件，如润滑、冷却等是否满足。

（3）主轴驱动装置故障。

（4）主轴电动机故障。

（5）机床负载太大。

（6）高/低挡齿轮切换用的离合器切换不好。

任务二 通用变频器装调

随着交流调速技术的发展,目前数控机床的主轴驱动多采用交流主轴配变频器控制的方式。变频器的控制方式从最初的电压空间矢量控制(磁通轨迹法)到矢量控制(磁通定向控制),发展至今为直接转矩控制,从而能方便地实现无速度传感器化;脉宽调制技术(PWM)从正弦 PWM 发展至优化 PWM 和随机 PWM,以实现电流谐波畸变小,电压利用率最高,效率最优,转矩脉冲最小及噪声强度大幅度削弱的目标;功率器件由 GTO、GTR、IGBT 发展到智能模块 IPM,其开关速度快,驱动电流小,控制驱动简单,故障率降低,干扰得到有效控制,保护功能进一步完善。

随着数控控制的 SPWM 变频调速系统的发展,数控机床主轴驱动也越来越多用变频器控制。所谓"通用",包含着两方面的含义:一是可以和通用的鼠笼异步电动机配套应用;二是具有多种可供选择的功能,可应用于各种不同性质的负载。如三菱 FR-A500 系列变频器既可以通过 2、5 端,用 CNC 系统输出的模拟信号来控制转速,也可通过拨码开关的编码输出或 CNC 系统的数字信号输出至 RH、RM 和 RL 端,以及变频器的参数设置实现从最低速到最高速的变速。图 9-3 所示是三菱 FR-A500 系列变频器的配置。

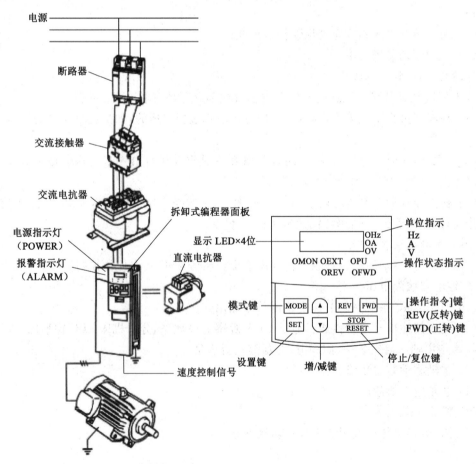

图 9-3 变频器配置

各种变频器对故障原因的显示有以下三种方式。

(1) 发光二极管显示不同的故障原因。由各自的发光二极管来显示。如 AC200S 交流主轴驱动装置上的 LED1 灭,说明欠电压、过电压及贯通性过电流;LED2 灭,说明过热。

(2) 代码表示不同的故障原因。由不同的代码来显示。

(3) 字符显示。针对各种故障原因,用缩写的英文字符来显示。如过电流为 OC(Over Current),过电压为 OV(Over Voltage),欠电压为 LV(Low Voltage),过载为 OL(Over Load),过热为 OH(Over Heat)等。

主轴驱动系统用于控制机床主轴的旋转运动,为机床主轴提供驱动功率和所需的切削力,在数控机床上主要关心其是否有足够的功率、宽的恒功率调节范围及速度调节范围,它只是一个速度控制系统。

在高速主传动中常用电主轴。电主轴调速范围宽,特别是高速特性好,可以省去主轴齿轮箱,直接将刀柄插入电主轴转子中。

有些数控机床主轴调速采用专用变频器,部分数控机床(包括数控改造机床)的主轴使用通用变频器进行调速。所谓的"通用"包含两方面的含义:一是与通用三相异步电动机配套应用,实现交流异步电动机的变频调速;二是具有多种可选择的功能,通过不同的组合,实现各种不同性质负载的调速。通用变频器控制正弦波的产生是以恒电压频率比(U/f)保持磁通不变为基础,经过 SPWM 调制驱动主电路,产生 U、V、W 三相交流电,驱动普通三相异步电动机,通过调整频率达到改变电动机转速的目的。

一、变频主轴的连接

变频器电源接线如图 9-4 所示,控制信号接线如图 9-5 所示。

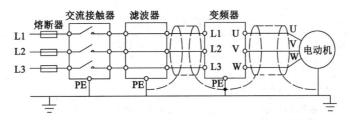

图 9-4　变频器的电源接线

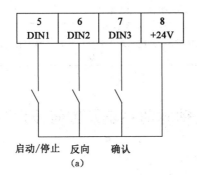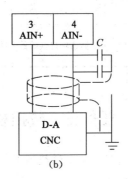

图 9-5　变频器的控制信号接线

　　DIN1、DIN2 和 DIN3 分别是电动机的启动、正/反转和确认控制端,通过常开触点与 24 V 端连接,常开触点的闭合动作由 CNC 控制。CNC 输出 0～10 V 的模拟信号接到变频器的模拟量输入 AIN＋和 AIN－端,CNC 输出的模拟信号的大小决定了主轴的转速。变频器与数控装置连接的主要信号如图 9-6 所示。

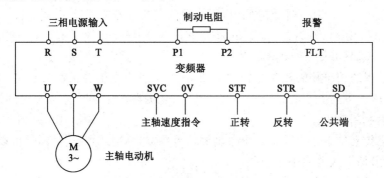

图 9-6　变频器与数控装置连接的主要信号

　　(1) STF,STR 分别为数控装置输出到变频器控制主轴电动机的正反转信号。

　　(2) SVC 与 0 V 为数控装置输出给变频器的速度或频率信号。

　　(3) FLT 为变频器输出给数控装置的故障状态信号。不同类型变频器,有相应的 I/O 信号。

　　二、变频器参数的设置和调整

　　调整方式见表 9-1。

表 9-1　　　　　　　　　　　　　　　　　变频器参数设置

参数	说明
电动机的极数	按照电动机铭牌数据设置
基准频率、基准电压	按照电动机铭牌数据设置
开关频率	一般可以设置为 8 kHz 或 10 kHz,也可以按照机器初始值设定
电动机功率或电流	按照电动机铭牌数据设置
电动机转速或转差率	电动机转速根据电动机铭牌数据设置,电动机转差率计算如下:转差率 SLIP＝(同步转速－基准转速)/同步转速;同步转速＝基准频率×120/极数
最大频率设置	依据铭牌提供的最大频率或最大转速进行设置,最大频率＝极数×最大转速/120

任务三　数控机床主轴驱动系统及维修技术

　　一、串行数字主轴电动机参数初始化操作

　　主轴模块的 F-ROM,出厂时已装载了主轴电动机的标准参数。主轴电动机初始化就是通过主轴串行总线把出厂时的标准参数装载到系统静态存储器 S-RAM 中;当系统再次上电时,系统将静态存储器 S-RAM 存储的电动机参数装在到系统工作存储器(动态存储器

D-RAM 中），实现主轴的实时控制。

（1）按实际机床主轴控制及数目正确连接主轴模块。

（2）主轴速度串行数字控制系统参数的设定。

如 FAUNC 0i D 系统主轴参数设定，如图 9-7 示。

8133♯5＝0，使用串行输出（0：使用，1：不使用）。

3716♯0＝1，主轴速度控制（0：模拟量，1：串行数字）。

3701♯4♯1，串行主轴的数目（00：1 个主轴，10：2 个主轴）。

3717 设定为"1"，连接的驱动器（0：无放大器，1、2、3：分别为第 1～3 主轴放大器）。

注意：屏蔽主轴驱动报警（封主轴驱动），参数 3717 设定为"0"。

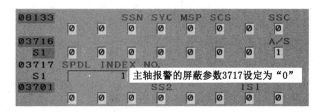

图 9-7　FAUNC 0i D 系统部分主轴参数设定

（3）正确输入主轴电动机 ID 代码到系统参数（系统参数写保护 PWE＝1），如 FAUNC 0i D 系统主轴电动机 ID 代码参数 4133 ，如图 9-8 示。

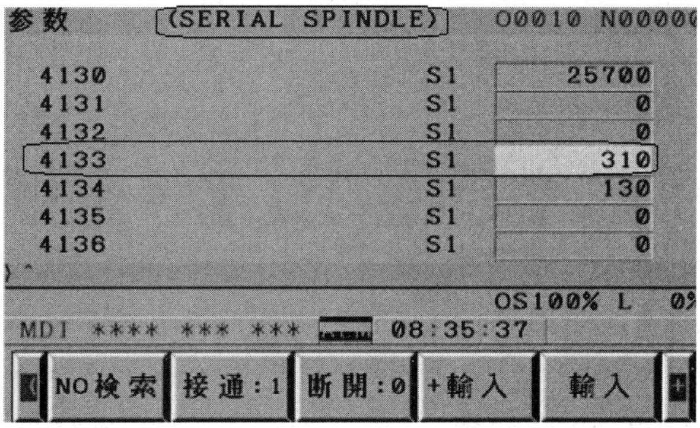

参数	(SERIAL SPINDLE)	O0010 N00000
4130	S1	25700
4131	S1	0
4132	S1	0
4133	S1	310
4134	S1	130
4135	S1	0
4136	S1	0

OS100% L　0%

MDI ＊＊＊＊ ＊＊＊ ＊＊＊ 　08:35:37

NO检索　接通:1　断开:0　+输入　输入

图 9-8　FAUNC 0i D 系统主轴电动机 ID 代码参数设定

（4）设定主轴电动机标准初始化功能系统参数。

如 FAUNC 0i D 系统中，参数 4019♯7＝1，初始化结束该位自动为"0"。

注意事项：主轴标准参数初始化是系统出厂值，而不是机床出厂值；初始化后要按机床实际值进行修复（如主轴准停角度、主轴功能参数设定等）。

（5）系统断电再启动系统。

二、数控机床主轴位置和速度检测装置选择及参数设定

（一）主轴外接位置编码器

一般数控主轴常见反馈连接如图 9-9 所示。此结构适用在电动机与主轴不是直接连接（中间有变速机构），而且加工中心要求主轴位置的准确控制（如刚性攻丝、位置控制等）。

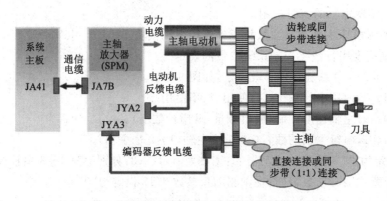

图 9-9 常用数控机床主轴外接反馈连接

连接机构中变速机构与反馈元件实物如图 9-10 所示。

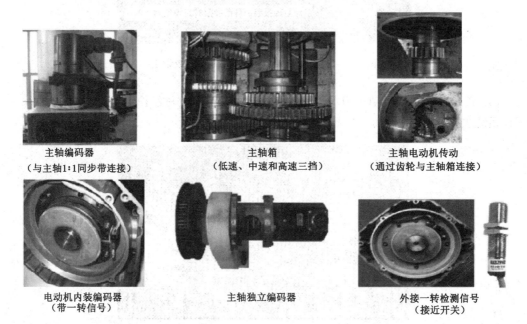

主轴编码器
（与主轴1:1同步带连接）

主轴箱
（低速、中速和高速三挡）

主轴电动机传动
（通过齿轮与主轴箱连接）

电动机内装编码器
（带一转信号）

主轴独立编码器

外接一转检测信号
（接近开关）

图 9-10 连接机构中变速机构与反馈元件实物

主轴外接主轴独立编码器实现主轴准停控制的系统参数设定见表 9-2。

表 9-2　　　　　主轴外接主轴独立编码器实现主轴准停控制的系统相关参数

OC/OD 系统	18/18i/0i 系统	设定值	说明
6500#0	4000#0	0/1	主轴和主轴电动机旋转方向相同/相反
6501#4	4001#4	0/1	主轴与编码器旋转方向相同/相反
6501#2	4002#1	1	使用主轴外接编码器为主轴位置反馈
6510#0	4010#0	0	电动机内装不带一转信号的传感器
6515#0	4015#0	1	主轴定向功能有效
6556—6559	4056—4059	实际设定	电动机与主轴各挡的齿轮比

（二）主轴电动机内装式传感控制装置

此类结构连接形式如图 9-11 所示。该形式适用在电动机与主轴直接（如电主轴）或同步带与主轴 1∶1 连接，各元件如图 9-12 所示，但主轴电动机内装传感器必须带一转信号检测能力。

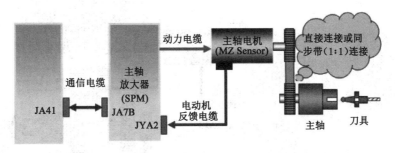

图 9-11　主轴电动机内装式传感控制装置连接

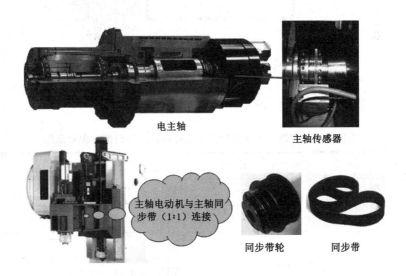

图 9-12　主轴电动机内装式传感控制装置各连接元件

主轴电动机内装传感器实现主轴准停控制的系统参数设定见表 9-3。

表 9-3　　　　　主轴电动机内装传感器实现主轴准停控制的系统部分参数设定

OC/OD 系统	18/18i/0i 系统	设定值	说明
6500♯0	4000♯0	0/1	主轴和主轴电动机旋转方向相同/相反
6502♯0	4002♯0	1	使用电动机内装传感器为主轴位置反馈
6510♯0	4010♯0	1	电动机内装带一转信号的传感器
6515♯0	4015♯0	1	主轴定向功能有效
6556	4056	100	电动机与主轴的齿轮比为 1∶1

（三）外接一转信号开关控制装置

此类结构连接形式如图 9-13 所示。该形式适用于电动机与主轴不是直接连接（中间有减速机构，如齿轮箱），加工中只是实现主轴定位准停（如换刀控制），不要求主轴位置的准确控制（如刚性攻丝）。

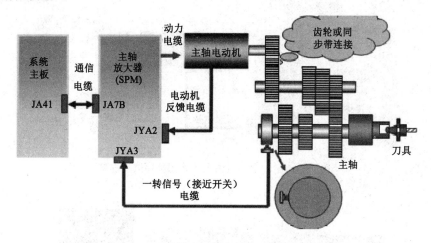

图 9-13　外接一转信号开关控制装置

主轴外接一转信号开关实现主轴准停控制的系统参数设定见表 9-4。

表 9-4　　　　　主轴外接一转信号开关实现主轴准停控制的系统部分参数设定

OC/OD 系统	18/18i/0i 系统	设定值	说明
6500#0	4000#0	0/1	主轴和主轴电动机旋转方向相同/相反
6502#0	4002#0	1	使用电动机内装传感器为主轴位置反馈
6504#2	4004#2	1	外接一转信号有效
6504#3	4004#3	0/1	接近开关为 NPN/PNP 类型
6510#0	4010#0	0	电动机内装不带一转信号的传感器
6515#0	4015#0	1	主轴定向功能有效
6556—6559	4056—4059	实际设定	电动机与主轴各挡的齿轮比

三、数控系统主轴速度控制方式及 PMC 控制的程序编制

（一）主轴速度控制方式

（1）自动运行方式：通过加工程序指令（M03/M04/M05）实现主轴正转、反转、停止的控制。

（2）手动控制方式：通过机床操作面板的正转、反转、停止及点动按键实现相应控制。

（二）PMC 控制信号

PMC 控制主轴相关信号参数见表 9-5。

表 9-5　　　　　　　　　　PMC 控制主轴相关输入输出信号参数

序号	PMC 输入： CNC→PMC	说明	序号	PMC 输出： PMC→CNC	说明
1	F45.0	主轴报警状态信号	1	G70.5	主轴正转控制信号
2	F45.1	主轴零速度状态信号	2	G70.4	主轴反转控制信号
3	F45.3	主轴速度达到信号	3	G30	主轴倍率信号
			4	G33.7	主轴速度 PMC 控制信号
			5	G29.6	主轴使能信号
			6	G29.4	主轴速度到达信号
			7	G71.1	主轴急停信号

（1）主轴自动控制速度倍率 PMC 控制程序如图 9-14 所示。

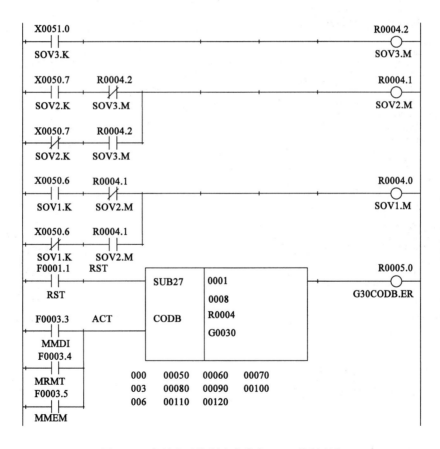

图 9-14　主轴自动控制速度倍率 PMC 控制程序

（2）主轴手动和自动正反转控制程序如图 9-15 所示。

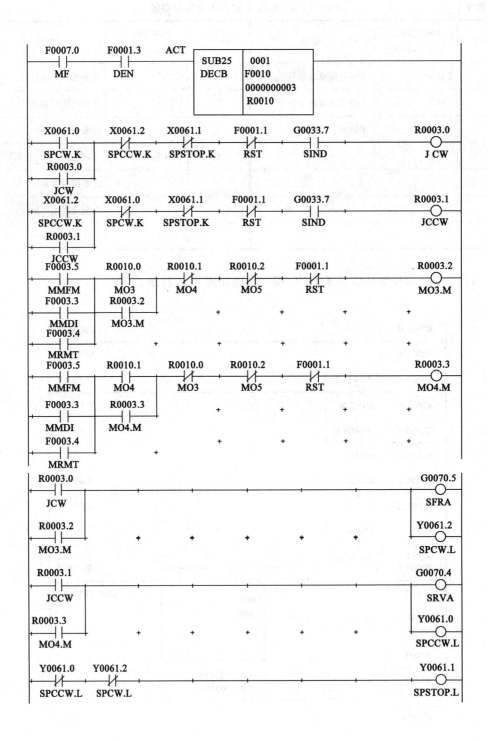

图 9-15　主轴手动和自动正反转控制程序

（3）主轴手动速度控制 PMC 控制程序如图 9-16 所示。

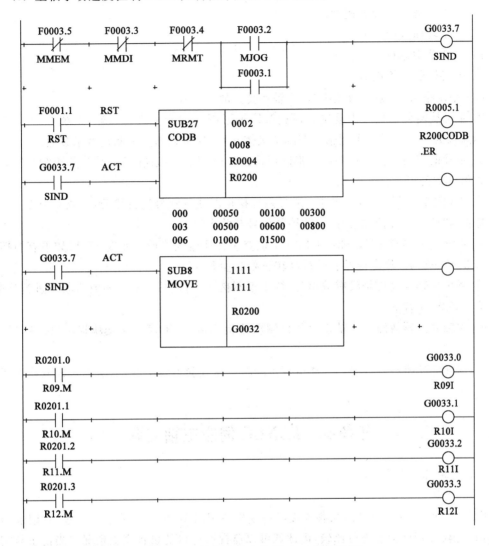

图 9-16　主轴手动速度控制 PMC 控制程序

（4）主轴速度控制使能及速度到达信号检测 PMC 控制程序如图 9-17 所示。

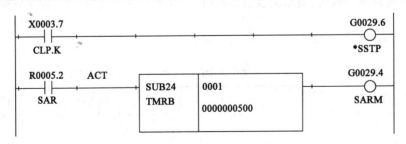

图 9-17　主轴速度控制使能及速度到达信号检测 PMC 控制程序

（5）主轴运行的必要参数。相关参数设定如下：

3741：主轴第一挡最高速度；

3736：主轴速度上限值；

1410：全轴空运行速度；

1430：各轴最大切削速度。

（6）系统报警、主轴模块就绪时，主轴不转的故障诊断。

① 主轴旋转使能信号未就绪。通过系统梯形图或诊断号进行诊断：系统 G29.6（正常为"1"）如果为"0"，通过梯形图信号跟踪法具体判别，如主轴刀具夹紧信号未接通。

② 主轴倍率为零。通过系统梯形图或诊断号进行诊断：系统 G30 信号是否为"0"，如是则机床倍率开关损坏。

③ 主轴正转/反转信号未接通。通过系统梯形图或诊断号进行诊断：系统 G70.4 /G70.5 信号是否为"1"，如是则万能转换主轴锁紧信号开关未接通。

④ 系统主轴参数 3741—3743、3736。检查主轴低速挡位最高速度 3741（如果有换挡还要检查 3742—3743）设定值及主轴最高转速限制参数 3736。

⑤ 系统主轴速度信号没有输出（系统主板不良）。通过系统梯形图或诊断号进行诊断：系统为 F36.0—F37.3

⑥ 主轴放大器故障。主轴模块的控制电路板不良；主轴模块逆变块损坏（励磁时没有输出）。

⑦ 主轴电动机本身故障。电动机定子绕组断相或动力线不良；电动机与放大器连接的相序不符。

任务四　FANUC 伺服主轴装调

一、主轴信息设置

（一）主轴信息画面

CNC 首次启动时，自动地从各连接设备读出并记录 ID 信息。从下一次起，对记录的信息和当前读出的 ID 信息进行比较，由此就可以监视所连接的设备变更情况。当记录与实际情况不一致时，显示出表示警告标记（＊）。

可以对存储的 ID 信息进行编辑。由此，就可以显示不具备 ID 信息的设备的 ID 信息。但是，与实际情况不一致时，显示出表示警告的标记（＊）。伺服轴驱动与此主轴部分处理方式相同。

1. 参数设置

	#7	#6	#5	#4	#3	#2	#1	#0
13112						SP1		IDW

#0 是否禁止对伺服或主轴的信息画面进行编辑（0：禁止；1：允许）；

#2 是否显示主轴信息画面（0：予以显示；1：不予显示）。

2. 显示主轴信息

（1）按下功能键【SYSTEM】，再按下【系统】软键。

（2）按下【主轴】软键，显示如图 9-18 所示画面。

说明：主轴信息保存在 Flash-Rom 中，要擦除"＊"标记，按下列步骤更新：设置参数 IDW（No.13112♯0＝1）；在编辑画面，将光标移动到希望擦除项，软键【读取 ID】→【输入】→【保存】操作。

3. 信息画面的编辑

（1）设定参数 IDW（No.13112♯0）＝1。

（2）按下机床操作面板上的 MDI 开关。

（3）按照"显示主轴信息画面"的步骤显示如图 9-19 所示画面，操作见表 9-6。

图 9-18　主轴信息　　　　　　　　　图 9-19　主轴信息画面的编辑

（4）用光标键上下移动画面上的光标。

表 9-6　　　　　　　　　　　　　主轴信息画面的编辑操作

方式	按键操作	说明
IDW （No.13112♯0）＝0	翻页键	上下滚动画面
编辑方式： 参数 IDW＝1 的情况	［输入］	将所选中的光标位置的 ID 信息改变为键入缓冲区上的字符串
	［取消］	擦除键入缓冲区的字符串
	［读取 ID］	将所选中的光标位置的连接设备所具有的 ID 信息传输到键入缓冲区。只有左侧显示"＊"的项目有效
	［保存］	将在主轴信息画面上改变的 ID 信息保存在 FLASH-ROM 中
	［重装］	取消在主轴信息画面上改变的 ID 信息，由 FLASH-ROM 重新加载
	翻页键	上下滚动画面
	光标键	上下滚动 ID 信息选项

注：所显示的 ID 信息与实际 ID 信息不一致的项目，在下列项目的左侧显示。

（二）主轴设定调整

（1）显示确认参数的设定。

3111	#7	#6	#5	#4	#3	#2	#1	#0
							SPS	

#1 SPS 是否显示主轴调整画面(0:不予显示;1:予以显示)。

(2) 按功能键【SYSTEM】键,出现参数等的画面。

(3) 按下继续菜单扩展键。

(4) 按下软键【主轴设定】时,出现主轴设定调整画面。

(5) 通过软键选择【SP 设定】主轴设定、【SP 调整】主轴调整、【SP 监测】主轴监控器等画面。

(6) 可以选择通过翻页键显示的主轴(仅限连接有多个串行主轴的情形)。

(三) 标准参数的自动设定

可以自动设定有关电动机的(每一种型号)标准参数。

(1) 在紧急停止状态下将电源置于 ON。

(2) 将参数 LDSP(No.4019#7)设定为"1"。

4019	#7	#6	#5	#4	#3	#2	#1	#0
	LDSP							

#7　LDSP 是否进行串行接口主轴的参数自动设定。

0:不进行自动设定;1:进行自动设定;3:设定电动机型号。

二、常见主轴故障报警处理方式

(1) 704 号报警(主轴速度波动检测报警)的处理:因负载引起主轴速度变化异常时出现此报警。处理负载。

(2) 749 号报警(串行主轴通信错误)的处理:主板和串行主轴间电缆连接不良的原因可能有以下几点:① 存储器或主轴模块不良;② 主板和主轴放大器模块间电缆断线或松开;③ 主轴放大器模块不良。

说明:参数 No.4911:视为到达主轴指令转速的转速比率;参数 No.4912:视为主轴速度波动检测不报警的主轴波动率;参数 No.4913:视为主轴速度波动检测不报警的主轴波动转速;参数 No.4914:指令转速变化后到开始检测主轴速度波动以前的时间。

(3) 750 号报警(主轴串行链启动不良)的处理:在使用串行主轴的系统中,通电时主轴放大器没有达到正常的启动状态时,发生此报警。本报警不是在系统(含主轴控制单元)已启动后发生的,肯定是在电源接通且系统启动之前发生的。

① 串行主轴电缆(JA7A—JA7B)接触不良,或主轴放大器的电源关断。

② 主轴放大器显示器的显示不是 SU-01 或 AL-24 的报警状态,CNC 电源已接通时,主要是在串行主轴运转期间,CNC 电源关断时发生此报警。关掉主轴放大器的电源后,再启动。

③ 上述①、②状态时使用了第二主轴并按如下方式设定了参数 NO.3701#4=1,连接了两个串行主轴。

故障内容的详细检查如下:用诊断号 0409,确认故障的详细内容。

诊断号	#7	#6	#5	#4	#3	#2	#1	#0
0409					SPE	S2E	S1E	SHE

SPE：

0：在主轴串行控制中，串行主轴参数满足主轴放大器的启动条件。

1：在主轴串行控制中，串行主轴参数不满足主轴放大器的启动条件。

S2E：

0：在主轴串行控制启动中，第二主轴正常。

1：在主轴串行控制启动中，第二主轴检测出异常。

任务五　主轴准停装置的装调与维修

主轴准停功能又称主轴定位功能，即当主轴停止时，控制其停于固定的位置，这是加工中心上自动换刀（刀柄上的键槽对准主轴的端面槽）必须具备的功能（图9-20）。当加工阶梯孔或精镗孔后退刀时，为防止刀具与小阶梯孔碰撞或拉毛已精加工的孔表面，必须先让刀，后再退刀，而要让刀，刀具必须具有准停功能（准确定位功能）。主轴准停可采用机械准停与电气准停，它们的控制过程是一样的（图9-21）。

主轴端面键　　　　刀柄键槽　　　　机械手手臂

图9-20　加工中心自动换刀主轴定位

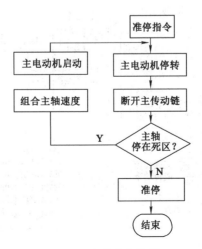

图9-21　主轴准停控制

一、数控主轴准停方式

（一）机械准停

图 9-22 所示是 V 形槽轮定位盘准停机构示意图。当执行准停指令时，首先发出降速信号，主轴箱自动改变传动路线，使主轴以设定的低速运转。延时数秒后，接通无触点开关，当定位盘上的感应片（接近体）对准无触点开关时，发出准停信号，立即使主轴电动机停转并断开主轴传动链，此时主轴电动机与主传动件依惯性继续空转。再经短暂延时，接通压力油，定位液压缸动作，活塞带动定位滚子压紧定位盘的外表面，当主轴带动定位盘慢速旋转至 V 形槽对准定位滚子时，滚子进入槽内，使主轴准确停止。同时限位开关 LS2 信号有效，表明主轴准停动作完成。这里 LS1 为准停释放信号。采用这种准停方式时，必须要有一定的逻辑互锁，即当 LS2 信号有效后，才能进行换刀等操作；而只有当 LS1 信号有效后，才能启动主轴电动机正常运转。

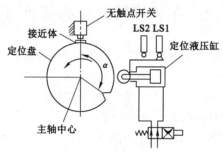

图 9-22　V 形槽轮定位盘准停机构示意图

（二）电气准停控制

目前国内外中高档数控系统均采用电气准停控制，电气准停有如下三种方式。

1. 磁传感器主轴准停

磁传感器主轴准停控制由主轴驱动自身完成。当执行指令时，数控系统只需发出准停信号 ORT，主轴驱动完成准停后会向数控系统回答完成信号 ORE，然后数控系统再进行下面的工作。其基本结构如图 9-23 所示。

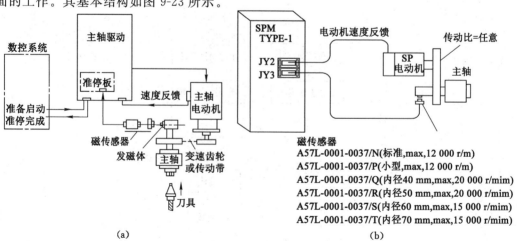

图 9-23　磁传感器准停控制系统基本结构

（a）原理图；（b）M 传感器-主轴定向的连接图

　　由于采用了磁传感器,故应避免将产生磁场的元器件如电磁线圈、电磁阀等与发磁体和磁传感器安装在一起,另外发磁体(通常安装在主轴旋转部件上)与磁传感器(固定不动)的安装是有严格要求的,应按说明书要求的精度安装。

　　采用磁传感器准停时,接收到数控系统发来的准停信号 ORT,主轴立即加速或减速至某一准停速度(可在主轴驱动装置中设定)。主轴到达准停速度且准停位置到达时(即发磁体与磁传感器对准),主轴即减速至某一爬行速度(可在主轴驱动装置中设定)。当磁传感器信号出现时,主轴驱动立即进入磁传感器作为反馈元件的闭环控制,目标位置即为准停位置。准停完成后,主轴驱动装置输出准停完成信号 ORE 给数控系统,从而可进行自动换刀(ATC)或其他动作。发磁体与磁传感器在主轴上的位置示意如图 9-24 所示,在主轴上的安装位置如图 9-25所示,准停控制时序如图 9-26 所示。发磁体安装在主轴后端,磁传感器安装在主轴箱上,其安装位置决定了主轴的准停点,发磁体和磁传感器之间的间隙为(1.5±0.5)mm。

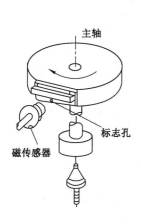

图 9-24　发磁体与传感器在主轴上的位置

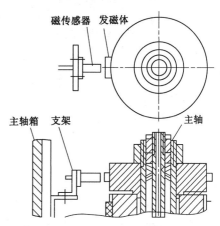

图 9-25　磁性传感器主轴准停装置

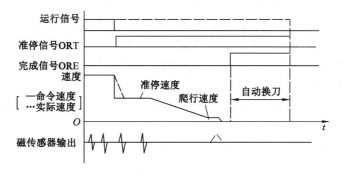

图 9-26　磁传感器准停控制时序

　　2.编码器主轴准停

　　这种准停控制也是完全由主轴驱动完成的,CNC 只需发出准停信号 ORT 即可,主轴驱动完成准停后回答准停完成信号 ORE。

　　编码器主轴准停控制结构可采用主轴电动机内置安装的编码器信号(来自主轴驱动装置,如 M 传感器),也可在主轴上直接安装另一个编码器。采用前一种方式要注意传动链对主轴准停精度的影响。主轴驱动装置内部可自动转换,使主轴驱动处于速度控制或位置控制状态。采用编码器准停,准停角度可由外部开关量随意设定,这一点与磁传感器准停不同,磁传感器准停的角度无法随意指定,要想调整准停位置,只有调整发磁体与磁传感器的相对位置。编码器准停控制时序与磁传感器类似。

BZ 传感器是装在机床主轴上的传感器,除了与 M 传感器一样的 A、B 相之外,内部还有 Z 相(1 转信号)第三种信号,除主轴的速度、位置以外,还可检测主轴的固定位置,如图 9-27 所示。另外,当使用内装主轴电动机时,还可当作其他传感器使用。

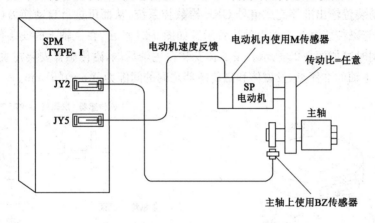

图 9-27　BZ 传感器在主轴准停上的应用

3. 数控系统控制准停

这种准停控制方式是由数控系统完成的,采用这种准停控制方式需注意如下问题:

(1)数控系统须具有主轴闭环控制的功能。

(2)主轴驱动装置应有进入伺服状态的功能。通常为避免冲击,主轴驱动都具有软启动等功能,但这对主轴位置闭环控制会产生不利影响。此时位置增益过低则准停精度和刚度(克服外界扰动的能力)不能满足要求,而过高则会产生严重的定位振荡现象。因此,必须使主轴驱动进入伺服状态,此时特性与进给伺服装置相近,才可进行位置控制。

(3)通常为方便起见,均采用电动机轴端编码器信号反馈给数控系统,这时主轴传动链精度可能对准停精度产生影响。

采用数控系统控制主轴准停的角度由数控系统内部设定,因此准停角度可更方便地设定。

(4)无论采用何种准停方案(特别对磁传感器主轴准停方式),当需在主轴上安装元件时,应注意动平衡问题。因为数控机床主轴精度很高,转速也很高,因此对动平衡要求严格。一般对中速以下的主轴来说,有一点不平衡还不至于有太大的问题,但当主轴高速旋转时,这一不平衡量可能会引起主轴振动。为适应主轴高速化的需要,国外已开发出整环式磁传感器主轴准停装置,由于发磁体是整环,动平衡性好。

二、主轴准停的连接与参数设置

(一)外部接近开关与放大器的连接

(1)PNP 型与 NPN 型接近开关的连接方法如图 9-28、图 9-29 所示。

(2)两线 NPN 型接近开关的连接方法如图 9-30 所示。

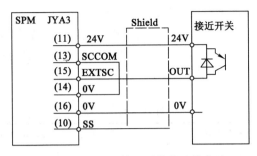

图 9-28　PNP 型接近开关的连接方法

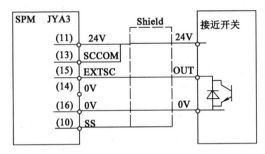

图 9-29　NPN 型接近开关的连接方法

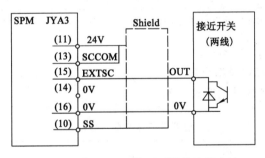

图 9-30　两线 NPN 型接近开关的连接方法

（二）相关主轴定向控制参数设定

主轴定向控制参数设定见表 9-7。

表 9-7　　　　　　　　　　　　　　　　主轴定向控制参数

参数号	设定值	备注
4000♯0	0/1	主轴和电动机的旋转方向相同/相反
4002♯3,2,1,0	0,0,0,1	使用电动机的传感器进行位置反馈
4004♯2	1	使用外部一转信号
4004♯3	根据表 9-8 设定	外部开关信号类型
4010♯2,1,0	0,0	设定电动机传感器类型
4015♯0	1	定向有效
4011♯2,1,0	初始化自动设定	电动机传感器齿数
4056～4059	根据具体配置	电动机和主轴的齿轮比(增益计算用)
4171～4174	根据具体配置	电动机和主轴的齿轮比(位置脉冲计算用)

（三）外部开关类型参数的设定（对于 αi/βi 放大器）

外部开关类型参数的设定（对于 αi/βi 放大器）见表 9-8。在实际调试中由于只有 0/1 两种设定情况，可以分别设定 0/1 试验一下。外部开关检测方式尽量使用凸起结构，如果使用凹槽，则开口不能太大。

表 9-8 外部开关类型参数

开关	检测方式		开关类型	SCCOM 接法（13 脚）	设定值
二线				24 V（11 脚）	0
三线	凸起	常开	NPN	0 V（14 脚）	0
			PNP	24 V（11 脚）	1
		常闭	NPN	0 V（14 脚）	1
			PNP	24 V（11 脚）	0
	凹槽	常开	NPN	0 V（14 脚）	0
			PNP	24 V（11 脚）	1
		常闭	NPN	0 V（14 脚）	1
			PNP	24 V（11 脚）	0

注：对于主轴电动机和主轴之间不是 1∶1 的情况，一定要正确设计齿轮传动比（参数 4056～4059 和 4171～4174），否则会定位不准。

（四）位置编码器定向参数设定

位置编码器定向参数设定见表 9-9。

表 9-9 位置编码器定向参数设定

参数号	设定值	备注
4000♯0	0/1	主轴和电动机的旋转方向相同/相反
4001♯4	0/1	主轴和编码器的旋转方向相同/相反
4002♯3,2,1,0	0,0,1,0	使用主轴位置编码器做位置反馈
4003♯7,6,5,4	0,0,0,0	主轴的齿数
4010♯2,1,0	取决于电动机	设定电动机传感器类型
4011♯2,1,0	初始化自动设定	电动机传感器齿数
4015♯0	1	定向有效
4056～4059	根据具体配置	电动机和主轴的齿轮传动比（增益计算用）

5. 使用主轴电动机内直传感器参数设定

使用主轴电动机内直传感器参数设定见表 9-10。

表 9-10　　　　　　　　　　　　　主轴电动机内置传感器参数设定

参数号	设定值	备注
4000♯0	0	主轴和电动机的旋转方向相同
4002♯3,2,1,0	0,0,0,1	使用主轴位置编码器做位置反馈
4003♯7,6,5,4	0,0,0,0	主轴的齿数
4010♯2,1,0	0,0,1	设定电动机传感器类型
4011♯2,1,0	初始化自动设定	电动机传感器齿数
4015♯	1	定向有效
4056～4059	100 或 1000	电动机和主轴的齿轮传动比

三、主轴定向准停的 PMC 编制、调整及故障诊断

数控系统接收到自动准停命令 M19 或手动准停信号（面板主轴电动定向开关），主轴按规定的方向和速度（方向、速度均由系统参数设定）旋转，当检测到主轴一转信号后，主轴旋转一个固定角度（定向偏移角度，参数设定）停止，此时主轴放大器输出为直流电（通常为电动机额定电压的 30%—60%）。

主轴定向功能参数 No.8135♯4＝（0:有效,1:无效）

主轴定向使能参数 No.4015♯0＝（0:无效,1:有效）

（一）主轴定向准停 PMC 编制

（1）系统主轴定向指令程序如图 9-31 所示。

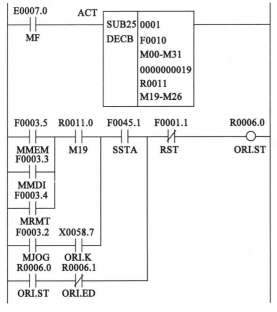

F7.0(MF):系统M代码选通信号
F10-F13(M00-M31):系统M代码输出信号
F3.5(MMEM):系统在MEM（存储加工）状态时为1
F3.3(MMDI):系统在MDI（手动数据输入）状态时为1
F3.4(MRMT):系统在RMT（远程在线）状态时为1
F3.2(MJOG):系统在JOG（手动）状态时为1
R11.0(M19):定向准停命令M19
X58.7(ORI.K):机床面板定向准停开关
F45.1(SSTA):主轴速度零速信号
F1.1(RST):系统复位信号
R6.0(ORI.ST):主轴定向开始执行指令
R6.1(ORI.ED):主轴定向准停结束指令

图 9-31　系统主轴定向指令程序

（2）系统主轴定向结束指令程序如图 9-32 所示。

（3）系统主轴定向控制功能、完成及报警程序如图 9-33 所示。

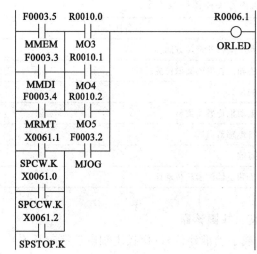

图 9-32　系统主轴定向结束指令程序

R10.0(MO3):系统执行MO3指令
R10.1(MO4):系统执行MO 4 指令
R10.2(MO5):系统执行MO 5 指令
X61.1(SPCW.K):机床面板主轴正转开关
X61.0(SPSTOP.K):机床面板主轴停止开关
X61.2(SPCCW.K):机床面板主轴反转开关

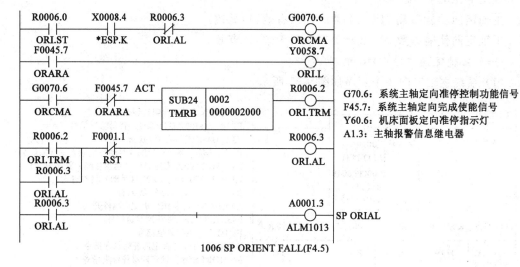

G70.6：系统主轴定向准停控制功能信号
F45.7：系统主轴定向完成使能信号
Y60.6：机床面板定向准停指示灯
A1.3：主轴报警信息继电器

图 9-33　系统主轴定向控制功能、完成及报警程序

（二）主轴定向准停调试

1. 主轴准停位置的调整
主轴准停位置的调整如图 9-34 所示。

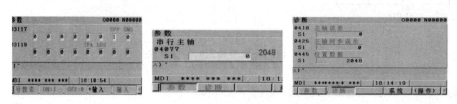

图 9-34　主轴准停位置的调整

（1）设定参数 No.3117♯1＝1（3177♯1，串行主轴的情况下，主轴位置跟踪功能是否有效），定向位置参数 No.4077 清零；

（2）执行 M19 定向，系统复位，手动调整位置至所要求的位置；

（3）观察诊断号 445（第一主轴位置反馈），设定其到 No.4077 即可。

2. 定向时的旋转方向

系统参数 No.4003♯3♯2＝（00：基于主轴前次旋转方向，通电第一次为 CCW；01：基于主轴前次旋转方向，通电第一次为 CW；10：旋转方向为 CCW；11：旋转方向为 CW）。

注意：外接编码器、电动机内装传感器时，通常设定为"00"；如果采用外接接近开关控制时，保证一转信号稳定性，通常设定为"10"或"11"。

3. 主轴定向的速度

CNC 控制 FANUC 0i，系统 3732、G29.6 设为"0"，G29.5 设为"1"。

行主轴 FANUC 0i，系统 4038（设定范围 200～500 r/min，设定"0"时默认 200）。

系统 PMC 控制 G33.7，具体速度为 G78.0—G79.3。

（三）主轴定向准停控制常见故障诊断

1. 主轴不能执行定向准停的故障维修

通常故障现象：执行定向准停控制时出现报警或系统没反应。

（1）主轴模块出现报警或错误信息代码：据主轴模块报警代码和错误信息代码进行故障诊断。

（2）系统主轴定向执行信号为使能：通过梯形图查看主轴准停信号 G70.6 为"1"及 M19 执行条件。

（3）主轴定向控制装置与系统参数设定不一致：根据机床主轴检测装置检查系统参数设定是否与实际检测装置相一致。

（4）主轴准停装置不良或主轴定向使能功能参数关闭：检查主轴检测装置或系统定向功能参数 4015♯0 是否为"1"。

（5）主轴放大器控制电路板不良：更换主轴模块电路板。

（6）系统主板不良：系统主轴控制元件不良（主轴参数初始化）或更换系统主板。

2. 主轴定向准停不能完成的故障维修

通常故障现象：执行定向准停控制时，主轴一直低速运行或出现超时报警。原因是系统没有得到主轴一转信号。

（1）主轴定向控制装置与系统参数设定不一致：检查主轴检测装置与系统参数设定是否一致，尤其一转信号参数。

（2）主轴定向装置一转信号故障：检查有无一转开关位置不当、开关损坏、接线断线等。

（3）主轴模块控制电路板故障：为模块接口故障或控制电路板不良，更换电路板判别。

（4）系统主板不良：进行系统参数初始化；系统主轴控制软件不良及更换系统主板。

3. 主轴准停角度出现偏差（固定偏差或随机偏差）

固定偏差：重新调整主轴准停角度。

随机偏差：

（1）主轴机械故障：如主轴电动机与主轴连接松动；主轴轴承不良导致主轴定位精度下降。

（2）主轴位置检测装置与机械连接不良：如主轴编码器连接皮带过松或有油；一转开关松动等。

（3）检测装置不良或一转信号受到干扰：如主轴检测装置信号线与动力线捆绑在一个线槽中；接近开关没有采用三线开关等。

（4）主轴参数不良：如主轴定向速度参数 4038 设定过高或过低，主轴定向电压参数 4084 设定过低及带主轴齿轮传动时主轴定向方向参数 40003♯3、♯2 与主轴之前运行方向相反；主轴参数错误或不良（主轴参数初始化操作）。

（5）主轴模块控制电路板不良：更换主轴模块控制电路板。

（6）系统主板不良：更换系统主板。

（四）主轴准停装置维护

对于主轴准停装置的维护，主要包括以下几个方面：

（1）经常检查插件和电缆有无损坏，使它们保持接触良好。

（2）保持磁传感器上的固定螺栓和连接器上的螺钉紧固。

（3）保持编码器上连接套的螺钉紧固，保证编码器连接套与主轴连接部分的合理间隙。

（4）保证传感器的合理安装位置。

模块十　进给伺服系统故障诊断

任务一　数控机床伺服系统

数控机床的 CNC 单元发出数字指令,数字信号不能直接驱动电动机,必须经过伺服系统的处理、放大,发出具备一定功率的电能,才能驱动电动机按照指令给定的速度和路线运动。

一、伺服系统按驱动元件分类

按驱动元件不同,伺服系统(图 10-1)可分为步进电动机驱动系统、直流伺服驱动系统和交流伺服驱动系统。交流伺服驱动系统是当前主流产品,本书仅讨论交流伺服驱动,交流伺服驱动中的执行元件有异步感应电动机和同步电动机两种。两种电动机适用于不同场合,异步感应电动机输出功率的特点是:在额定速度范围内恒功率输出。由于刀具切削时需要稳定的功率输出,所以异步感应电动机常用于数控机床主轴驱动。同步电动机的转子采用永磁体,具有低速大扭矩和高精度同步旋转的特性,同步电动机适用于进给运动的伺服驱动。

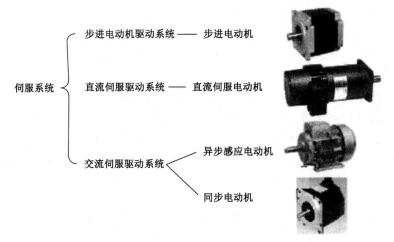

图 10-1　伺服系统按驱动元件分类

一般主轴电动机规格以功率标注,而伺服电动机规格则以扭矩标注。

例如 FANUC α 系列主轴电动机标牌为 $\alpha 22$ 或 $\alpha i 22$,表明该主轴电动机功率为 22 kW。而 FANUC α 系列伺服电动机标牌为 $\alpha 22$ 或 $\alpha i 22$,则表明该伺服电动机扭矩为 22 N·m。

例如,FANUC$\alpha i 22/3000$(额定扭矩 22 N·m,最高转速 3 000 r/min)的伺服电动机通过 $N = 9\ 550\ P/n$(N 为扭矩,N·m;P 为功率,kW;n 为转速,r/min)换算,在最高转速

3 000 r/min 时,输出功率约为 6.9 kW;在 1 000 r/min 工作时,输出功率约为 2.3 kW。

二、伺服系统的控制方式

按控制系统有无反馈环节把伺服控制方式分为三种。

(一)开环伺服系统

没有反馈环节,典型的开环控制系统以步进电动机为驱动元件,系统简单,调试维修方便,工作稳定,成本较低。多用于经济型数控机床。

(二)半闭环伺服系统

具有反馈环节的控制系统,把机床运动部件的转角作为反馈量的系统称为半闭环系统。测量转角的传感器常使用旋转脉冲编码器。旋转脉冲编码器可安装在工作台丝杠的端部。

有的伺服电动机本身配有内置编码器,FANUC αi 系列伺服电动机配有内置高分辨率编码器。该编码器输出的反馈信息包括电动机的转动位置、速度及格雷码,数据以串行方式输出到伺服模块及 CNC 系统中,信号传递如图 10-2 所示。

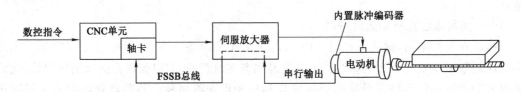

图 10-2　FANUC αi 系统伺服电动机内置编码器反馈信号传递

半闭环系统调试方便,稳定性好,精度较高,性价比高。数控机床多采用半闭环控制方式。由于半闭环系统反馈信号中不包括被检测轴之后的传动链误差,如滚珠丝杠及丝杠轴承误差等,所以系统不能控制这部分误差,从而影响系统的精度。

(三)全闭环伺服系统

当半闭环系统不能够满足机床控制精度时,需要采用反馈直线运动误差的反馈装置,测量直线运动误差的传感器有光栅尺、磁尺等。

全闭环伺服系统以工作台的直线运动位移作为反馈量,装备有位置控制模块。全闭环系统速度反馈信号来自伺服电动机的内装编码器信号,而位置反馈信号来自直线测量元件,例如采用直线光栅尺。光栅尺安装在机床移动工作台上。全闭环可以监控到机床工作台或刀具的最终运动精度,所以对于精密加工、大型龙门铣床、数控镗铣床等常采用全闭环系统。

任务二　数字式伺服参数初始化设定与参数调整

一、通过调整参数屏蔽伺服轴

(一)调整参数用途

维修时有时需要修改某参数,如在发生全闭环振荡时调整伺服参数 1825♯(位置环增益)非常有效。机床出现 410♯、411♯等误差过大报警时,需要修改 No.1826♯～1829♯(到位宽度)伺服参数。为诊断故障,在维修中如果希望屏蔽某一个轴,可以通过参数设置来抑制轴的指令输出。

（二）屏蔽伺服轴参数调整

伺服模块组中有任何一个单元出现故障报警,均会引起所有单元"VRDY OFF"(停止伺服准备),使所有伺服轴停止工作,难以判断有故障的轴。这时可以将某个轴"屏蔽",也就是数控系统不向该伺服放大器发指令,同时也不读这个轴的反馈数据,即便这个轴有故障,也把这个轴的信号"屏蔽掉",让其他伺服放大器可以运行(VRDY置1),使其他轴正常工作,从而筛选出故障轴。通过调整以下参数可以实现屏蔽伺服轴。

方法1:忽略伺服上电顺序(#1800参数),屏蔽轴数据传输(#2009),操作如下。

(1) 为避免产生报警,使参数1800的CVR=1,忽略上电顺序。

(2) 屏蔽轴数据传输,使参数2009的DUMP=1,轴抑制参数设定有效。

	#7	#6	#5	#4	#3	#2	#1	#0
1800							CVR	

#1位(CVR):在位置控制就绪信号PRDY接通之前,速度控制信号VRDY先接通时(0:出现伺服报警;1:不出现伺服报警)。

	#7	#6	#5	#4	#3	#2	#1	#0
2009								DUMY

#0位(DUMY):轴抑制参数(0:轴抑制无效;1:轴抑制有效)。

方法2:CNC侧将数控通道封闭,并忽略上电顺序,操作如下。

(1) 在参数1023中写入各控制轴对应的轴号。

(2) 为避免产生报警,使参数1800的CVR=1,忽略上电顺序。

(3) 屏蔽轴数据传输,使参数2009的DUMP=1,轴抑制参数设为有效。

1023		各轴的伺服轴号

1023参数数据范围:1,2,3,…(控制轴数)。该参数设定各控制轴为对应的第几号伺服轴。

二、发生误差过大报警时的相关参数

当伺服轴误差过大时会出现411#、421#、410#、420#报警,所谓误差"过大",是指实际运动误差(机床指令完成后,指令位置值与刀具位置反馈值的差值)大于相关参数的设定值。

（一）存放允许误差值的相关参数(1826、1827、1828)

各轴到位宽度:1826参数数据范围:0～32767。该参数设定各轴的到位宽度(即定位允许的误差值)。

1826		各轴到位宽度

机床定位的位置实际误差指实际位置(位置反馈值)与指令位置的差(取绝对值)。当位置实际误差小于到位宽度,机床处于到位状态。

1827		各轴切削进给的到位宽度

1827 参数数据范围:0～327670。该参数设定各轴切削进给时的到位宽度(即切削进给时允许的误差值)。

机床执行 G01/G02/G03 等切削指令时,指令位置与刀具位置(反馈位置)允许的差值。本参数在参数 No.1801♯4(CCI)为 1 时有效。

1828		各轴移动中允许的最大误差

1828 参数数据范围:0～99999999。该参数设定各伺服轴在移动过程中,指令值和刀具实际位移(反馈数据)的最大允差值。机床移动中当刀具位置(实际位置反馈值)与指令位置的差值超过 1828 时设定的允差值,发生伺服 411♯、421♯、…、4n1♯报警,并立刻停止运行(即 MCC 信号 OFF)。

(二)监控刀具位置实际值

通过伺服诊断屏面【SV.TUN】,可以观察到刀具位置的实际值。显示伺服诊断屏面【SV.TUN】的操作如下。

首先在紧急停止状态下,接通电源。然后按下述顺序操作。

(1)依次按键:功能键【SYSTEM】→菜单继续扩展键→软键【SV.PARA】。显示伺服参数设定屏面。

(2)按软键【SV.TUN】,选择伺服调整屏面,如图 10-3 所示。

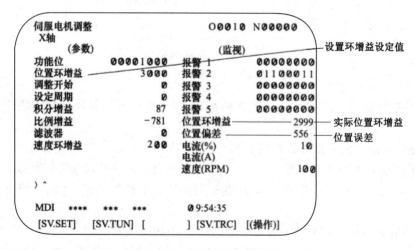

图 10-3 伺服单元调整屏面

在屏面上条目"位置偏差"为实际偏差值,单位 μm。

任务三　进给驱动系统的装调与维修

进给驱动系统是用于数控机床工作台坐标或刀架坐标的控制系统,控制机床各坐标轴的切削进给运动,并提供切削过程所需的力矩,选用时主要看其力矩大小、调速范围大小、调节精度高低、动态响应的快速性。进给驱动系统一般包括速度控制环和位置控制环。

一、步进驱动的装调与维修

步进驱动系统结构简单、控制容易、维修方便。随着计算机技术的发展,除功率驱动电路之外,其他部分均可由软件实现,从而进一步简化结构。因此,这类系统目前仍有相当大的市场。目前步进电动机仅用于小容量、低速、精度要求不高的场合,如经济型数控机床、打印机、绘图机等计算机的外部设备。

STEPDRIVE C/C+系列步进驱动器是 SIEMENS 公司为配套经济型数控车床、铣床等产品而开发的开环步进驱动器。它可以与该公司生产的采用步进驱动器的 802S 系列(包括 802S、802Se、802SBaseline)CNC 配套,以组成经济型数控系统。

二、步进驱动器的连接

STEPDRIVEC 与 STEPDRIVEC+步进驱动器的连接十分简单,只需要连接电源、脉冲指令电缆(包括使能信号)、电动机动力电缆与简单的准备好信号即可。

（一）连接电缆准备

STEPDRIVE C/C+系列驱动器的连接电缆主要包括以下部分:

(1)脉冲指令与"使能"信号连接电缆。用于连接 CNC 输出的脉冲、方向指令与"使能"信号等,最大允许长度为 50 m。连接电缆如图 10-4 所示。

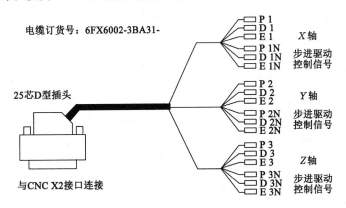

图 10-4　脉冲指令与"使能"信号连接电缆

(2)电动机动力电缆。用于连接步进电动机的五相电源,最大允许长度为 15 m。

（二）电源的连接

STEPDRIVE C/C+步进驱动器要求的额定输入电源为单相 AC 85 V、50 Hz,允许电压波动范围为±10%。必须使用驱动电源变压器。在驱动器中,电源的连接端为图 10-5 中的 L、N、PE 端。

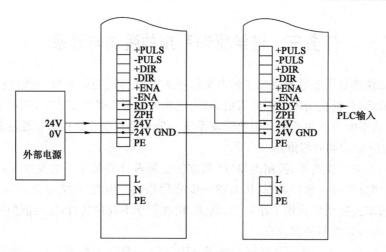

图 10-5 "准备好"信号连接图

（三）指令与使能信号的连接

步进驱动器的指令脉冲（＋PULS/－PULS）、方向（＋DIR/－DIR）与"使能"（＋ENA/－ENA）信号从控制端连接器输入，以上信号一般直接使用来自 CNC 的输出信号。

＋PULS/－PULS：指令脉冲输出，上升沿生效。每一脉冲输出控制电动机运动（0.36度）。

＋DIR/－DIR：电动机旋转方向。"0"为顺时针，"1"为逆时针。

＋ENA/－ENA：驱动器使能信号"0"为驱动器禁止，禁止时电动机无保持力矩；"1"为驱动器使能。

以上所有信号在 CNC 内部均有短路与过载保护措施。

（四）"准备好"信号的连接

STEPDRIVE C/C＋系列驱动器的"准备好"信号输出通常使用 24 V 电源，信号电源需要外部电源提供。对应端子的作用与意义如下。

24 V/24 VGND：驱动器的"准备好"信号外部电源输入。

RDY：驱动器的"准备好"信号输出。当使用多轴驱动时，根据 SIEMENS 系统的习惯使用方法，此信号一般情况下串联使用，即将第一轴的 RDY 输出作为第二轴的"＋24 V"输入，3 轴时再把第二轴的 RDY 输出作为第三轴的"＋24 V"输入，依次类推，并从最后的轴输出 RDY 信号，如图 10-5 所示，作为 PLC 的输入信号。

（五）电动机的连接

STEPDRIVE C/C＋系列驱动器的电动机连接非常简单，只需要直接将驱动器上的 A＋～E－与电动机的对应端连接即可。

三、步进驱动器的调整与维修

由于 STEPDRIVE C/C＋系列驱动器实质上相当于一只能对输入脉冲进行环形分配与功率放大的控制器，原理上与普通步进驱动器无本质区别，因此，在调整与维修上较简单。STEPDRIVE C/C＋步进驱动器的调整：STEPDRIVE C/C＋步进驱动器在正面设有 4 只调整开关，开关作用分别如下。

（1）调整开关 CURR1/CURR2。用于驱动器输出相电流的设定，通过设定，使得驱动器与各种规格的电动机相匹配。

（2）调整开关 RES。通常无定义。

（3）调整开关 DIR。用于改变电动机的转向，当电动机转向与要求不一致时，要将此开关在 ON 与 OFF 间进行转换，即可改变电动机的旋转方向。DIR 开关的调整，必须在切断驱动器电源的前提下进行。

任务四　交流进给驱动控制技术与维修

本任务为说明清晰采用 NXK8045 数控铣床为例，其具有 X 轴、Y 轴及 Z 轴，运动轴的伺服电动机均采用 FANUC 公司性价比高的 βi S 系列伺服电动机，其具体规格为 βi S12/3000，主轴采用 βi 系列伺服——主轴功率模块驱动，功率模块的型号为 βi SV SP-15。具体涉及：伺服电动机参数初始化、伺服总线初始化及相关机床参数设定。

一、伺服电动机标准参数初始化

FANUC 系统出厂时把每台伺服电动机的标准参数以打包形式存储到系统伺服软件 F-ROM 中，该打包文件以不同的电动机 ID 代码来命名。

注意：伺服电动机参数初始化是恢复系统出厂时的标准参数，而不是机床厂家的伺服电动机的参数（初始化结束后还需恢复机床的伺服电动机的调整参数）。

如图 10-6 所示，进行伺服电动机标准参数初始化操作：

（1）系统参数 8130 设定为 3（3 表示系统总的 CNC 轴数为 3 轴）；

（2）通过轴改变软键分别输入 3 台电动机的 ID 代码"272"；

（3）将标准参数读入设定为 0（0 表示系统开机执行电动机参数初始化），系统断电重新启动，当伺服电动机参数初始化完成时，各轴标准参数读入自动变成"1"。

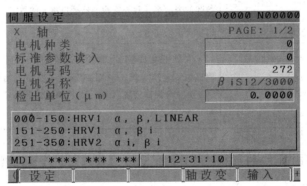

图 10-6　伺服电动机标准参数初始化操作画面（快捷引导画面）

二、伺服总线 FSSB 设定

CNC 和多个伺服放大器之间是用光纤电缆连接起来的高速串行伺服总线（FANUC SERIAL SERVO BUS，FSSB），可以设定画面输入轴和放大器的关系等数据，进行轴设定的自动计算。

（1）αi 系统下，参数 DFS（No.14476♯0）＝0&1，则分别在参数中进行设定。

（2）βi 系列下，参数 1902♯0、♯1＝0，则自动设定或开机执行伺服总线初始化。

（一）显示分类

（1）按下功能键【SYSTEM】，按右扩展，显示软键【FSSB】。

（2）按下软键【FSSB】，切换到"放大器设定"画面（或者 FSSB 设定画面），显示信息见表 10-1。

表 10-1 显示信息

信息	内容	说明
号	伺服路径下从控装置号	由 FSSB 连接的从控装置，从最靠近 CNC 起的编号，每个 FSSB 线路最多显示 10 个从控装置（对放大器最多显示 8 个，对外置检测器接口单元最多显示 2 个）。如 1－01 表示 1 路径下的第 1 号从控装置
放大	从控装置放大器类型	表示放大器开头字符的"A"后面，从靠近 CNC 一侧数起显示表示第几台放大器的数字和表示放大器中第几轴的字母（L：第 1 轴，M：第 2 轴，N：第 3 轴）
系列	伺服放大器系列	αi 或 βi 系列
单元	SVM、SPM	伺服放大器单元的种类
轴	控制轴号	（αi，No.14476♯0＝0&1；或 βi，No.1902♯0＝0&1） 伺服电动机连接的顺序号，01、02 及 03 分别表示系统轴板到驱动器的顺序是 X 轴、Y 轴及 Z 轴
名称	控制轴名称	显示对应于控制轴号的参数（No.1020）的轴名称。控制轴号为"0"时，显示"—"
电流	40 A	最大电流值
M	1234	在表示外置检测器接口单元的开头字母"M"之后，显示从靠近 CNC 一侧数起的表示第几台外置检测器接口单元的数字
形式	外置检测器接口单元的形式	以字母予以显示
PCBID		以 4 位 16 进制数显示外置检测器接口单元的 ID。此外，若是外置检测器模块（8 轴），"SDU（8AXES）"显示在外置检测器接口单元的 ID 之后；若是外置检测器模块（4 轴），则"SDU（4AXES）"显示在外置检测器接口单元的 ID 之后

① 放大器设定画面上，将各从控装置的信息分为放大器和外置检测器接口单元予以显示，如图 10-7 所示。

② 轴设定画面。在轴设定画面上显示轴信息，如图 10-8 所示。

③ 放大器维护画面。在放大器维护画面上显示伺服放大器的维护信息。

（二）参数设定

输入数据时，设定为 MDI 方式或者紧急停止状态，使光标移动到"输入"项目位置，键入后按下软键【输入】（或者按下 MDI 面板的"input 输入"键）。

1. 在 FSSB 设定画面（放大器维护画面除外）

（1）按下软键【（操作）】时，显示"【设定】【读入】【输入】"界面软键。

（2）输入后按下软键【设定】时，在设定值正确的情况下：

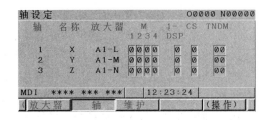

图 10-7　放大器设定界面　　　　　图 10-8　伺服轴设定画面

系统参数 1020 各轴名称设定分别为 88（X 轴）、89（Y 轴）及 9（Z 轴）；

系统参数 1022 各轴坐标系的轴指定分别设定 1（X 轴）、2（Y 轴）及 3（Z 轴）；

① αi 系统中参数 DFS（No.14476♯0）＝0，则自动设定参数（No.1023,1905,1936,1937,14340～14349,14376～14391）；若参数 DFS（No.14476♯0）＝1，则自动设定参数（No.1023,1905,1910～1919,1936,1937）。

② βi 系统中系统参数 1902♯0＝0，则表示伺服总线设定为自动设定；若系统参数 1902♯1＝0，则表示系统开机执行伺服总线初始化。

（3）若设定值有误，则发出报警。在输入错误值等时，若希望返回到参数中所设定的值，按下软键【读入】（注：只有按此键可消除警告，即使按下 RESET 复位键也无法消除报警）。此外，通电时读出设定在参数中的值，并予以显示。如：在放大器设定画面，轴表示控制轴号处，当输入了范围外的值时，发出警告"格式错误"；输入重复的控制轴号或输入了"0"时，发出警告"数据超限"，不会被设定到参数。

2. 轴设定画面

（1）M（1、2、3、4）中的 M1,M2：用于外置检测器接口单元 1、2 的连接器号，对于使用各外置检测器接口单元的轴，以 1～8（外置检测器接口单元的最大连接器数范围内）输入该连接器号。不使用各外置检测器接口单元时，输入"0"。

在尚未连接各外置检测器接口单元的情况下，输入了超出范围的值时，发出警告"非法数据"。

在已经连接各外置检测器接口单元的情况下，输入了超出范围的值时，出现警告"数据超限"。

（2）轴专有：以伺服 HRV3 控制轴限制一个 DSP 的控制轴数时，设定可以用一个 DSP 进行控制的轴数。伺服 HRV3 控制轴，设定值为 3；在 CS 轮廓控制轴以外的轴中设定相同值。输入了"0""1""3"以外的值时，发出警告"数据超限"。

（3）CS：轮廓控制轴，输入主轴号（1,2）。输入了 0～2 以外的值时，发出警告"数据超限"。

（4）双电［EGB（T 系列）有效时为 M/S］。对进行串联控制和 EGB（T）的轴，在 1 到控制轴数的范围内输入奇数、偶数连续的号码。输入了超出范围的值时，发出"数据超限"警告。

（三）重新上电

系统和机床断电后，重新再通电。

（四）FSSB 总线设定常见故障诊断

1. 系统伺服报警 SV466

系统伺服报警 SV466 信息是伺服电动机与放大器组合不对，系统检测机理是伺服轴连接放大器的额定电流与伺服电动机额定电流不匹配（电动机额定电流过大）。

如果伺服电动机规格不同时，检查伺服电动机与放大器连接是否正确，如果不正确，按电动机规格及放大器额定电流正确连接，并重新进行伺服总线设定。

检查伺服电动机 ID 代码是否正确：如果伺服电动机 ID 代码错误，重新设定电动机 ID 代码，并执行伺服电动机标准参数初始化。如伺服电动机 ID 代码正确，执行伺服电动机参数初始化操作，系统报警消失，则为伺服参数设定错误，如果系统还报警则为系统轴板或主板问题。

2. 系统出现 SV1026（伺服轴分配非法）报警时

当系统出现 SV1026（伺服轴分配非法）报警时，表示系统伺服轴设定没有完成（位置模块没有确定），按轴设定画面、操作软键及设定，系统断电再重新上电，系统参数 1902♯1 自动为 1，完成轴设定的确定。

3. 系统伺服报警 SV5136

系统伺服报警 SV5136 信息为放大器不足，系统检测机理是实际检测到的伺服轴数小于系统参数 8130 设定的总轴数。

检查系统轴板到伺服驱动装置连接的光缆接触不良或连接不正确；伺服驱动装置控制电源及内部控制电路故障，伺服电动机编码器内部电路短路故障。

三、数字伺服参数的初始设定

（一）伺服参数设定画面调出

（1）在紧急停止状态下将电源置于"ON"。

（2）设定：用于显示伺服设定画面、伺服调整画面的参数 No.3111♯0＝1。♯0 位 SVS 表示是否显示伺服设定画面、伺服调整画面："0：不予显示"；"1：予以显示"。

		♯7	♯6	♯5	♯4	♯3	♯2	♯1	♯0
K111									SVS

（3）重新上电。

（4）按下功能键【SYSTEM】、右扩展键、软键【SV 设定】，显示图 10-9 所示伺服参数的设定画。

（5）利用光标翻页键，输入初始设定所需的数据。

（6）重新上电。

（二）设定方法

（1）初始化设定。初始化设定位♯1（系统参数 2000♯0）设定 0，其内容见表 10-2。

		♯7	♯6	♯5	♯4	♯3	♯2	♯1	♯0
2000								DGPR	PLCO

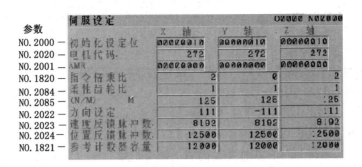

图 10-9 伺服参数设定画面

表 10-2   初始化设定内容

参数	位数	内容	设定	说明
2000	0	PLCO	0	原样使用参数(No.2023、No.2024)的值
			1	使参数(No.2023、No.2024)的值再增大 10 倍
	1	DGPR	0	进行数字伺服参数的初始化设定
			1	不进行数字伺服参数的初始化设定

(2) 电动机代码。根据电动机型号、图号(A06B-××××-B×××的中间 4 位数字)的不同,输入不同的伺服电动机代码。如电动机型号 αiS2/5000,电动机图号 0212,则输入电动机代码 262;伺服电动机的型号为 βiS12/300,设定为 272。

(3) 任意 AMR 功能。设定"00 00 00 0",设定方法如下:

AMR	#7	#6	#5	#4	#3	#2	#1	#0	
2001									轴形

(4) 指令倍乘比。指定方式如下(此处设定"2"):

1820		每个轴的指令倍乘比(CMR)=2

① CMR 由 1/2 变为 1/27 时,设定值=1/CMR+100。

② CMR 由 1 变为 48 时,设定值=2CMR。

(5) 断电,重新上电

(6) 进给齿轮 N、M 的设定。设定方法如下:脉冲编码器和半闭环的设定。N、M≤32 767,N/M=电动机每转一周所需的位置反馈脉冲数/1 000 000。

2084		柔性齿轮比(柔性进给齿轮的 N)

2085		N/M　　M（柔性进给齿轮的 M）

说明：

① F·FG 的分子、分母（N、M），其最大设定值（约分后）均为 327 670。

② 脉冲编码器与分辨率无关，在设定 N/M 时，电动机每转动一圈作为 100 万脉冲处理。

③ 齿轮齿条等电动机每转动一圈所需的脉冲数中含有圆周率 π 时，假定 π＝355/113。

（7）方向设定。111：正向（从脉冲编码器一侧看沿顺时针方向旋转）；—111：反向旋转。

2022		电动机旋转方向

（8）速度反馈脉冲数（No.2023）、位置反馈脉冲数（No.2024）一般设定指令单位：1 μm；初始化设定位：bit0＝0；速度反馈脉冲数：8192。位置反馈脉冲数的设定如下。

① 半闭环的情形。设定 12500。

② 全闭环的情形。在位置反馈脉冲数中设定电动机转动一圈时从外置检测器反馈的脉冲数（位置反馈脉冲数的计算，与柔性进给齿轮无关）。

例如，在使用导程为 10 mm 的滚珠丝杠（直接连接）、具有 1 脉冲 0.5 μm 的分辨率的外置检测器的情形下，电动机每转动一圈来自外置检测器的反馈脉冲数为 10/0.000 5＝20 000。因此，位置反馈脉冲数为 20 000。

③ 位置反馈脉冲数的设定大于 32 767 时。FS 0i C 中，需要根据指令单位改变初始化设定位的 bit0（高分辨率位），但是，FS 0i D 中指令单位与初始设定位的 ♯0 之间不存在相互依存关系。

（9）参考计数器的设定。

1821		每个轴的参考计数器容量（0—999999999）

① 半闭环的情形。参考计数器容量等于电动机每转动一圈所需的位置反馈脉冲数或其整数分之一。旋转轴上电动机和工作台的旋转比不是整数时，需要设定参考计数器的容量，以使参考计数器等于 0 的点（栅格零点）相对于工作台总是出现在相同位置。

以分数设定参考计数器容量的方法。分母的参数在伺服设定画面上不予显示，需要从参数（No.2179）画面进行设定。

改变检测单位的方法。电动机每转动一圈所需的位置反馈脉冲数。

② 全闭环的情形。参考计数器容量等于 Z 相（参考点）的间隔/检测单位或者其整数分之一。

（三）伺服电动机调整画面

按下功能键【SYSTEM】、功能菜单键右扩展、软键【SV 设定】、软键【SV 调整】，选择伺服调整画面，如图 10-10 所示。

说明见表 10-3。

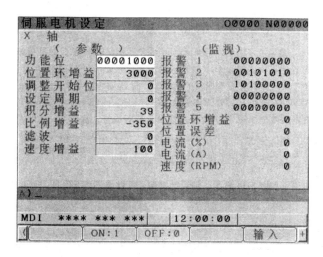

图 10-10　伺服调整画面

表 10-3　　　　　　　　　　　　　　伺服调整画面的说明

序号	项目	说明
1	功能位	参数（No.2003）
2	位置环增益	参数（No.1825）
3	调整开始位	0
4	设定周期	0
5	积分增益	参数（No.2043）
6	比例增益	参数（No.2044）
7	滤波	参数（No.2067）
8	速度增益	设定值＝[（参数 No.2021）＋256]/256×100
9	位置环增益	实际环路增益
10	位置误差	实际位置误差值（诊断号 300）
11	电流（A）	以 A（峰值）表示实际电流
12	电流（%）	以相对于电动机额定值的百分比表示电流值
13	速度（RPM）	表示电动机实际转速
14	报警 1	诊断号 200，报警 1～5 信息
15	报警 2	诊断号 201
16	报警 3	诊断号 202
17	报警 4	诊断号 203
18	报警 5	诊断号 204

　　另外，在 MD 状态下，对参数 No.13112♯0＝1 设定，修改显示带有"＊"标记的 ID 伺服电动机，通过软键【读取 ID】→【输入】→【保存】进行操作，处理方式与主轴伺服相同，不再叙述。

四、进给伺服控制相关参数设定

（一）各轴伺服环增益参数1825

指各轴插补时的位置环的增益，单位是0.01s−1 。

设定范围为2 000—5 000，标准设定为3 000。

如果设定为0时，系统会发出伺服报警SV417。伺服增益设定过低，机床伺服轴跟随误差大，将会影响机床加工精度；伺服增益设定过高，机床轴移动会出现振动。实用中各轴增益设定一致，尤其是插补轴之间，否则加工圆弧时出现形状误差。

（二）各轴移动中的位置偏差极限值参数1828

指各轴移动位置偏差量极限值，当设定0或过低时，轴移动控制时系统发出伺服移动超差报警（SV0411）。设定值与各轴伺服快速及增益有关，通常为8 000—12 000检测单位。

（三）每个轴停止时的位置偏差极限值参数1829

指各轴停止（伺服励磁状态）时的位置偏差极限值，当设定0或过低时，各轴移动时系统会发出伺服停止超差报警（SV0410）。通常设定200—500检测单位。

（四）轴空运转速度参数1410和1420

指各轴伺服轴空运转速度（快速倍率开关100％）的速度值，单位为mm/min，参数1410为全轴参数，参数1420为各轴参数，当1410设定为0时，1420有效。通常设定为10 000。

（五）各轴的JOG进给速度参数1423

指进给倍率100％时，各轴JOG的进给速度，直线轴单位mm/min，旋转轴单位度/min，通常设定为1000。

（六）各轴最大切削进给速度1430

指进给倍率100％时，各轴加工的进给速度，直线轴为mm/min，通常设定3 000。

（七）直线加减速时间设定参数1620和1622

各轴快速移动直线型加减速时间1620，单位为毫秒，通常设定100。各轴切削进给加减速时间1622，单位毫秒，通常设定为50。

（八）轴互锁功能是否有效参数3003＃0、＃2、＃3

系统参数3003＃0为系统全轴互锁信号是否有效，当机床PMC没有编制全轴互锁信号（G8.0）时，设定为1（全轴互锁功能信号无效）；

系统参数3003＃2为系统各轴互锁信号是否有效，当机床PMC没有编制各轴互锁信号（G130.0、G130.1、G130.2）时，设定为1（各轴互锁功能信号无效）；

系统参数3003＃3为系统各轴方向互锁信号是否有效，当机床PMC没有编制各轴方向互锁信号（各轴正向互锁信号G132.0、G132.1、G132.2及各轴反向互锁信号G134.0、G134.1、G134.2）时，设定为1（各轴方向互锁功能信号无效）。

任务五　检测元件及量具的应用与保养

位置检测元件是由检测元件（传感器）和信号处理装置组成，它是进给伺服系统中重要的组成部分，检测机床工作台的位移、伺服电动机转子的角位移和速度。将信号反馈到伺服系统，构成闭环控制。

位置检测元件按照检测方式分为直接测量元件和间接测量元件。对机床的直线移动测量时一般采用直线型检测元件,称为直接测量,所构成的位置闭环控制称为全闭环控制。其测量精度主要取决于测量元件的精度,不受机床传动精度的影响。由于机床工作台的直线位移与驱动电动机的旋转角度有精确的比例关系,因此可以采用驱动检测电动机或丝杠旋转角度的方法间接测量工作台的移动距离。这种方法称为间接测量,所构成的位置闭环控制称为半闭环控制。其测量精度取决于检测元件和机床进给传动链的精度。闭环数控机床的加工精度在很大程度上是由位置检测装置的精度决定的,数控机床对位置检测元件有十分严格的要求,其分辨率通常在 $0.001 \sim 0.000\,1$ mm 之间或者更小。通常要求快速移动速度达每分钟数十米,并且抗干扰能力要强,工作可靠,能适应机床的工作环境。在设计数控机床进给伺服系统,尤其是高精度进给伺服系统时,必须精心选择位置检测装置。

数控机床上,除位置检测外还要有速度检测,用以形成速度闭环控制。速度检测元件可采用与电动机同轴安装的测速发电机完成模拟信号的测速,测速发电机的输出电压与电动机的转速成正比。另外,也可以通过与电动机同轴安装的光电编码器进行测量,通过检测单位时间内光电编码器所发出的脉冲数量或检测所发出的脉冲周期完成数字测速。数字测速的精度更高,可与位置检测共用一个检测元件,而且与数控装置和全数字式伺服装置的接口简单,因此应用十分广泛。速度闭环控制通常由伺服装置完成。

位置检测装置按照不同的分类方法可分成不同的种类。按输出信号的形式分类可分为数字式和模拟式;按测量基点的类型分类可分为增量式和绝对式;按位置检测元件的运动形式分类可分为回转式和直线式。

一、常用检测反馈元件及维护

(一)光栅

光栅有两种形式:一种是透射光栅,是在透明玻璃片上刻有一系列等间隔密集线纹;另一种是反射光栅,是在长条形金属铣面上制成全反射或漫反射间隔相等的密集线纹。光栅是利用光学原理,通过光敏元件测量莫尔条纹移动的数量来测量机床工作台的位移量。光栅输出信号有两种形式:一种是 TTL 电平脉冲信号,即用于辨向的两个相位信号和用于机床回参考点控制的零标志信号;另一种是电压或电流正弦信号,通过 EXE 脉冲整形插值器产生 TTL 电平辨向和零标志脉冲信号。其维护要点如下:

(1)防污光栅尺由于直接安装于工作台和机床床身上,因此,极易受到冷却液的污染,从而造成信号丢失,影响位置控制精度。

① 冷却液在使用过程中会产生轻微结晶,这种结晶在扫描头上形成一层薄膜且透光性差,不易清除,故要慎重选用冷却液。

② 加工过程中,冷却液的压力不要太大,流量不要过大,以免形成大量的水雾进入光栅。

③ 光栅最好通入低压压缩空气(10^5 Pa 左右),以免扫描头运动时形成的负压把污物吸入光栅。压缩空气必须净化,滤芯应保持清洁并定期更换。

④ 光栅上的污染物可以用脱脂棉蘸无水酒精轻轻擦除。

(2)防振光栅拆装时要用静力,不能用硬物敲击,以免引起光学元件的损坏。

(二)光电编码器

光电编码器是利用光电原理把机械角位移变换成电脉冲信号,是数控机床常用的位置检测元件。光电编码器按输出信号与对应位置的关系,通常分为增量式光电编码器、绝对式光电编码器和混合式光电编码器。

增量式光电编码器是在光电圆盘的边缘上刻有间隔相等的透光缝隙,在其正反两面分别装有光源和光敏元件。当光电圆盘旋转时光敏元件将明暗变化的光信号转变为脉冲信号,因此增量式光电编码器输出的脉冲数与转动的角位移成正比,但是增量式光电编码器不能检测出轴的绝对位置。

绝对式光电编码器的光电盘上有透光和不透光的编码图案,编码方式可以有二进制编码、二进制循环编码、二至十进制编码等。绝对式光电编码器通过读取编码盘上的编码图案来确定主轴的位置。

光电编码器输出脉冲中有两个相位输出作为辨向,每转只输出一个脉冲的信号是零标志位信号,用于机床回参考点控制。

光电脉冲编码器的维护要点如下:

(1)防污和防振。由于编码器是精密测量元件,使用环境或拆装要与光栅一样注意防污和防振问题。污染容易造成信号丢失,振动容易使编码器内的紧固件松动脱落,造成内部电源短路。

(2)防松。脉冲编码器用于位置检测时有两种安装方式。一种是与伺服电动机同轴安装,称为内装式编码器,如西门子1FT5、1FT6伺服电动机上的ROD320编码器;另一种是编码器安装于传动链末端,称为外装式编码器,当传动链较长时,这种安装方式可以减小传动链累积误差对位置检测精度的影响。由于连接松动往往会影响位置控制精度,因此不管采用哪种安装方式,都要注意编码器连接松动的问题。另外,在有些交流伺服电动机中,内装式编码器除了位置检测外,同时还具有测速和交流伺服电动机转子位置检测的作用,如三菱HA系列交流伺服电动机中的编码器(ROTARYENCODEROSE253S)。因此,编码器连接松动还会引起进给运动不稳定,影响交流伺服电动机的换向控制,从而引起机床的振动。

例如一数控机床经检查,编码器输出电缆及连接器均正常,拆开编码器,发现一紧固螺钉脱落并置于+5 V与接地端之间,造成电源短路,编码器无信号输出,数控系统处于位置环开环状态,从而引起"飞车"故障。

(三)感应同步器

感应同步器是一种电磁感应式的高精度位移检测元件,它由定尺和滑尺两部分组成且相对平行安装,定尺和滑尺上的绕组均为矩形绕组,其中定尺绕组是连续的,滑尺上分布着两个励磁绕组,即sin绕组和cos绕组,分别接入交流电。

感应同步器的维护要点如下:

(1)安装时,必须保持定尺和滑尺相对平行,且定尺固定螺栓不得超过尺面,调整间隙以0.09～0.15 mm为宜;

(2)不要损坏定尺表面耐切削液涂层和滑尺表面一层带绝缘层的铝筒,否则会腐蚀厚度较小的电解铜芯;

(3)接线时要分清滑尺的sin绕组和cos绕组,其阻值基本相同,必须分别接入励磁电压。

(四)旋转变压器

旋转变压器是利用电磁感应原理的一种模拟式测角元件,它的输出电压与转子的角位移有固定的函数关系。旋转变压器一般用于精度要求不高的机床。其特点是坚固、耐热和耐冲击。旋转变压器分为有刷和无刷两种,目前数控机床中常用的是无刷旋转变压器。旋转变压器又分为单极和多极两种形式,单极型的定子和转子各有一对磁极,多极型有多对磁极。

旋转变压器的维护要点如下:

(1) 接线时,定子上有相等匝数的励磁绕组和补偿绕组,转子上也有相等匝数的 sin 绕组和 cos 绕组,但转子和定子的绕组阻值不同,一般定子线电阻值稍大,有时补偿绕组自行短接或接入一个阻抗;

(2) 由于结构上与绕线转子异步电动机相似,因此,对于有刷旋转变压器,炭刷磨损到一定程度后要更换。

(五) 磁栅尺

磁栅尺是由磁性标尺、磁头和检测电路组成,是一种全闭环位置检测元件。磁性标尺是在非导磁材料(如玻璃、铜、不锈钢或其他合金等材料)上涂上一层厚度为 $10 \sim 20~\mu m$ 的磁胶,这种磁胶多是镍-钴合金高导磁材料和树脂胶混合制成的材料。磁头用于读取磁尺上的磁信号。检测电路包括:磁头激磁电路,读取磁信号的放大、滤波及辨向电路,细分的内插电路,显示及控制电路等。

磁栅尺的维护要点如下:

(1) 不能将磁性膜刮坏,防止铁屑和油污落在磁性标尺和磁头上,要用脱脂棉蘸酒精轻轻地擦其表面;

(2) 不能用力拆装和撞击磁性标尺和磁头,否则会使磁性减弱或使磁场紊乱;

(3) 接线时要分清磁头上激磁绕组和输出绕组,前者绕在磁路截面尺寸较小的横臂上,后者绕在磁路截面尺寸较大的竖杆上。

二、位置检测系统的故障诊断

当数控机床出现以下故障现象时,应考虑故障是不是由位置检测系统的故障引起的。

(一) 机械振荡(加/减时)

可能的故障原因是:

(1) 脉冲编码器出现故障,此时检查速度单元上的反馈线端子电压是否下降,如有下降表明脉冲编码器不良;

(2) 脉冲编码器十字联轴节可能损坏,导致轴转速与检测到的速度不同步;

(3) 测速发电机出现故障。

(二) 机械暴走(飞车)

在检查位置控制单元和速度控制单元的情况下,再继续诊断。

可能的故障原因是:

(1) 脉冲编码器接线错误(检查编码器接线是否为正反馈,A 相和 B 相是否接反);

(2) 脉冲编码器联轴节损坏(更换联轴节);

(3) 测速发电机端子接反或励磁信号线接错。

(三) 主轴不能定向或定向不到位

在检查定向控制电路设置、定向板与调整主轴控制印刷线路板的同时,应检查位置检测器(编码器)是否不良。

（四）坐标轴振动进给

在检查电动机线圈是否短路、机械进给丝杠同电动机的连接是否良好、整个伺服系统是否稳定的情况下，再继续诊断。可能的故障原因是：

（1）脉冲编码器不良；

（2）联轴节连接不平稳可靠；

（3）测速机不可靠。

三、量具的维护和保养

正确地使用精密量具是保证产品质量的重要条件之一。要保持量具的精度和它工作的可靠性，除了在使用中要按照合理的使用方法进行操作以外，还必须做好量具的维护和保养工作。

（1）在机床上测量零件时，要等零件完全停稳后进行，否则不但使量具的测量面过早磨损而失去精度，且会造成事故。尤其是车工使用外卡时，不要以为卡钳简单，磨损一点无所谓，要注意铸件内常有气孔和缩孔，一旦钳脚落入气孔内，可把操作者的手也拉进去，造成严重事故。

（2）测量前应把量具的测量面和零件的被测量表面都揩干净，以免因有脏物存在而影响测量精度。用精密量具如游标卡尺、百分尺和百分表等，去测量锻铸件毛坯，或带有研磨剂（如金刚砂等）的表面是错误的，这样易使测量面很快磨损而失去精度。

（3）量具在使用过程中，不要和工具、刀具（如锉刀、榔头、车刀和钻头等）堆放在一起，以免碰伤量具。也不要随便放在机床上，以免因机床振动而使量具掉下来损坏。尤其是游标卡尺等，应平放在专用盒子里，以免使尺身变形。

（4）量具是测量工具，绝对不能作为其他工具的代用品。例如拿游标卡尺画线，拿百分尺当小榔头，拿钢直尺当起子旋螺钉，以及用钢直尺清理切屑等都是错误的。把量具当玩具，如把百分尺等拿在手中任意挥动或摇转等也是错误的，都是易使量具失去精度的。

（5）温度对测量结果影响很大，零件的精密测量一定要使零件和量具都在 20℃ 的情况下进行。一般可在室温下进行测量，但必须使工件与量具的温度一致，否则，由于金属材料热胀冷缩的特性，使测量结果不准确。

温度对量具精度的影响亦很大，量具不应放在阳光下或床头箱上，因为量具温度升高后，也量不出正确尺寸。更不要把精密量具放在热源（如电炉，热交换器等）附近，以免使量具受热变形而失去精度。

（6）不要把精密量具放在磁场附近，例如磨床的磁性工作台上，以免使量具感磁。

（7）发现精密量具有不正常现象时，如量具表面不平、有毛刺、有锈斑以及刻度不准、尺身弯曲变形、活动不灵活等，使用者不应当自行拆修，更不允许自行用榔头敲、锉刀锉、砂布打光等粗糙办法修理，以免反而增大量具误差。发现上述情况，使用者应当主动送计量站检修，并经检定量具精度后再继续使用。

（8）量具使用后，应及时揩干净，除不锈钢量具或有保护镀层者外，金属表面应涂上一层防锈油，放在专用的盒子里，保存在干燥的地方，以免生锈。

（9）精密量具应实行定期检定和保养，长期使用的精密量具，要定期送计量站进行保养和检定，以免因量具的示值误差超差而造成产品质量事故。

模块十一　数控机床功能应用调试

任务一　西门子 802 系列机床操作

一、Sinumerik 802C 数控机床操作

（一）Sinumerik 802C 数控机床 MDI 键应用

1. 数控机床的组成

数控机床由计算机数控系统和机床本体两部分组成。计算机数控系统主要包括输入/输出设备、CNC 装置、伺服单元、驱动装置和可编程控制器（PLC）等。

2. Sinumerik 802C 数控机床面板操作

（1）Sinumerik 802C 数控系统操作面板如图 11-1 所示，各按键功能如图 11-2、图 11-3 所示。

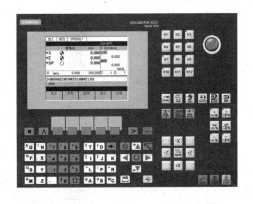

图 11-1　Sinumerik 802C 数控系统操作面板

（2）Sinumerik 802C 数控系统软件主操作界面如图 11-4 所示。

（3）Sinumerik 802C 数控系统软件的菜单结构及基本功能如图 11-5 所示。

（4）最重要的软按键功能如图 11-6 所示。

（二）机床回参考点及对刀操作

1. 开机回参考点

操作步骤：

（1）接通 CNC 和机床电源系统启动以后按 键进入回参考点功能。

（2）按住 +X 按钮进行 X 方向回零，直至屏幕显示 表示 X 方向回零完成。

NC键盘区（左侧）

	软键		垂直菜单键
	加工显示键		报警应答键
	返回键		选择/转换键
	菜单扩展键		回车输入键
	区域转换键		上档键
	光标向上键 上档:向上翻页键		光标向下键 下档:向下翻页键
	光标向左键		光标向右键
	删除键（退格键）		空格键（插入键）
	数字键 上档键转换对应字符		字母键 上档键转换对应字符

图 11-2　NC 键盘区（左侧）

控制面板区域(右侧):

	复位键		主轴反转
	程序停止键		主轴停
	程序启动键		快速运行叠加
K1　K12	用户定义键,带LED	+X　-X	X轴点动
	用户定义键,不带LED	+Z　-Z	Z轴点动
[VAR]	增量选择键	+ %	轴进给正,带LED
JOG	点动键	100 %	轴进给100%,不带LED
REF POINT	回参考点键	- %	轴进给负,带LED
AUTO	自动方式键	+ %	主轴进给正,带LED
SINGLE BLOCK	单段运行键	100 %	主轴进给100%,不带LED
MDA	手动数据键	- %	主轴进给负,带LED
SPINDLE LEFT	主轴正转		

图 11-3　机床控制面板区域（右侧）

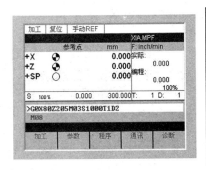

图 11-4　Sinumerik 802C
数控系统软件主操作界面

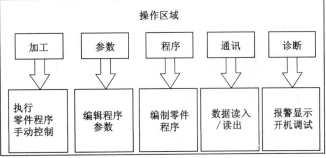

图 11-5　Sinumerik 802C
数控系统软件的菜单结构及基本功能

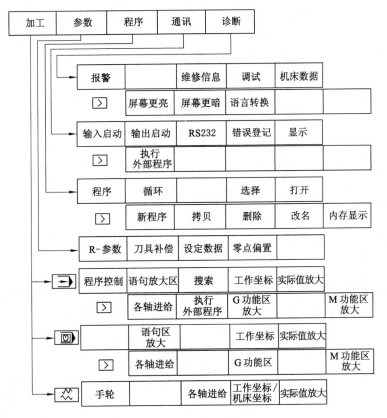

图 11-6　软按键功能

（3）按住＋Z 按钮进行 Z 方向回零，直至屏幕显示 ⊕ 表示 Z 方向回零完成。

（4）回零完成后，＋X、＋Z 后的机床坐标均被置零。

2. 手动试切对刀，设定编程原点及各刀具补偿参数

操作步骤：

（1）JOG 模式，按 ▦ 进入主功能显示，再按软键"参数""刀具补偿"进入图 11-7 所示界面。

（2）按软键 STOP EDIT I/O SYSPRM MONIT 进入图 11-8 所示界面，通过"＜＜D""D＞＞""＜＜T""T＞＞"查刀具号和补偿号。

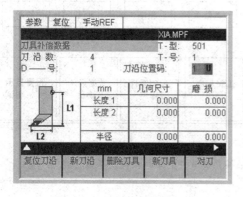

图 11-7　刀具补偿数据界面 1

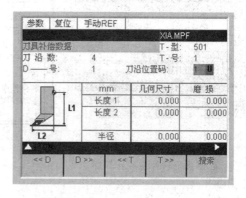

图 11-8　刀具补偿数据界面 2

（3）如果没有要用的刀具号则按软键 ＞ 回到图 11-7，通过软键"新刀具"功能新建所需的刀具号和刀具型号，普通车床刀具"T-型"设为 500，如图 11-9 所示。

（4）建好加工程序所需刀具后，开始进行刀偏设定及对刀，按 JOG 进入到手动运行模式，然后按软键"对刀"进入图 11-10 所示界面。

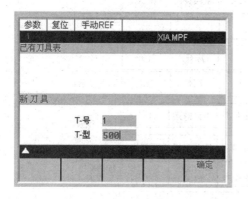

图 11-9　建立新刀具

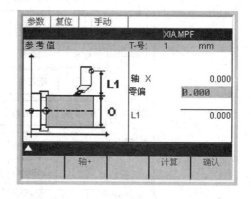

图 11-10　对刀 X 轴参数界面

（5）首先进行 X 方向试切对刀，按主轴正转键，然后进行试切外圆，切深必须小于根据零件图和毛坯大小所确定的能够切削的最大厚度以避免过切，切削距离以方便测量为宜，切削完成后保持 X 方向不变，以 +Z 方向移动退出加工位置以方便测量尺寸，然后按主轴旋转停止键，测量所车外圆大小 D，并输入到图 11-8 中的"零偏"后的数值中，依次按软键"计算""确定"完成 X 方向对刀。

（6）进行 Z 方向对刀，按软键"对刀"，再按图 11-10 键"轴+"，进入图 11-11 所示界面进行 Z 方向对刀。

（7）按主轴正转键，然后进行手动试切端面，端面试切平整以后保持 Z 轴不运动，沿 +X 方向退出加工区域，然后按主轴旋转键停止，零偏后输入 0，依次按软键"计算""确定"完成 Z 方向对刀。

(8) 其他刀具对刀和上面步骤类似,但对刀前要在图 11-8 所示界面中通过"＜＜T""T＞＞"软键切换到正确的刀具号再进行对刀。

注意以上对刀方法在数控程序中无须使用 G54—G57 指令(西门子 802C 系统只提供了 G54—G57 四个编程原点设定指令,和 FANUC 系统有所不同)设定编程原点就能直接利用机床坐标和各刀具刀偏进行加工,但在工件夹持长度发生变化后所有的刀具均需重新进行对刀才能正确加工,比较费时。如果使用 G54—G57 编程原点设定指令进行编程加工,则必须设定基准刀刀位点到编程原点的机械坐标,设定方法按软键"参数""零点偏移"进入图 11-12 所示界面进行设置,同时基准刀的刀偏应置零,其他刀具的刀偏都应该是相对基准刀的偏差值,在工件夹持长度发生变化后,只需改变基准刀刀位点到编程原点的机械坐标设定值,无须修改各刀偏就能直接加工,只有在刀具磨损、重新装夹后才需重新设定刀偏,比较方便。

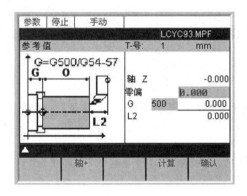

图 11-11　对刀 Z 轴参数界面

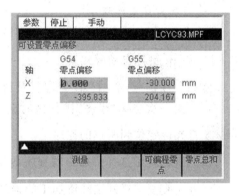

图 11-12　G54—G57 零点偏置

(三) 数控程序的编辑管理

1. 建立程序

建立程序界面如图 11-13 所示。操作步骤如下:

(1) 按 程序 键,显示 NC 中已经存在的程序目录。

(2) 按 ＞ → 新程序 键,出现一对话窗口,在此输入新的程序名称,在名称后输入扩展名(.mpf 或.spf),默认为 * .mpf 文件。注意:程式名称前两位必须为字母。

(3) 按 确定 键确认输入,生成新程序,现在可以对新程序进行编辑。

(4) 用关闭键 ＞ → 关闭 结束程序的编制,这样才能返回到程序目录管理层。

2. 零件程序的修改

"程序"运行方式,零件程序不处于执行状态时,可进行编辑,如图 11-14 所示。操作步骤如下:

(1) 在主菜单下选择"程序"键 程序 ,出现程序目录窗口。

(2) 用光标键 ▲ ▼ 选择待修改的程序。

(3) 按"打开"键 打开 ,屏幕上出现所修改的程序,现在可修改程序。

(4) 用关闭键 ＞ → 关闭 结束程序的修改,这样才能返回到程序目录管理层。

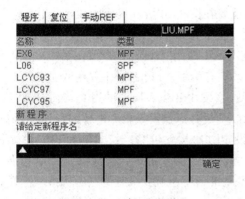
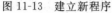

图 11-13　建立新程序

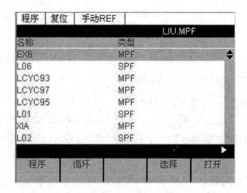

图 11-14　程序的选择

3. 选择和启动零件程序

"加工"操作区,启动程序之前必须要调整好系统和机床,保证安全。操作步骤如下:

(1) 按 □Auto 键选自动模式。

(2) 按程序键 程序 打开"程序目录窗口"。

(3) 在第一次选择"程序"操作区时会自动显示"零件程序和子程序目录"。用光标键 ▲ ▼ 把光标定位到所选的程序上。

(4) 用 选择 键选择待加工的程序,被选择的程序名称显示在屏幕区"程序名"下。

(5) 用 打开 键打开选择待加工的程序。

二、Siemens 802D 数控铣床操作

(一) Siemens 802D 机床 MDI 键应用

机床操作面板位于窗口的右侧,如图 11-15 所示。主要用于控制机床的运动和选择机床运行状态,由模式选择按钮、数控程序运行控制开关等多个部分组成,每一部分的详细说明与 802C 基本相同,不再叙述。

(二) 数控系统操作

1. 开机

接通机床电源,系统启动以后进入"加工"操作区"JOG REF"模式,出现"回参考点窗口"。"回参考点"只有在 REF 回参考点模式下可以进行。操作步骤如下:

(1) 按 Ref Pot 键,按顺序点击 +Z +X +Y ,即可自动回参考点。

(2) 在"回参考点"窗口中显示: ○ 坐标未回参考点; ⊕ 坐标已到达参考点。

2. 编程设定数据

(1) 利用设定数据键可以设定运行状态,并在需要时进行修改。

(2) OFFSET PARAM。通过按【参数操作区域】键和【零点偏移】软键选择设定数据。

(3) 设定数据。在按下【设定数据】键后进入下一级菜单,在此菜单中可以对系统的各个选件进行设定。如图 11-16 所示。

3. 刀具参数管理

(1) 若当前不是在参数操作区,按系统面板上的"参数操作区域"键,切换到参数区。

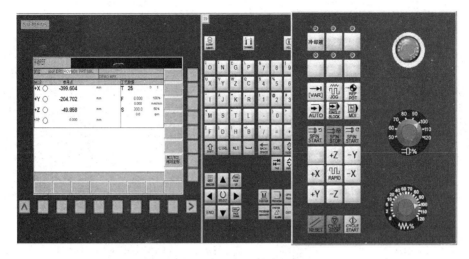

图 11-15　802D 铣床面板

（2）按软键"刀具表"切换到刀具表界面，如图 11-17 所示。

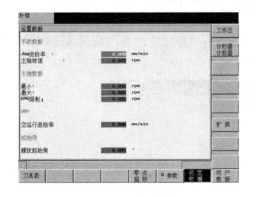

图 11-16　"设定数据"状态图

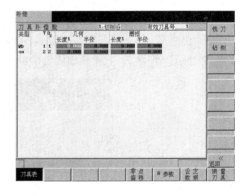

图 11-17　刀具表界面

（3）点击软键"新刀具"，切换到新刀具界面，如图 11-18 所示。

（4）软键"铣刀""钻削"选择要新建的刀具类型，系统弹出新刀具对话框。

（5）刀具参数及刀具补偿参数的设定。刀具参数包括刀具几何参数、磨损量参数和刀具型号参数。不同类型的刀具均有一个确定的参数数量，每个刀具有一个刀具号（T-号）。

按"刀具表"按钮，打开刀具补偿参数窗口，显示所使用的刀具清单。可以通过光标键和"上一页""下一页"键选出所要求的刀具。输入数值，输入完毕后按"改变有效"键，则输入的数据将被立即保存。

（6）删除刀具数据。按软键"删除刀具"，系统弹出删除刀具对话框，按"确认"软键，对话框被关闭，并且对应刀具及所有刀沿数据将被删除。如果按"中断"软键，则仅仅关闭对话框。

（三）输入及修改零点偏置值

在回参考点之后实际值存储器以及实际值的显示均以机床零点为基准，而工件的加工程序则以工件零点为基准，这之间的差值就作为可设定的零点偏移量输入。通过按"参数操作区域"键和"零点偏移"软键可以选择零点偏置,如图 11-19 所示。

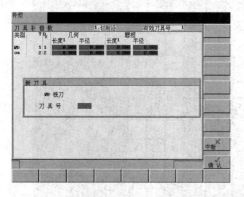

图 11-18　新刀具界面

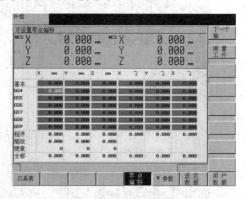

图 11-19　零点偏置

屏幕上显示出可设定零点偏置的情况,包括已编程的零点偏置值,有效的比例,系数状态显示"镜相有效"以及所有的零点偏置。把光标移到待修改的范围,输入数值。通过移动光标或者使用输入键输入零点偏置的大小。按"修改生效",输入的值即存储有效。

(四)程序管理

选择"程序"操作区。PROGRAM MANAGER 打开"程序管理器",以列表形式显示零件程序及目录。程序管理窗口如图 11-20 所示。

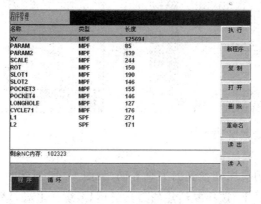

图 11-20　程序管理窗口

在程序目录中用光标键选择零件程序。为了更快地查找到程序,输入程序名的第一个字母。控制系统自动把光标定位到含有该字母的程序前。

1. 软键含义

(1)程序。按程序键显示零件程序目录。

(2)执行。按下此键选择待执行的零件程序,按数控启动键时启动执行该程序。

(3)新程序。操作此键可以输入新的程序。

(4)复制。操作此键可以把所选择的程序拷贝到另一个程序中。

(5)打开。按此键打开待执行的程序。

(6)删除。用此键可以删除光标定位的程序,并提示对该选择进行确认。按下确认键执行清除功能,按返回键取消并返回。

(7) 重命名。操作此键出现一窗口,在此窗口可以更改光标所定位的程序名称。输入新的程序名后按确认键,完成名称更改,用返回键取消此功能。

(8) 读出。按此键,通过 RS232 接口,把零件程序送到计算机中保存。

(9) 读入。按此键,通过 RS232 接口装载零件程序。接口的设定请参照"系统"操作区域。零件程序必须以文本的形式进行传送。

(10) 循环。按此键显示标准循环目录。只有当用户具有确定的权限时才可以使用此键。

2. 输入新程序

操作步骤:

(1) PROGRAM MANAGER。选择"程序"操作区,显示 NC 中已经存在的程序目录。

(2) 新程序。按动"新程序"键,出现一对话窗口,在此输入新的主程序和子程序名称,如图 11-21 所示。

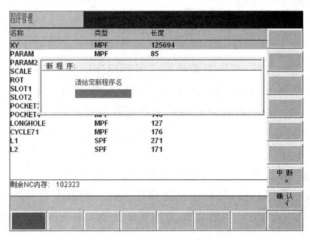

图 11-21 新程序输入屏幕格式

(1) √ 确认。按"确认"键接收输入,生成新程序文件,现在可以对新程序进行编辑。

(2) ╳ 中断。用中断键中断程序的编制,并关闭此窗口。

3. 零件程序的编辑

在编辑功能下,零件程序不在执行状态时,都可以进行编辑。对零件程序的任何修改,可立即被存储。如图 11-22 所示。

(1) 编辑。程序编辑器。

(2) 执行。使用此键,执行所选择的文件。

(3) 标记程序段。按此键,选择一个文本程序段,直至当前光标位置。

(4) 复制程序段。用此键,拷贝一程序段到剪贴板。

(5) 粘贴程序段。用此键,把剪贴板上的文本粘贴到当前的光标位置。

(6) 删除程序段。按此键,删除所选择的文本程序段。

(7) 搜索。用"搜索"键和"搜索下一个"键在所显示的程序中查找一字符串。在输入窗口键入所搜索的字符,按"确认"键启动搜索过程;按"返回"键则不进行搜索,退出窗口。按此键继续搜索所要查询的目标文件。

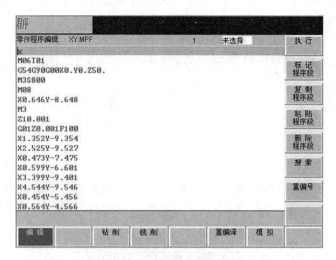

图 11-22 程序编辑器窗口

（8）重编号。使用该功能,替换当前光标位置到程序结束处之间的程序段号。

（9）重编辑。在重新编译循环时,把光标移到程序中调用循环的程序段中。在其屏幕格式中输入相应的参数。如果所设定的参数不在有效范围之内,则该功能会自动进行判别,并且恢复使用原来的缺省值。

4.自动加工

（1）查机床是否回零。若未回零,先将机床回零。

（2）使用程序控制机床运行,根据已经选择好了运行的程序参考选择待执行的程序。

（3）按自动方式键,若 CRT 当前界面为加工操作区,则系统显示出如图 11-23 所示的界面。

（4）按软键"程序控制"来设置程序运行的控制选项。

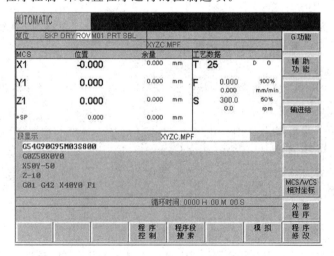

图 11-23 自动加工界面

任务二　FANUC 0i 系统数控机床的操作

一、FANUC 0i 系统数控车床的操作

（一）FANUC 0i 数控车功能应用

FANUC 0i 数控车床系统的操作设备主要包括 CRT/MDI 单元、MDI 键盘和操作键等。

1. CRT/MDI 单元

CRT/MDI 单元如图 11-24 所示。

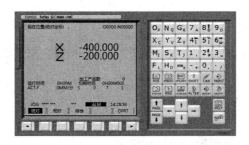

图 11-24　FANUC 0i 系统的 CRT/MDI 单元

2. MDI 键的布局及各键功能

MDI 键的布局及各键功能见表 11-1。

表 11-1　　　　　　　　　　　　　　　　MDI 键的功能

序号	名称	图形	功能
1	复位键	RESET	按此键可使 CNC 复位，用以消除报警信号
2	帮助键	HELP	按此键用来显示机床操作，如 MDI 键的操作、JOG 键的操作
3	软键		软键有各种功能，软键功能显示在 CRT 屏幕的底部
4	地址和数字键	G_R 7_A	按这些键可输入字母、数字以及其他字符
5	换挡键	SHIFT	在有些键的顶部有两个字符，按 SHIFT 键来选择字符
6	输入键	INPUT	当按了地址键或数字键后，在 CRT 屏幕上显示出来，为了把输入到缓冲器中的数据拷贝到寄存器，按此键
7	取消键	CAN	按此键可删除已输入到缓冲器中的最后一个字符或符号
8	程序编辑键	ALTER INSERT DELETE	替换；插入；删除

序号	名称	图形	功能
9	功能键		按这些键用于切换各种功能显示画面
10	光标移动键		光标上移 光标左移　　　光标右移 光标下移
11	翻页键		屏幕前翻一页 屏幕后翻一页

3. 功能键和软键的用途

功能键用于选择屏幕的显示功能类型。按了功能键以后，与已选功能相对应的屏幕就被选中。

功能键共有 6 种类型，各功能键的用途如下：

【POS】键：按此键显示位置画面。

【PROG】键：按此键显示程序画面。

【OFFSET SETTING】键：按此键显示刀偏/设定画面。

【SYSTEM】键：按此键显示系统画面。

【MESSAGE】键：按此键显示信息画面。

【CUSTOM　GRAPH】键：按此键显示用户宏画面或图形显示画面。

（二）基本操作方法

1. 手动操作

（1）接通电源。根据说明书中的操作要求，在检查数控机床一切正常后，接通电源出现坐标画面。

（2）手动回参考点。利用操作面板上的回参考点按钮，将刀具移动到参考点。

（3）JOG 进给（手动连续进给）。在 JOG 方式，按机床操作面板上的进给轴和方向选择开关，机床沿选定轴的方向移动。手动连续进给速度可用进给倍率刻度盘调节，若在按进给轴和方向选择开关期间按了快速移动开关，机床以快速移动速度运动，在快速移动期间，快速移动倍率有效。

（4）增量进给。在增量（INC）方式下，按机床操作面板上的进给轴和方向选择开关，机床沿选定轴方向移动一步。机床移动的最小距离是最小输入增量，每一步可以是最小输入增量的 10 倍、100 倍等。当没有手摇脉冲发生器时，这种方式有效。

（5）手轮进给。在手轮方式下，可由操作面板上的手摇脉冲发生器控制机床刀具连续不断地移动，用开关选择移动轴。

2. 自动运行

CNC 机床的程序运行方式称之为自动运行。自动运行主要包括以下几种类型。

（1）存储器运行，由执行在 NC 存储器中的程序方式运行。

（2）MDI 运行，由执行从 MDI 面板输入的程序方式运行。

（3）DNC 运行，在读入外部输入/输出设备上程序的同时使机床运行。

（4）程序再启动，从中断点重新启动继续自动运行。

（5）子程序调用功能，在存储器运行期间，对子程序进行调用的功能。

（6）自动运行期间，刀具返回到手动插入开始的位置，重新启动自动运行方式的功能。

3. 零件程序的编辑

零件程序的编辑包括字母、数字或符号的插入、修改、删除和替换，还包括整个程序的删除和重命名。程序编辑的扩展功能可以复制、移动及合并程序等，还可以在编辑程序前进行程序号检索、顺序号检索、字检索以及地址检索等。

4. 数据的显示和设定

可通过 MDI 面板上的键操作，来改变 CNC 内部存储器中的数据，包括以下内容：

（1）偏置量的显示和设定。当工件被加工时，刀具移动量取决于刀具尺寸。由事先在 CNC 存储器中设定的刀具尺寸数据，自动产生刀具轨迹。刀具尺寸数据称之为偏移量。

（2）数据的显示和设定。加工工程中的有些数据，也是由操作者在操作过程中设定的，这些数据可使机床的性能改变。如英制/公制转换、输入输出设备的选择、镜像等，这些数据称之为切削数据。

（3）显示和设定参数。为了实现机床的各种特性，改变 CNC 的功能，需对系统的参数进行显示和设定。例如：① 各轴的快速移动速度；② 增量值是公制还是英制；③ 指令倍比和检测倍比；④ 间隙补偿数据。因机床各异，参数也各不相同，需参看机床操作手册。

（4）报警显示功能。当操作时发生故障，则在 CRT 屏幕上显示出错误代码和报警信息。出错的代码表及其含义在相关的操作手册中均已列出，以便查询和处理。

二、FANUC 0i 系统数控铣床的操作

（一）FANUC Oi 系统数控铣床的操作面板

FANUC 0i 系统数控铣床操作面板如图 11-25 所示，其功能键的用途见表 11-2、表 11-3。

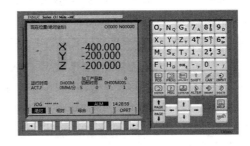

图 11-25　CRT/MDI 操作面板

表 11-2　　　　　　　　　　**CRT/MDI 操作面板主要功能键的用途**

序号	功能键	用途
1	POS(位置显示)	在 CRT 上显示当前刀具位置
2	PRGRM(程序)	在 EDIT 方式编辑和显示程序。在 MDI 方式输入和显示数据

续表 11-2

序号	功能键	用途
3	MENU/OFFSET（偏置量设定与显示）	刀具偏置量的设定与显示
4	DGNOS/PRARM（自诊断/参数）	运行参数的设定、显示及诊断数据的显示
5	OPR/ALARM（报警号显示）	显示报警号
6	GRAPH（图形显示）	刀具路径显示

表 11-3　　　　　　　　　　　**CRT/MDI 面板其他键的用途**

序号	名称	用途
1	RESET（复位）键	用于解除报警，CNC 复位
2	START（启动）键	MDI 或自动方式运转时的循环启动运转
3	地址/数字键	字母、数字等文字的输入
4	/、♯、EOB（符号）键	在编程时用于输入符号，用于每个程序段的结束符和跳步符号
5	DELET（删除）键	编程时用于删除光标所在位置的程序段
6	INPUT 键	用于非 EDIT 状态下的指令段及各种数据的输入
7	CAN（取消）键	消除输入缓冲器中的文字或符号
8	CURSOR（光标移动）键	有两种光标移动键：↓使光标左移，↑使光标右移
9	PAGE（翻页）键	有两种翻页键：↓为顺方向翻页，↑为反方向翻页
10	软键	按照用途可以给出各种功能，在 CRT 画面的最下方显示
11	OUTPT START（输出启动）键	按下此键 CNC 开始输出内存中的参数或程序到外部设备

（二）数控铣床操作方法及步骤

以南通数控立式升降台铣床（数控系统为 FANUC 0i）为例，介绍数控铣床的操作方法与步骤。数控铣床的机床操作面板如图 11-26 所示。

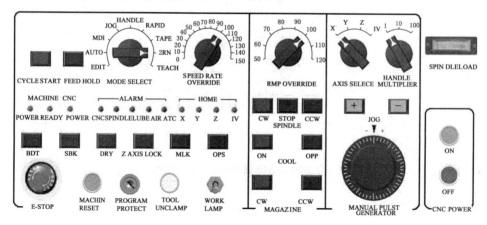

图 11-26　数控铣床的机床操作面板

1. 电源的接通与关断

首先检查机床的初始状态,控制柜的前、后门是否关好。接通机床侧面的电源开关,面板上的电源指示灯亮。按下接通键,待到操作面板上的所有指示灯闪动一次后,按下操作面板上的"机床复位"按钮,系统自检后 CRT 上出现位置显示画面。

确认风扇电动机转动正常后开机结束。当零件加工好后,关数控机床的操作步骤为:确认操作面板上的"循环启动"显示灯是否关闭了。确认机床的运动全部停止,按下操作面板上的"断开"按钮数秒,"准备好"指示灯灭,CNC 系统伺服电源被切断。切断机床侧面的电源开关。

2. 手动运转

手动连续进给操作步骤为:将方式选择开关置于"手动"的位置。选择手动进给速度,调整"进给速率修调"旋钮调整进给速度。按"＋Z""＋Y""＋X"其中一个键,机床沿相应轴的正方向移动。按"－Z""－Y""－X"其中一个键,机床沿相应轴的负方向移动。

手动手轮进给,转动手摇脉冲发生器,可使机床定量进给,其操作步骤为:使"方式选择"开关置于"手轮(HANDLE)"的位置。选择手摇脉冲发生器移动的轴。选择手轮倍率(1、10、100)。转动手摇脉冲发生器,实现手轮手动进给。顺时针摇动手轮,进给轴正向移动;逆时针摇动手轮,进给轴反向移动。移动速度由手轮摇动转速决定。

3. 自动运转

(1)"存储器"方式下的自动运转,操作步骤如下:预先将程序存入存储器中—选择要运转的程序—将方式选择开关置于"自动"的位置—按"循环启动"键—开始自动运转,循环启动灯亮。

(2)"MDI"方式下的自动运转。该方式适于由 CRT/MDI 操作面板输入一个程序段,然后自动执行,操作步骤为:将方式选择开关置于"MDI"的位置—按主功能的"PRGRM"键—按"PAGE"键,使画面的左上角显示 MDI 由地址键、数字键输入指令或数据,按"IN-PUT"键确认—按"START"键或操作面板上的"循环启动"键执行。

(3)复位。CRT/MDI 的复位按钮、外部复位信号可使自动运转停止,呈复位状态。若在移动中复位,机床减速后停止。

(三)试运转

对于一个首次运行的加工程序,在没有十足把握的情况下,可以试运行,检查程序的正确性,操作步骤为:按下"锁定"开关,锁住进给轴。按下"空运行"开关(不考虑程序指定的进给速度,可提高程序执行速度)。选择适当的进给速率修调值。将方式选择开关置于"自动"的位置。按下"循环启动"键,执行程序。

(四)安全操作

1. 紧急停止

加工过程中若出现危险情况或意外事故,按机床操作面板上的"紧急停止"按钮,机床运动瞬间停止。

2. 超程

当刀具超越了机床限位开关规定的行程范围时,显示报警,刀具减速停止。此时用手动方式将刀具移向安全的方向,然后按"复位"按钮解除报警。

（五）程序的编辑与管理

在此状态，可以通过键盘编辑程序，对程序进行检索、删除操作。

1. 由键盘输入程序

操作步骤为：选择 EDIT、方式。按"PRGRM"键。键入地址及要存储的程序号。按"INSRT"键，用此操作可以存储程序号。以下在每个字的后面键入程序，用"INSRT"键存储。利用字母与数字复合键输入程序，每输入一个语句按"INSRT"键存储，每行结束符为"＊"。

2. 程序号检索

操作步骤为：选择方式（EDIT 和 AUTO）。按"PRGRM"键，键入地址和要检索的程序号。按"↓"键，检索结束时，在 CRT 画面的右上方显示已检索的程序号。按屏幕下方的"LIB"键，可以查看存储器中的文件个数、占用字节数、剩余字节数和已使用过的文件号等内容。

3. 删除程序

操作步骤为：选择 EDIT 方式。按"PRGRM"键，键入地址和要删除的程序，按"DEIT"键，可以删除程序号所指定的程序。

4. 字的插入、变更、删除

操作步骤为：选择 EDIT 方式。按"PRGRM"键，选择要编辑的程序。用 CURSOR 和 PAEG 键将光标移动到要变更的字段上。利用"ALTER""INSRT""DEIT"键进行字的变更、插入、删除等编辑操作。

（六）数据的显示与设定

操作步骤为：按"OFFSET"主功能键。按"PAGE"键，显示所需要的页面，使光标移向需要变更的偏置号位置。由数据输入键输入补偿量。按"INPUT"键，确认并显示补偿值。

（七）数控铣床的对刀与工件坐标系的建立

无论是手工编程还是自动编程，首先要在零件图上确定编程坐标系，由编程者设定。

设定原则是，便于计算和在计算机上输入图形。在确定了零件的安装方式后，要选择好工件坐标系，工件坐标系应当与编程坐标系相对应。在机床上，工件坐标系的确定是通过对刀的过程实现的。

对刀点可以设在工件上，也可以设在与工件的定位基准有一定关系的夹具某一位置上。

其选择原则是对刀方便、对刀点在机床上容易找正，加工过程中检查方便以及引起的加工误差小等。对刀点与工件坐标系原点如果不重合（在确定编程坐标系时，最好考虑到使对刀点与工件坐标系原点重合），在设置机床零点偏置时，应当考虑到二者的差值。对刀过程的操作步骤为：方式选择开关置"回零"位置。手动按"＋Z"键，Z 轴回零；手动按"＋X"键，X 轴回零；手动按"＋Y"键，Y 轴回零。此时，CRT 上显示各轴坐标均为 0。

X 轴对刀，记录机械坐标 x 的显示值（假设为 40）。

Y 轴对刀，记录机械坐标 y 的显示值（假设为 40）。

Z 轴对刀，记录机械坐标 z 的显示值（假设为 50）。

根据所用刀具的尺寸（假定为 $\phi40$）及上述对刀数据，建立工件坐标系，有两种方法。执行 G92　X60 Y60 Z50 指令，建立工件坐标系。将工件坐标系的原点坐标（60,60,50）输入到 G55 寄存器，然后在 MDI 方式下执行 G55 指令。

模块十二 数控机床的安装、调试、验收及维护

数控机床的正确安装、调试与保养是保证数控机床正常使用,充分发挥其效益的首要条件。数控机床是高精度的机床,安装和调试的失误,往往会造成数控机床精度的丧失、故障率的增加,因而要引起操作者高度重视。在进行数控机床机械故障的诊断与维护,特别是在加工过程中出现质量问题时,很大程度上就可能属于机床的精度故障,因此精度的检测也就显得十分重要。数控机床的精度一般包括机床的静态几何精度、动态切削精度。

任务一 数控机床的安装与调试

一、数控机床的安装

数控机床的安装就是按照安装的技术要求将机床固定在基础上,以具有确定的坐标位置和稳定的运行性能。

(一)数控机床的基础处理和初就位

数控机床在运输到达用户以前,用户应根据机床厂提供的基础图做好机床基础,在安装地脚螺栓的部位做好预留孔。机床拆箱后首先找到随机的文件资料,找出机床装箱单,按照装箱单清点包装箱内的零部件、电缆、资料等是否齐全,如发现有损坏或遗漏,应及时与供货厂商联系解决,尤其注意不要超过索赔期限。然后仔细阅读机床安装说明书,按照说明书的机床基础图或《动力机器基础设计规范》做好安装基础。在基础养护期满并完成清理工作后,将调整机床水平用的垫铁、垫板逐一摆放到位,然后吊装机床的基础件(或整机)就位,同时将地脚螺栓放进预留孔内完成初步找平工作。

(二)数控机床部件的组装连接

数控机床各部件组装就是把初始就位的各部件连接起来。连接前应首先去除安装连接面、导轨和各运动面的防锈涂料,做好各部件外表清洁工作。然后把机床各部件组装成整机,如按照装配图将立柱、数控柜、电气箱装在床身上,刀库、机械手等装在立柱上。组装时要使用在厂里调试时的定位销、定位块等原来的定位元件,使机床装配后恢复到拆卸前的状态,以利于下一步调整。

部件组装完成后,进行电缆、油管、气管的连接,机床说明书中有电气、液压管路、气压管路等连接图,根据连接图把它们做好标记,逐件对号入座并连接好。连接时要特别注意保持清洁、可靠的接触及密封,并要随时检查有无松动与损坏。电缆插上后,一定要拧紧紧固螺钉保证接触可靠。在油管与气管的连接中,要注意防止异物从接口进入管路,造成液压或气压系统出现故障,以致机床不能正常工作。在连接管路时,每个接头都要拧紧,以免在试车时漏液、漏气。特别是在大的分油器上,一根管子渗漏,往往需要拆下一批管子返修,造成工作量加大。电缆和管道连接完毕后,要做好各管线的固定就位工作,然后装上防护罩壳,保

证机床外观整齐。

（三）数控系统的连接和调整

1. 开箱检查

开箱后应仔细检查系统本体和与之配套的进给速度控制单元、伺服电动机、主轴控制单元和主轴电动机。检查它们的包装是否完整无损，实物和订单是否相符。此外，还需检查数控柜内各插接件有无松动，接触是否良好。

2. 外部电缆的连接

外部电缆连接是指数控装置与外部 MDI/CRT 单元、强电柜、机床操作面板、进给伺服电动机动力线与反馈线，主轴电动机动力线与反馈线的连接以及与手摇脉冲发生器等的连接。应使上述连接符合随机提供的连接手册的规定。最后还应进行地线连接。地线应采用辐射式接地法，即将数控柜中的信号地、强电地、机床地等连接到公共接地点上。

数控柜与强电柜之间应有足够粗的保护接地电缆，一般采用截面积为 $5.5\sim14\ mm^2$ 的接地电缆。而总的公共接地点必须与大地接触良好，一般要求地电阻小于 $4\sim7\ \Omega$，并且总接地要十分牢靠，应与车间接地网相接，或者做出单独接地装置。

应在切断数控柜电源开关的情况下连接数控柜电源变压器的输入电缆，检查电源变压器与伺服变压器的绕组连接是否正确，国外的电源电压与国内不一样，调试时需注意电压。

（四）设定的确认

数控系统内的印制线路板上有许多用短路棒短路的设定点，需要对其适当设定，以适应机床的要求。设定确认工作应按随机《维修说明书》的要求进行。设定确认的内容一般包括以下三个方面。

（1）控制部分印制线路板上设定的确认。主要包括主板、ROM 板、连接单元、附加轴控制板及旋转变压器或感应同步器控制板上的设定。

（2）速度控制单元印制线路板上设定的确认。在直流速度控制单元和交流速度控制单元上都有许多设定点，用于选择检测元件种类、回路增益以及各种报警等。

（3）主轴控制单元印制线路板上设定的确认。在直流或交流主轴控制单元上均有一些用于选择主轴电动机极限和主轴转速等的设定点。

（五）输入电源电压、频率及相序的确认

（1）检查确认变压器的容量是否满足控制单元和伺服系统的电能消耗。

（2）检查电源电压波动范围是否在数控系统的允许范围之内。

（3）对于采用晶闸管控制元件的速度控制单元和主轴控制单元的供电电源，一定要检查相序。当相序不对时接通电源，可能使速度控制单元的输入熔丝烧断。

相序检查方法有两种：一种用相序表测量，当相序接法正确时（即与表上的端子标记的相序相同时），相序表按顺时针方向旋转；另一种可用示波器测量两相之间的波形，两相看一下，确定各相序。

（六）确认直流电源单元的电压输出端是否对地短路

数控系统内部都有直流稳压电源单元为系统提供 $+5\ V$、$+24\ V$ 等直流电压，因此，在系统通电前，应检查这些电源的负载是否有对地短路现象。

（七）接通数控柜电源检查各输出电压

接通数控柜电源以前，先将电动机动力线断开，这样可使数控系统工作时机床不引起运动。但是,应根据维修说明书对速度控制单元做些必要的设定,以避免因电动机动力线断开而报警。然后再接通电源,首先检查数控柜各个风扇是否旋转,并借此确认电源是否接通。再检查各印制线路板上的电压是否正常,各种直流电压是否在允许的波动范围内。

（八）确认数控系统各种参数的设定

为保证数控装置与机床相连接时,能使机床具有最佳工作性能,数控系统应根据随机附带的参数表逐项予以确定。显示参数时,一般可通过按 MDI/CRI 单元上的参数键【PA－RAM】来显示已存入系统存储器的参数。所显示的参数内容应与机床安装调试后的参数表一致。

（1）有关轴和设定单位的参数,如设定数控机床的坐标轴数、坐标轴名及规定运动的方向。

（2）各轴的限位参数。

（3）进给运动误差补偿参数,如直线运动反向间隙误差补偿参数、螺距误差补偿参数等。

（4）有关伺服的参数,如设定检测元件的种类、回路增益及各种报警的参数。

（5）有关进给速度的参数,如回参考点速度、切削过程中的速度控制参数。

（6）有关机床坐标系、工件坐标系设定的参数。

（7）有关编程的参数。

（九）确认数控系统与机床侧的接口

数控系统一般都具有自诊断的功能。在 CRT 画面上可以显示数控系统与机床接口以及数控系统内部的状态。当具有可编程逻辑控制器（PLC）时,还可以显示出从数字控制（NC）到 PLC,再从 PLC 到机床（MT）,以及从机床到 PLC,再从 PLC 到数字控制的各种信号状态。各个信号的含义及相互逻辑关系随 PLC 的顺序程序不同而不同。可根据资料中的梯形图说明书及诊断地址表,通过自诊断画面确认数控系统与机床之间的接口信号状态是否正确。

完成上述步骤已将数控系统调整完毕,已具备与机床联机通电试车的条件。此时应切断数控系统的电源,连接电动机的动力线,恢复报警的设定。

二、数控机床的调试

（一）通电试车

机床通电试车调整包括机床通电试运转和粗调机床的主要几何精度,其目的是考核机床安装的是否稳固,各个传动、控制、润滑、液压和气动系统是否正常可靠。通电试车之前,按机床说明书要求给机床润滑油箱和润滑点灌注规定的油液和油脂,擦除各导轨及滑动面上的防锈涂料,涂上干净的润滑油。清洗液压油箱内腔油池和过滤器,灌入规定标号的液压油,接通气动系统的输入气源。

连接从配电柜到机床电源开关的动力电缆,根据机床要求的总电源容量判别动力电缆容量、配电柜上熔断器容量是否匹配,检查供电电压波动范围,一般日本产的数控系统要求电源波动在±10%以内,欧、美产的数控系统要求电源波动在±5%以内,波动较大时必须考虑增装交流稳压器。国外一些数控系统和电气元件要求供电标准不同于国内标准,所以还要增加连接电源变压器,如把三相 380 V 变压成三相 220 V,要检查电源变压器和伺服变压器的绕组抽头连接是否正确。

机床接通电源后要采取各部件逐个供电试验,然后再进行总供电试验。这样做虽然耗时长一些,但安全可靠。首先 CNC 装置供电,供电前要检查 CNC 装置与监视器、MDI、机床操作面板、手摇脉冲发生器、电气柜的连线以及与伺服电动机的反馈电缆线连线是否可靠。在供电后要及时检查各环节的输入、输出信号是否正常,各电路板上的指示灯是否正常。为了安全,在通电的同时要做好按"急停"按钮的准备,以备随时切断电源。因为数控系统及伺服系统在头一次通电时,如果伺服电动机的反馈信号线接反了或断线,会出现驱动部件"飞车"现象。要求调试者立刻切断电源,避免造成严重事故。另外,伺服电动机首次通电瞬间可能会有微小的抖动,伺服电动机的零位漂移自动补偿功能会使电动机轴立即返回原位置,此后可以多次通、断电源,观察 CNC 装置和伺服驱动系统是否有零位漂移自动补偿功能。

机床其他各部分依次供电。利用手动进给或手轮移动各坐标轴来检查各轴的运动情况,观察有无故障报警。如果有故障报警,要按报警内容检查连接线是否有问题、位置环增益参数或反馈参数等设定值是否正确后给予排除。随后再使用手动低速进给或手轮功能低速移动各轴,检查超程限位是否有效,超程时系统是否报警。进行返回基准点的操作,检查有无返回基准点功能以及每次返回基准点的位置是否一致。

粗调床身的水平度,调整机床的主要几何精度。调整组装后主要运动部件与主机的相对位置,如刀库、机械手与主机换刀位置校正、工作台自动交换装置的托盘站与机床工作台交换位置的校正等。这些工作完成后用水泥灌注主机和各附件的地脚螺栓,把各地脚预留孔灌平,等水泥干结后就可以进行机床精调工作。

(二)数控机床精度和功能的调试

对带刀库机械手的加工中心,必须精确校验换刀位置和换刀动作。让机床自动运动到刀具交换位置,用手动方式进行换刀动作的单段操作,调整装刀机械手和卸刀机械手主轴相对刀库的位置,在调整中有误差时一般可以根据该刀库机械手的结构特点调整相应环节。例如机械手的行程、转角大小,移动机械手支座和刀库位置,必要时还可以修改换刀位置点(改变数控系统中参考点的设定参数)。调整完毕后紧固各调整螺钉及刀库地脚螺钉,然后装上几把刀,进行多次从刀库到主轴的往复自动交换,要求动作准确不撞击,不掉刀。目前中小型机床使用的快速换刀机构中采用凸轮式结构较多,这类结构几乎没有多少可调整环节,当然它们在制造厂装配合适后到用户场地变化的可能性也较小,可靠性较高。

对带 APC 交换工作台的机床,应将工作台移动到交换位置,再调整托盘站与交换台面的相对位置,使工作台自动交换时的工作平稳、可靠、正确。然后在工作台面上装有 70%～80%的允许负载,进行承载自动交换,达到正确无误后紧固各有关螺钉。

检查数控系统中参数设定值是否符合随机资料中规定的数据,然后试验各主操作功能、安全措施、常用指令执行情况等。例如,各种运动方式(手动、点动、MDI、自动等)、主轴挂挡指令、各级转速指令等是否正确无误。

检查机床辅助功能及附件是否正常工作,例如照明灯、冷却防护罩和各种护板是否完整;切削液箱注满冷却液后,喷管能否正常喷出切削液;在用冷却防护罩条件下是否有切削液外漏;排屑器能否正常工作;主轴箱的恒温油箱是否起作用等。

(三)水平调试与试运行

1. 水平调试

在已经固化的地基上精调床身的水平度,找正水平后移动床身上各运动部件(立柱、工作台等),观察各坐标全行程内主机水平变化情况,调整机床几何精度在允差范围内,一般以调整地脚垫铁为主,可稍微改变导轨上的镶条和预紧滚轮,绝对水平调整在 0.04/1 000 mm 的范围之内。对于车床,除了水平和不扭曲达到要求外,还应进行导轨直线度的调整。对于铣床、加工中心机床,应确保运动水平(工作台导轨不扭曲)也在合格范围内。水平调整合格后,就可以进行机床的试运行了。

2. 试运行

数控机床安装调试完毕后,要求整机在带一定负载的条件下自动运行一段时间,较全面地检查机床的功能及可靠性。运行时间参照行业有关标准采用每天运行 8 h 连续运行 2～3 天或者每天运行 24 h 连续运行 1～2 天,称为安装后的试运行。试运行时采用的程序叫拷机程序,可以采用机床生产厂商调试时使用的拷机程序,也可以自编拷机程序。拷机程序中应包括数控系统主要功能的使用、自动换取刀库中 2/3 以上数量的刀具、主轴的最高(最低)及常用转速、快速和常用的进给速度、工作台面的自动交换、主要 M 指令的使用。试运行时,机床刀库的大部分刀架应装上接近规定重量的刀具,交换工作台应装上负载,否则无法保障检查出安装调整中存在的问题。

三、数控机床的检验与验收

(一)检验与验收的工具

对于数控机床几何精度的检测,主要用的工具有平尺、带锥柄的检验棒、顶尖、角尺、精密水平仪、百分表、千分表、杠杆表、磁力表座等;对于其位置精度的检测,主要用的是激光干涉仪及块规;对于其加工精度的检验,主要用的是千分尺及三坐标测量仪等。测试噪声可以用噪声仪,测试温升可以用点温计或红外热像仪等。

(二)数控机床噪声温升及外观的检查

数控机床的噪声包括主轴箱的齿轮噪声,主轴电动机的冷却风扇噪声,液压系统油泵噪声等。机床空运转时噪声不得超过 83 dB。主轴运行温度稳定后一般其温度最高不超过 70℃,温升不超过 32℃。

数控机床的外观检查包括数控柜外观检查及床身外观检查。机床外观要求,可按照普通机床有关标准进行检查,一般应在机床拆开包装后马上进行检查,对外观的防护罩,油漆质量,机床照明,切屑处理,电线及气、油管走线的固定和防护等都有要求。

在对数控机床床身进行验收以后,还应对数控柜的外观进行检查,具体内容应包括以下几个方面。

1. 外表检查

用肉眼检查数控柜中 MDI/CRT 单元、位置显示单元、直流稳压单元、各印刷电路板(包括伺服单元)等是否有破损、污染,连接电缆捆绑处是否有破损,如果是屏蔽线还应检查屏蔽线是否有剥落现象。

2. 数控柜内部紧固情况检查

(1)螺钉紧固检查。检查输入变压器、伺服用电源变压器、输入单元和电源单元等接线端子处的螺钉是否已全部拧紧;凡是需要盖罩的接线端子座(该处电压较高)是否都有盖罩。

(2)紧固检查。数控柜内所有连接器、扁平电缆插座等都有紧固螺钉紧固,以保证它们连接牢固,接触良好。

(3)印刷电路板的紧固检查。在数控柜的结构布局方面,有的是笼式结构,一块块印刷电路板都插在笼子里面；有的是主从结构，即一块大板（也称主板）上面插了若干块小板（附加选择板）。但无论是哪一种形式，都应检查固定印刷电路板的紧固螺钉是否拧紧（包括大板与小板之间的连接螺钉）；还应检查电路板上各个 EPROM 和 RAM 卡等是否插入到位。

3. 伺服电动机外表检查

特别是对带有脉冲编码器的伺服电动机的外壳应认真检查，尤其是后端盖处。如发现有磕碰现象，应将电动机后盖打开，取下脉冲编码器外壳检查光码盘是否碎裂。

（三）数控机床几何精度的检验

数控机床的几何精度综合反映机床的关键零部件组装后的几何形状误差。数控机床的几何精度检查和普通机床的几何精度检查基本类似，使用的检查工具和方法也很相似。每项几何精度的具体检测办法和精度标准按有关检测条件和检测标准的规定进行。同时要注意检查工具的精度等级必须比所测的几何精度要高一级。现以一台普通立式加工中心为例，列出几何精度检测的内容如下。

（1）工作台面的平面度。

（2）各坐标方向移动的相互垂直度。

（3）Z 坐标方向移动时工作台面的平行度。

（4）Y 坐标方向移动时工作台面的平行度。

（5）X 坐标方向移动时工作台 T 形槽侧面的平行度。

（6）主轴的轴向窜动、径向圆跳动。

（7）主轴箱在 Z 坐标方向移动的直线度。

（8）主轴沿 Z 坐标方向移动时主轴轴心线的平行度。

（9）主轴回转轴心线对工作台面的垂直度。

对于主轴相互联系的几何精度项目必须综合调整，使之都符合允许的误差。如立式加工中心的轴和轴方向移动的垂直误差较大，则可以调整立柱底部床身的支承垫铁，使立柱适当前倾或后仰，以减小这项误差。但这也会改变主轴回转轴心线对工作台面的垂直度误差，因此必须同时检测和调整。

机床几何精度检测必须在地基及地脚螺栓的混凝土完全固化以后进行。考虑到地基的稳定时间过程，一般要求在机床使用数月到半年以后再精调一次水平。

检测机床几何精度常用的检测工具有精密水平仪、90°角尺、精密方箱、平尺、平行光管、千分表或测微仪以及高精度主轴心棒等。各项几何精度的检测方法按各机床的检测条件规定。各种数控机床的检测项目也略有区别，如卧式机床比立式机床多几项与平面转台有关的几何精度。

在检测中要注意消除检测工具和检测方法的误差，同时应在通电后各移动坐标往复运动几次，主轴在中等转速回转几分钟后，机床稍有预热的状态下进行检测。

（四）数控机床定位精度的检验

数控机床的定位精度是指机床在数控装置的控制下，机床的各运动部件运动时所能达到的精度。因此，根据检测的定位精度的数值，可以知道这台机床在以后的加工中所能到达的最高加工精度。

定位精度检验的内容如下：

（1）直线运动定位精度（包括 X、Y、Z、U、V、W 等轴）；

（2）直线运动重复定位精度；

（3）直线运动各轴返回机床原点的精度；

（4）直线运动失动量（背隙）的测定；

（5）回转运动的定位精度（包括 A、B、C 等轴）；

（6）回转运动的重复定位精度；

（7）回转轴原点的返回精度；

（8）回转轴运动的失动量的测定。

检测直线运动的工具有测微仪和成组块规、标准刻度尺和光学读数显微镜及双频激光干涉仪等，标准的长度测量以双频激光干涉仪为准。

回转运动检测工具有高精度圆光栅、360 个齿精确分度的标准转台、角度多面体等。

1. 直线运动定位精度检测

机床直线运动定位精度检测一般都在机床空载条件下进行，常用检测方法如图 12-1 所示。按照 ISO（国际标准化组织）标准规定，对数控机床的检测，应以激光测量为准，但目前国内拥有这种仪器的用户较少，因此，大部分数控机床生产厂的出厂检测及用户验收检测还是采用标准尺进行比较测量。这种方法的检测精度与检测技巧有关，较好的情况下可控制到（0.004～0.005 mm）/1 000 mm，而激光测量的精度可较标准尺检测方法提高一倍。

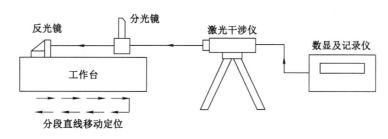

图 12-1 直线运动定位精度检测

其具体方法是：视机床规格选择每 20 mm、50 mm 或 100 mm 的间距，用数据输入法做正向和反向快速移动定位，测出实际值和指令值的离差。为了反映多次定位中的全部误差，国际标准化组织规定每一个定位点进行 5 次数据测量，计算出均方根值和平均离差 $\pm 3\sigma$。定位精度是一条由各定位点平均值连贯起来由平均离差 $\pm 3\sigma$ 构成的定位点离散误差带。

定位精度是以快速移动定位测量的。对一些进给传动链刚度不太好的数控机床，采用各种进给速度定位时会得到不同的定位精度曲线和不同的反向间隙，因此质量不高的数控机床不可能加工出高精度的零件。

2. 直线运动重复定位精度的检测

检测用的仪器与检测直线运动定位精度所用的仪器相同。检测方法是在靠近各坐标行程的中点及两端的任意三个位置进行测量，每个位置用快速移动定位，在相同的条件下重复做 7 次定位，测出停止位置的数值并求出读数的最大差值。以 3 个位置中最大差值的 1/2 附上正负符号，作为该坐标的重复定位精度，它是反映轴运动精度稳定性的最基本指标。

3. 直线运动的原点复归精度

数控机床每个坐标轴都要有精确的定位起点，此点即为坐标轴的原点或参考点。为提高原点返回精度,各种数控机床对坐标轴原点复归采取了系列措施,如降速、参考点偏移量补偿等。同时,每次关机之后,重新开机的原点位置精度要求一致。因此,坐标原点的位置精度必然比行程中其他定位点精度要高。原点返回精度,实质上是该坐标轴上一个特殊点的重复定位精度,因此,它的测量方法与重复定位精度相同。

4．直线运动失动量的测定

坐标轴直线运动的失动量,又称直线运动反向差,是该轴进给传动链上的驱动元件反向死区,以及各机械传动副的反向间隙和弹性变形等误差的综合反映。测量方法与直线运动重复定位精度的测量方法相似,是在所检测的坐标轴的行程内,预先正向或反向移动一段距离后停止,并且以停止位置作为基准,再在同一方向给坐标轴一个移动指令值,使之移动一段距离,然后向反方向移动相同的距离,检测停止位置与基准位置之差。在靠近行程的中点及两端的三个位置上分别进行多次测定,求出各个位置上的平均值,以所得平均值中最大的值为失动量的检验值。该值越大,那么定位精度和重复定位精度就越差。如果失动量在全行程范围内均匀,可以通过数控系统的反向间隙补偿功能给予修正,但是补偿值越大,就表明影响该坐标轴定位误差的因素越多。

5．回转工作台的定位精度

以工作台某一角度为基准,然后向同一方向快速转动工作台,每隔30°锁紧定位,选用标准转台、角度多面体、圆光栅及平行光管等测量工具进行测量,正向转动和反向转动各测量一周。各定位位置的实际转角与理论值(指令值)之差的最大值即为分度误差。

检测时要对 0°、90°、180°、270°重点测量,要求这些角度的精度比其他角度的精度高一个数量级。

(五)切削精度的检验

数控机床切削精度检验,又称动态精度检验,是在切削加工条件下,对机床几何精度和定位精度的一项综合考核。切削精度检验可分单项加工精度检验和加工一个标准的综合性试件精度检验两种。国内多以单项加工为主。对数控车床常以车削一个包含圆柱面、锥面、球面、倒角和槽等多种形状的棒料试件作为综合车削试件精度检验的对象。数控车床的切削精度检验的检测对象还有螺纹加工试件。

以镗铣为主的加工中心的主要单项精度有以下几种:

(1)镗孔精度。镗孔精度试验如图 12-2(a)所示。这项精度与切削时使用的切削用量、切削方向、刀具材料、切削刀具的几何角度等都有一定的关系。主要是考核机床主轴的运动精度及低速走刀时的平稳性。在现代数控机床中,主轴都装配有高精度带有预负荷的成组滚动轴承,进给伺服系统带有摩擦因数小和灵敏度高的导轨副及高灵敏度的驱动部件,所以这项精度一般都不成问题。

(2)端面铣刀铣削平面(X—Y 平面)的精度。图 12-2(b)表示用精调过的多齿端面铣刀精铣平面的方向,端面铣刀铣削平面精度主要反映 X 轴和 Y 轴两轴运动的平面度及主轴中心对 X—Y 运动平面的垂直度(直接在台阶上表现)。一般平面度和台阶差精度在 0.01 mm 左右。

(3)镗孔的孔距精度和孔径分散度检查按图 12-2(c)所示进行,以快速移动进给定位精镗 4 个孔,测量各孔位置的 X 坐标和 Y 坐标的坐标值,以实测值和指令值之差的最大值作为孔距精度测量值。对角线方向的孔距可由各坐标方向的坐标值经计算求得,或各孔插入

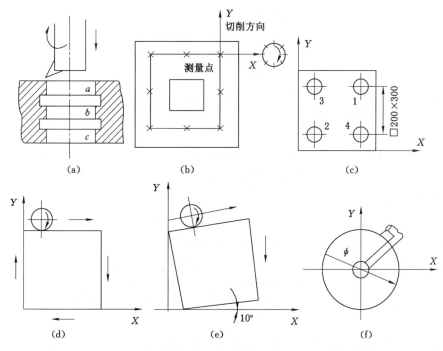

图 12-2 各种单项切削精度试验

配合紧密的检验心轴后,用千分尺测量对角线距离。而孔径分散度则由在同一深度上测量各孔 X 坐标方向和 Y 坐标方向的直径最大差值求得。一般数控机床 X、Y 坐标方向的孔距精度为 0.02 mm,对角线方向孔距精度为 0.03 mm,孔径分散度为 0.015 mm。

(4) 直线铣削精度。可按图 12-2(d)进行检查。由 X 坐标及 Y 坐标分别进给,用立铣刀侧刃精铣工件周边。测量各边的垂直度、对边平行度、邻边垂直度和对边距离尺寸差。这项精度主要考核机床各向导轨运动的几何精度。

(5) 斜线铣削精度。用立铣刀侧刃来精铣工作周边,如图 12-2(e)所示。它是用同时控制 X 和 Y 两个坐标来实现的。该精度可以反映两轴直线插补运动品质特性。进行这项精度检查时有时会发现在加工面上(两直角边上)出现一边密一边稀的很有规律的条纹,这是由于两轴联动时,其中一轴进给速度不均匀造成的。这可以通过修调该轴速度控制和位置控制回路来解决。少数情况下也可能是负载变化不均匀造成的,如导轨低速爬行、机床导轨防护板不均匀摩擦及位置检测反馈元件传动不均匀等也会造成上述条纹。

(6) 圆弧铣削精度。检查是用立铣刀侧刃精铣如图 12-2(f)所示外圆表面,然后在圆度仪上测出圆度曲线。一般加工中心类机床铣削 $\phi200\sim300$ mm 工件时,圆度可达到 0.03 mm 左右,表面粗糙度可达到 $Ra3.2\ \mu$m 左右。

对于卧式机床,还有箱体掉头镗孔同轴度、水平转台回转 90° 铣四方加工精度。对于有高效切削要求的机床,还要做单位时间内金属切削量的试验等。切削加工试验材料除特殊要求之外,一般都用一级铸铁,使用硬质合金刀具,按标准的切削用量切削。

(六) 数控机床性能与功能的验收

数控机床性能和功能直接反映了数控机床各个性能指标,它们的好坏将影响到机床运行的可靠性和正确性,对此方面的检验要全面、细致。

1. 主轴性能检查

(1) 用手动方式选择高、中、低三挡转速,主轴连续进行五次正转和反转的启动、停止,检验其动作的灵活性和可靠性。同时,观察负载表上的功率显示是否符合要求。

(2) 用数据输入方式(MDI),逐步使主轴由低速到最高速旋转,进行变速和启动,测量各级转速值,转速允差为设定值的 ±10%。同时,观察机床的振动与噪声情况。主轴在 2 h 高速运转后允许温升 15℃。

(3) 主轴准停装置连续操作五次以上,检验其动作的灵活性和可靠性。有齿轮挂挡的主轴箱,应多次试验自动挂挡,其动作应准确可靠。

2. 进给性能检查

(1) 分别对 X、Y、Z 直线坐标轴(回转坐标 A、B、C)进行手动操作,检验其正、反向的低、中、高速进给和快速移动的启动、停止、点动等动作平稳性和可靠性。在增量方式下,单次进给误差不得大于最小设定当量的 100%,累积进给误差不得大于最小设定当量的 200%。在手轮方式下,手轮每格进给和累积进给误差同增量方式。

(2) 用数据输入方式测定 G00、G01 方式下各种进给速度,其允差为 ±5%,并验证倍率开关作用。

(3) 通过上述两种方法,检验各伺服轴在进给时软硬限位的可靠性。数控机床的硬限位是通过行程开关来确定的,一般在各伺服轴的极限位置,因此,行程开关的可靠性就决定了硬限位的可靠性。软限位是通过设置机床参数来确定的,限位范围是可变的。软限位是否有效可观察伺服轴在到达设定位置时,伺服轴是否停止来确定。

(4) 用回原点方式(REF),检验各伺服轴回原点的可靠性。

3. 自动刀具交换系统检查

(1) 检查自动刀具交换动作可靠性和灵活性,包括手动操作及自动运行时刀库满负载条件下(装满各种刀柄)运动平稳性、机械抓取最大允许重量刀柄的可靠性及刀库内刀号选择的准确性等。检验时,应检查自动刀具交换系统(ATC)操作面板各手动按钮功能,逐一呼叫刀库上各刀号,如有可能逐一分解操纵自动换刀各单段动作,检查各单段动作质量(动作快速、平稳无明显撞击、到位准确等)。

(2) 检验交换刀具的交换时间、离开工件到接触工件等时间,符合机床说明书规定。

4. 机床电气装置检查

在试运转前后分别进行一次绝缘检查,检查机床电气柜接地线质量、绝缘的可靠性、电气柜清洁和通风散热条件。

5. 数控装置及功能检查

检查数控柜内外各种指示灯、输入输出接口、操作面板各开关按钮功能、电气柜冷却风扇和密封性是否正常可靠,主控单元到伺服单元、伺服单元到伺服电动机各连接电缆连接的可靠性。外观质量检查后,根据数控系统使用说明书,用手动或程序自动运动方法检查数控系统主要使用功能,如定位、直线插补、圆弧插补、暂停、自动加减速、坐标选择、平面选择、刀具半径补偿、刀具长度补偿、固定循环、行程停止、选择暂停、程序暂停、程序结束、冷却液的开关、程序单段运行、原点偏置、跳读程序、进给速度调节、主轴速度调节、紧急停止、程序检索、位置显示、镜像功能、螺距误差补偿、间隙误差补偿及用户宏程序、人机对话编程、自动测量程序等功能的准确性及可靠性。

数控机床功能的检查不同于普通机床,必须在机床运行程序时检查有没有执行相应的动作,因此检查者必须了解数控机床功能指令的具体含义,及在什么条件下才能在现场判断机床是否准确执行了指令。

6. 安全保护措施和装置检查

数控机床作为一种自动化机床,必须有严密的安全保护措施。安全保护在机床上分两大类:一类是极限保护,如安全防护罩、机床各运动坐标行程极限保护自动停止功能、各种电压电流过载保护、主轴电动机过热超负荷紧急停止功能等;另一类是为了防止机床上各运动部件互相干涉而设定的限制条件,如加工中心的机械手伸向主轴装卸刀具时,带动主轴箱的 Z 轴干涉绝对不允许有移动指令,卧式机床上为了防止主轴箱降得太低时撞击到工作台面,设定了 Y 轴和 Z 轴干涉保护,即该区域都在行程范围内,单轴移动可以进入此区域,但不允许同时进入。保护的措施可以有机械式(如限位挡块、锁紧螺钉)、电气限位(以限位开关为主)、软件限位(在软件参数上设定限位参数)。

7. 润滑装置检查

数控机床各机械部件的润滑分为脂润滑和定时定点的注油润滑。脂润滑部位如滚珠丝杠螺母副的丝杠与螺母、主轴前轴承。这类润滑一般在机床出厂一年以后才考虑清洗更换。机床验收时主要检查自动润滑油路的工作可靠性,包括定时润滑是否能按时工作,关键润滑点是否能定量出油,油量分配是否均匀,检查润滑油路各接头处有无渗漏等。

8. 气液装置检查

检查压缩空气源和气路有无泄漏和工作可靠性。如气压太低时有无报警显示,气压表和油水分离等装置是否完好等,液压系统工作噪声是否超标,液压油路密封是否可靠,调压功能是否正常等。

9. 附属装置检查

检查机床各附属装置的工作可靠性。一台数控机床常配置许多附属装置,在新机床验收时对这些附属装置除了一一清点数量之外,还必须试验其功能是否正常。如冷却装置能否正常工作,排屑器的工作质量,冷却防护罩在大流量冲淋时有无泄漏,APC 工作台是否正常,在工作台上加上额定负载后检查工作台自动交换功能,配置接触式测头和刀具长度检测的测量装置能否正常工作,相关的测量宏程序是否齐全等。

10. 机床工作可靠性检查

判断一台新数控机床综合工作可靠性的最好办法,就是让机床长时间无负载运转,一般可运转 24 h。数控机床在出厂前,生产厂家都进行了 24～72 h 的自动连续运行拷机,用户在进行机床验收时,没有必要花费如此长的时间进行拷机,但考虑到机床托运及重新安装的影响,进行 8～16 h 的拷机还是很有必要的。实践证明,机床经过这种检验投入使用后,很长一段时间内都不会发生大的故障。在自动运行拷机程序之前,必须编制一个功能比较齐全的拷机程序,该程序应包含以下各项内容。

(1)主轴运转应包括最低、中间、最高转速在内的速度运行,而且应该包含正转、反转及停止等动作。

(2)各坐标轴方向运动应包含最低、中间和最高进给速度及快速移动,进给移动范围应接近全行程,快速移动距离应在各坐标轴全行程的 1/2 以上。

（3）一般编程常用的指令尽量都要用到，如子程序调用、固定循环、程序跳转等。

（4）如有自动换刀功能，应装上中等以上重量的刀柄进行实际交换刀库之中 2/3 以上的刀具。

（5）配置的一些特殊功能应反复调用，如 APC 和用户宏程序等。

任务二　立铣床工作台轴的拆装与轴线运动精度检测

一、立式铣床 X 轴的拆装

（一）X 轴拆卸步骤

（1）X 轴拆卸，测轴跳动：进行拆装操作，请在拆卸进给传动链之前，在丝杠端头打表测量（图 12-3），记录拆卸之前的原机床传动链精度——轴向跳动，以便于恢复后进行比较。

（2）拆下防护盖，打开轴承座，如图 12-4 所示。

图 12-3　拆卸前测量轴跳动　　　　图 12-4　去除防护盖

（3）松联轴器，拆卸联轴节锁紧螺丝，如图 12-5 所示。

（4）拆伺服电动机，如图 12-6 所示。

图 12-5　松联轴器　　　　图 12-6　拆伺服电动机

注意：拆卸伺服电动机之前，必须关断电源，否则带电插拔反馈电缆或动力电缆，容易引起接口电路烧损！拆电动机时，禁止敲打撞击，防止编码器损坏。

（5）取下联轴器。

（6）拆取丝杠时，应记录原始丝杠锁紧螺纹齿数，如图 12-7 所示。

（7）拆卸轴承分析其配合，如图 12-8 所示，然后拆除另一端轴承后端盖。

（8）用铜棒将锁母敲打取下，将丝杠敲打至轴承座外，如图 12-9 所示。

（9）用铜棒敲打轴承使轴承各点均匀受力，取下轴承。

图 12-7　记录螺纹齿数

图 12-8　拆卸轴承

（10）用铁丝穿起，便于安装。

（11）拆丝杠螺母副，将六棵螺丝分别拧松，后分别取下就可以将丝杠取下了，如图 12-10 所示。

图 12-9　铜棒敲打拆卸丝杠、轴承

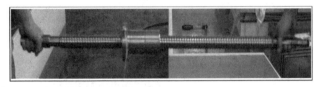

图 12-10　拆卸丝杠副

（12）打开丝杠螺母，取下垫片。

（二）X 轴安装及精度测量

（1）装"前"轴承座，装轴承，如图 12-11 所示。

（2）打表测量丝杠的前后蹿动量，如图 12-12 所示。

图 12-11　安装前轴承

图 12-12　测丝杠跳动

（3）打表测量丝杠母线的直线度及平行度，如图 12-13、图 12-14 所示。

同样处理其余轴的拆装与检测。

二、铣床轴线精度测量

（一）测量前工具准备

（1）工量具：角尺、水平尺、千分表、杠杆百分表、滑块。

（2）准备工作（对工作台的清洁处理）：① 用布对工作台上的赃物进行清理；② 用油石

图 12-13　测丝杠直线度

图 12-14　测丝杠平行度

研磨工作台表面(严禁 Y 轴方向研磨);③ 研磨完毕后用布擦干净;④ 再用拉丝布擦拭(图 12-15);⑤ 最后用手擦干净检查。

图 12-15　擦拭工作台

(3) 对工量具的清洁。

(4) 擦主轴锥孔、端面,如图 12-16、图 12-17 所示。

图 12-16　擦主轴锥孔

图 12-17　擦主轴端面

(二) 轴线运动的直线度测量

(1) 在 $X-Z$ 平面内允许公差(单位:mm),要求见表 12-1。

表 12-1　　　　　　　　　　　　　　　　　　　　X 轴直线度

$X \leqslant 500$	0.010
$X > 500 \sim 800$	0.015
$X > 800 \sim 1250$	0.020
$X > 1\,250 \sim 2\,000$	0.025

局部公差:在任意 300 mm 测量长度上为 0.007。

检验工具:平尺和千分表。

检验方法(图 12-18):对所有不同结构形式的机床,都应将平尺置于工作台。如主轴能锁紧,则千分表或显微镜或干涉仪可装在主轴上,否则检验工具应装在机床的主轴箱上。

测量位置应尽量靠近工作台中央。将工作台面上放置一平尺,平尺的下方放两等高块,使千分尺的测头触于平尺的上表面。沿 X 轴移动,以千分表读数的最大值作为测量值。

(2)在 Y—Z 平面内,Y 轴轴线直线度的测量方法与上述方法相同,只是将平尺调换 90°。

(三) Z 轴线及 Y 轴线运动间的垂直度测量

允差:0.020/500(单位:mm)。

检验工具:平尺或平板角尺和千分表。

检验方法(图 12-19):将角尺放在工作台上,将千分表的触头压在角尺上。使 Z 轴上下移动,看千分表的读数大小。以千分表读数的最大值作为测量值。

图 12-18　X 轴线精度测量

图 12-19　Y 轴线精度测量

如主轴能缩紧,则表座可吸在主轴上,否则指示器应装在机床的主轴箱上。为了参考和修正方便,应记录 α 值是小于、等于还是大于 90°。

(四) Z 轴线及 X 轴线运动间的垂直度

允差:0.020/500(单位:mm)。

检验工具:平尺或平板、角尺和千分表。

检验方法(图 12-20):通过直立在平尺或平板上的角尺检验 Z 轴轴线。即使 Z 轴上下移动,看千分表的读数大小。以千分表读数的最大值作为测量值。

如主轴能缩紧,则表座可吸在主轴上,否则表座应吸在机床的主轴箱上。为了参考和修正方便,应记录 α 值是小于、等于还是大于 $90°$。

(五) Y 轴线和 X 轴线运动间的垂直度测量

允差:0.020/500(单位:mm)。

检验工具:平尺、角尺和千分表。

检验方法(图 12-21):

(1) 先将角尺的一直角边平行于 X 轴,找表拉直。

图 12-20　Z 轴线及 X 轴线运动间的垂直度测量

图 12-21　Y 轴线及 X 轴线运动间的垂直度测量

(2) 将千分表的测头压在角尺的另一直角边,沿 Y 轴的坐标系移动。以千分表读数的最大值作为测量值。如主轴能锁紧,则表座可吸在主轴上,否则表座应吸在机床的主轴箱上。为了参考和修正方便,应记录 α 值是小于、等于还是大于 $90°$。

(六) 主轴锥孔的径向跳动测量

(1) 将表压在靠近主轴端部,找到杆的最高点,转动主轴记录表的摆动量。

(2) 距主轴端部 300 mm 处,同样找杆的最高点,转动主轴记录表的摆动量。

允差:0.007(半径)、0.015(轴径)(单位:mm)。

检测工具:检验棒和千分表。

在主轴锥孔中插入一检验棒,固定千分表,使其测头触及检验棒的表面:① 靠近主轴端部:旋转主轴检验;② 距主轴端部 300 mm 处,旋转主轴检验。

拔出检验棒,相对主轴旋转 $90°$,重新插入主轴锥孔中,依次重复检验三次。

最大差值不大于允差。

在 $Y—Z$ 和 $X—Z$ 的轴向平面内均须检测。

(七) 工作台纵向中央或基准 T 形槽和 X 轴轴线运动间的平行度测量

允差:在 500 测量长度上为 0.025(单位:mm)。

检验工具:千分表、平尺。

检测方法(图 12-22):将千分表的测头触及基准 T 形槽的一侧,工作台沿 X 坐标方向移动。以千分表读数的最大值作为测量值。

(八) Z 轴轴线运动的直线度

局部公差:在任意 300 mm 测量长度上为 0.007。

检验方法：对所有不同结构形式的机床，都应将平尺置于工作台。如主轴能锁紧，则千分表或显微镜或干涉仪可装在主轴上，否则检验工具应装在机床的主轴箱上。

工作台上立一角尺，将固定在主轴箱上的千分表的测头放在角尺上。

（1）将测头放在平行于主轴线的 $X—Z$ 平面内的角尺上，用手轮沿 Z 轴的轴线上下移动，以千分表读数的最大差值作为该方向的测量值。

（2）将测头放在于 $Y—Z$ 平面内的角尺上，用手轮沿 Z 轴的轴线上下移动，以千分表读数的最大差值作为该方向的测量值。测量时先调整角尺，使其上下两端读数一致。

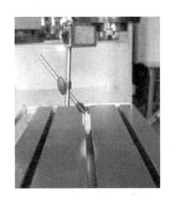

图 12-22　T 形槽和 X 轴轴线运动间的平行度测量

（九）主轴轴线和 Z 轴轴线运动间的平行度

允差（mm）：在 300 mm 测量长度上为 0.015。

检测工具：检验棒和千分表。

检测方法：

X 轴轴线置于形成的中间位置。将千分表的测头触在测量棒上，然后使 Z 轴上下移动。分别在平行于 Y 轴轴线的 $Y—Z$ 垂直平面内侧及在平行于 X 轴轴线的 $Z—X$ 垂直平面内侧。

（1）如有可能，Z 轴轴线锁紧。

（2）如有可能，X 轴轴线锁紧。

使千分表的触头触于测量棒上，然后沿 Z 轴坐标系上下移动。测量时要在 $Y—Z$ 和在 $Z—X$ 平面内都要测。

以上所有数据均要多次测量，做好记录并与机床检测报告数据对应查看，误差过大重新调整。

任务三　数控机床的日常维护

对数控机床的维护要有科学的管理方法，要有计划、有目的地制定相应的规章制度。对维护过程中发现的故障隐患应及时加以清除，避免停机待修，以延长平均无故障工作时间，增加机床的开动率。

一、点检

从点检的要求和内容上看，点检可分为专职点检、日常点检和生产点检三层次，图12-23所示为数控机床点检维修过程示意图。

（一）专职点检

负责对数控机床的关键部位和重要部位按周期进行重点检查、设备状态检测与故障诊断，制订点检计划，做好诊断记录，分析维修结果，提出改善设备维护管理的建议。

（二）日常点检

负责对机床的一般部位进行检查，处理和排除数控机床在运行过程中出现的故障。

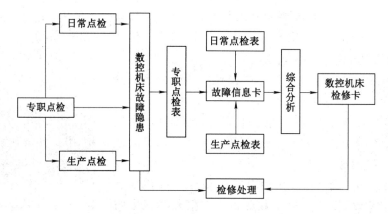

图 12-23　点检维修过程示意图

（三）生产点检

负责对生产运行中的数控机床进行检查，并负责润滑、紧固等工作。

（四）点检管理

数控机床的点检管理一般包括下述几部分内容。

1. 安全保护装置

（1）开机前检查机床的各运动部件是否在停机位置。

（2）检查机床的各保险及防护装置是否齐全。

（3）检查各旋钮、手柄是否在规定的位置。

（4）检查工装夹具的安装是否牢固可靠，有无松动、移位。

（5）刀具装夹是否可靠以及有无损坏，如砂轮有无裂缝。

（6）工件装夹是否稳定可靠。

2. 机械及气压、液压仪器仪表开机后先让机床低速运转 3～5 min，然后检查

（1）主轴运转是否正常，有无异味、异声。

（2）各轴向导轨是否正常，有无异常现象发生。

（3）各轴能否正常回归参考点。

（4）空气干燥装置中滤出的水分是否已放出。

（5）气压、液压系统是否正常，仪表读数是否在正常值范围之内。

3. 电气防护装置

（1）各种电气开关、行程开关是否正常。

（2）电动机运转是否正常，有无异声。

4. 加油润滑

（1）机床低速运转时，检查导轨的供油情况是否正常。

（2）按要求的位置及规定的油号加注润滑油，将油箱盖盖好后检查油路是否畅通。

5. 清洁文明生产

（1）设备外观应无灰尘、无油污，呈现本色。

（2）各润滑面无黑油、无锈蚀，应有洁净的油膜。

（3）丝杠应洁净、无黑油，亮泽有油膜。

（4）生产现场应保持整洁有序。

二、数控机床的日常维护

数控系统维护保养的具体内容，在随机的使用和维修手册中通常都做了规定，现就共同性的问题做以下要求。

（一）严格遵循操作规程

数控系统编程、操作和维修人员都必须经过专门的技术培训，熟悉所用数控机床的机械部件、数控系统、强电装置、液压气动装置等部分的使用环境、加工条件等；能按数控机床和数控系统使用说明书的要求正确、合理地使用设备。应尽量避免因操作不当引起的故障。要明确规定开机、关机的顺序和注意事项，例如开机首先要手动或用程序指令自动回参考点，顺序为 Z、X、Y 轴再其他轴。在机床正常运行时不允许开关电气柜，禁止按动"急停、复位"按钮，不得随意修改参数等。按操作规程要求进行日常维护工作，有些部件需要天天清理，有些部件需要定时加油和定期更换。

（二）数控机床的使用环境

数控机床要避免阳光的直接照射，不能安装在潮湿粉尘过多或污染太大的场所，否则会造成电子元件技术性能下降，电气接触不良或电路短路故障。数控机床要远离振动大的设备，对于高精密的机床要采取专门的防振措施。在有条件的情况下，将数控机床置于空调环境下使用，其故障率会明显降低。

（三）数控机床的电源要求

由于我国的供电条件普遍比较差，电源波动时常超过 10%，在交流电源上往往叠加有高频杂波信号，以及幅度很大的瞬间干扰信号，很容易破坏机内的程序或参数，影响机床的正常运行。在条件许可的情况下，对数控机床采用专线供电或增设稳压设备，以减少供电质量的影响和电气干扰。

（四）设备出现故障

出现故障要保留现场，维修人员要认真了解故障前后经过，做好故障发生原因和处理的记录，查找故障及时排除，减少停机时间。

（五）数控机床不宜长期封存

购买的数控机床要尽快投入生产使用，尤其在保修期内要尽可能提高机床利用率，使故障隐患和薄弱环节充分暴露出来及时保修，节省维修费用。数控机床闲置会使电子元器件受潮，加快其技术性能下降或损坏。长期不使用的数控机床要每周通电 $1\sim2$ 次，每次运行 1 h 左右，以防止机床电气元件受潮，及时发现有无电池报警信号，避免系统软件参数丢失。

（六）防止尘埃进入数控装置内

（1）除了进行检修外，应尽量少开电气柜门。因为柜门常开易使空气中飘浮的灰尘和金属粉末落在印制电路板和电气接插件上，容易造成元件之间的绝缘电阻下降，从而出现故障甚至造成元件损坏。有些数控机床的主轴控制系统安置在强电柜中，强电柜门关得不严是使电气元件损坏、数控系统控制失灵的一个原因。

（2）一些已受外部尘埃、油雾污染的电路板和接插件可采用专用电子清洁剂喷洗。

（七）存储器用电池要定期检查和更换

通常，数控系统存储参数用的存储器采用 CMOS 器件，其存储的内容在数控系统断电期间靠支持电池供电保持。支持电池一般采用锂电池或可充电电池，当电池电压下降至一定值时就会造成参数丢失。因此,要定期检查电池电压,当该电压下降至限定值或出现电池电压报警时,应及时更换电池。在一般情况下,即使电池尚未消耗完,也应每年更换一次,以确保数控系统能正常工作。更换电池时一般要在数控系统通电状态下进行,这样才不会造成存储参数丢失。一旦参数丢失,在调换新电池后,须重新将参数输入。

其余常规检查项目见表12-2。

表 12-2   **常规检查项目**

序号	工作时间	检查要求
1	工作 200 h	检查各润滑油箱、液压油箱、冷却水箱液位,不足则添加
2	工作 200 h	检查液压系统压力,随时调整
3	工作 200 h	检查冷却水清洁情况,必要时更换
4	工作 200 h	检查压缩空气的压力、清洁、含水情况,清除积水,添加润滑油,调整压力,清洗过滤网
5	工作 200 h	检查导轨润滑和主轴箱润滑压力,不足则调整
6	工作 1 000 h	移动各轴,检查导轨上是否有润滑油,否则修复。清洗刮屑板,把新的刮屑板或干净的刮屑板装上。在导轨上涂约 50 mm 宽的油膜,拖板移动约 30 mm 长,刮屑板能在导轨上刮成均匀的油膜为正常,否则调整刮屑板的安装
7	工作 1 000 h	检查电柜空调的滤网,必要时清洗
8	工作 2 000 h	检查所有的刮屑板,卸下刮屑板,如果刮屑板下镶有铁屑,就要更换新的刮屑板。移动各轴,检查导轨上是否有润滑油,否则修复。清洗刮屑板,把新的刮屑板或干净的刮屑板装上。在导轨上涂上约 50 mm 宽的油膜,拖板移动约 30 mm 长,刮屑板能在导轨上刮成均匀的油膜为正常,否则调整刮屑板的安装
9	工作 2 000 h	将所有液压油放掉,清洗油箱,更换或清洗滤油器中的滤芯,检查蓄能器性能,液压油泵停机后油压慢慢下降为正常,否则修复或更换
10	工作 2 000 h	放掉各润滑油,清洗润滑油箱
11	工作 2 000 h	检查滚珠丝杠润滑情况。用测量表检查各轴的反向间隙,必要时调整,将新数据输入系统中
12	工作 2 000 h	检查刀架的各项精度,恢复精度
13	工作 2 000 h	检查各轴的急停限位情况,更换损坏的限位开关
14	工作 2 000 h	检查主轴皮带的张紧情况,必要时调整。检查皮带外观,必要时更换
15	工作 2 000 h	卸下各轴防护板,清洗下面的装置和部件
16	工作 2 000 h	清除所有电动机散热风扇上的灰尘
17	工作 2 000 h	检查 CNC 系统存储器的电池电压,如电压过低或出现电池报警,应马上在系统通电情况下更换电池
18	工作 4 000 h	全面检查机床的各项精度,必要时调整恢复
19	工作 4 000 h	检查电柜内的整洁情况,必要时清理灰尘。检查各电缆、电线是否连接可靠,必要时紧固

附录　数控铣床及加工中心电气原理图

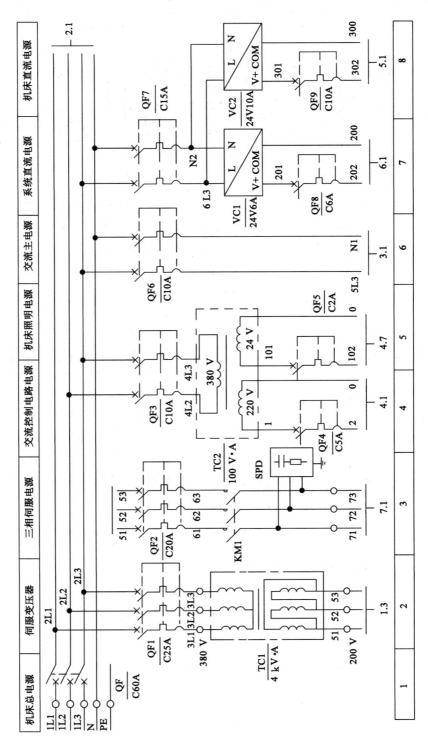

附图1　NXK8045数控铣床电源控制电路工作原理图（图纸1）

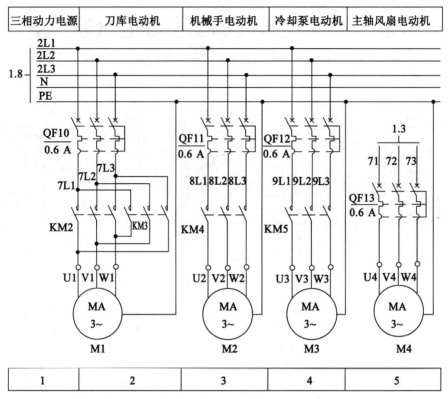

附图 2　NXK8045 数控铣床三相交流电动机主电路原理图(图纸 2)

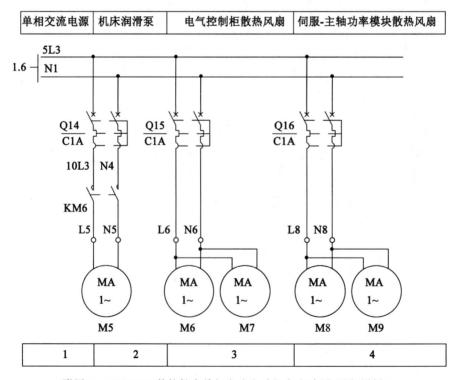

附图 3　NXK8045 数控铣床单相交流电动机主电路原理图(图纸 3)

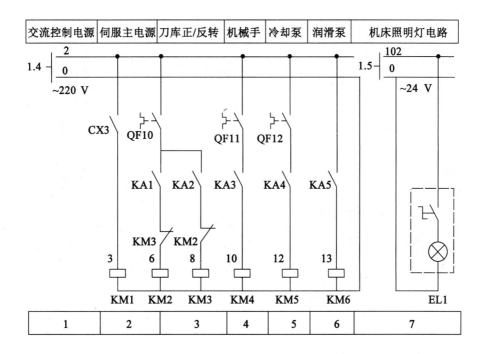

附图 4 NXK8045 数控铣床交流控制电路原理图（图纸 4）

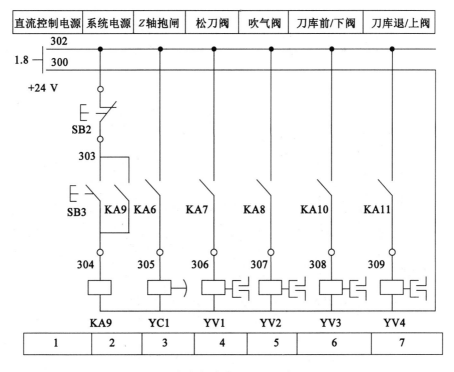

附图 5 NXK8045 数控铣床直流控制电路原理图（图纸 5）

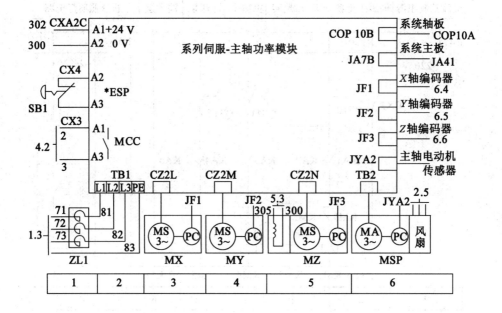

附图 6　NXK8045 数控铣床伺服—主轴功率模块连接图（图纸 6）

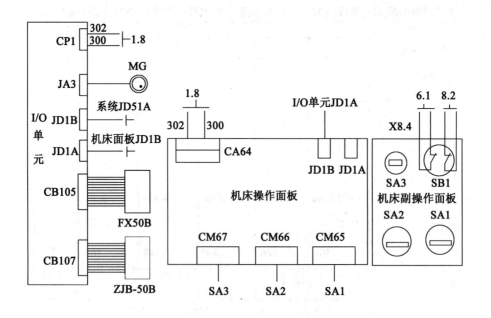

附图 7　NXK8045 数控铣床系统 PMC I/O 装置的连接图（图纸 7）

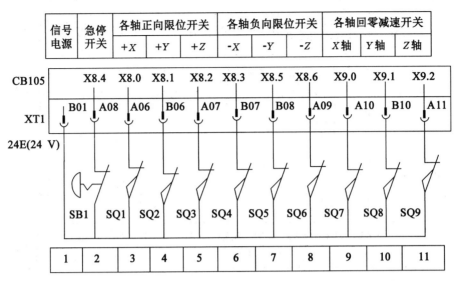

信号电源	急停开关	各轴正向限位开关			各轴负向限位开关			各轴回零减速开关		
		+X	+Y	+Z	-X	-Y	-Z	X轴	Y轴	Z轴

附图8　NXK8045 数控铣床 PMC 输入信号控制电路图(图纸8)

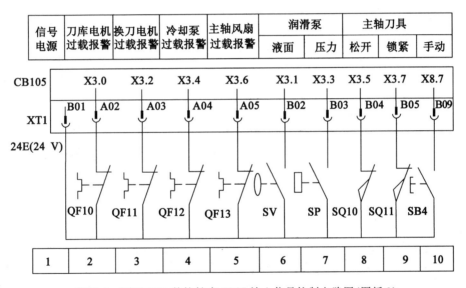

信号电源	刀库电机过载报警	换刀电机过载报警	冷却泵过载报警	主轴风扇过载报警	润滑泵		主轴刀具		
					液面	压力	松开	锁紧	手动

附图9　NXK8045 数控铣床 PMC 输入信号控制电路图(图纸9)

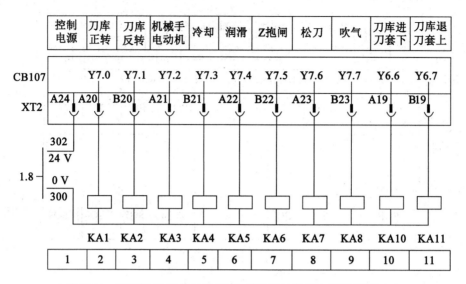

附图 10　NXK8045 数控铣床 PMC 输出信号控制电路图（图纸 10）

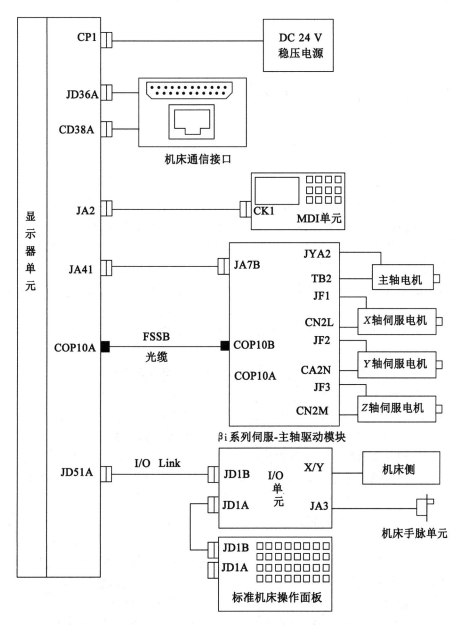

附图 11　NXK8045 标准数控铣床系统功能连接图(图纸 11)

参 考 文 献

[1] 龚仲华,孙毅,史建成.数控机床维修技术与典型实例:SIEMENS 810/802 系统[M].北京:人民邮电出版社,2006.

[2] 龚仲华.数控机床故障诊断与维修 500 例[M].北京:机械工业出版社,2004.

[3] 郭士义.数控机床故障诊断与维修[M].北京:机械工业出版社,2005.

[4] 韩鸿鸾,吴海燕.数控机床电气系统装调与维修一体化教程[M].北京:机械工业出版社,2014.

[5] 韩鸿鸾,董先.数控机床机械系统装调与维修一体化教程[M].北京:机械工业出版社,2014.

[6] 人力资源和社会保障部教材办公室.数控机床电气检修[M].2 版.北京:中国劳动社会保障出版社,2014.

[7] 劳动和社会保障部教材办公室.数控机床机械系统及其故障诊断与维修[M].北京:中国劳动社会保障出版社,2008.

[8] 李河水.数控机床故障诊断与维护[M].北京:北京邮电大学出版社,2009.

[9] 刘永久.数控机床故障诊断与维修技术[M].北京:机械工业出版社,2007.

[10] 牛志斌.数控车床故障诊断与维修技巧[M].北京:机械工业出版社,2005.

[11] 牛志斌.图解数控机床:西门子典型系统维修技巧[M].北京:机械工业出版社,2004.

[12] 潘海丽.数控机床故障分析与维修[M].西安:西安电子科技大学出版社,2006.

[13] 人力资源和社会保障部教材办公室.数控机床机械装调与维修[M].北京:中国劳动社会保障出版社,2012.

[14] 宋天麟.数控机床及其使用维修[M].南京:东南大学出版社,2003.

[15] 孙德茂.数控机床逻辑控制编程技术[M].北京:机械工业出版社,2008.

[16] 王爱玲.数控机床结构及应用[M].北京:机械工业出版社,2006.

[17] 王凤平,许毅.金属切削机床与数控机床[M].北京:清华大学出版社,2009.

[18] 王文浩.数控机床故障诊断与维护[M].北京:人民邮电出版社,2010.

[19] 王兹宜.数控系统调整与维修实训[M].北京:机械工业出版社,2008.

[20] 武友德.数控设备故障诊断与维修技术[M].北京:化学工业出版社,2003.

[21] 夏庆观.数控机床故障诊断与维修[M].北京:高等教育出版社,2002.

[22] 严峻.数控机床安装调试与维护保养技术[M].北京:机械工业出版社,2010.

[23] 叶晖.图解 NC 数控系统:FANUC 0i 系统维修技巧[M].北京:机械工业出版社,2004.

[24] 郑晓峰,陈少艾.数控机床及其使用和维修[M].北京:机械工业出版社,2008.

[25] 周晓宏.数控维修电工实用技术[M].北京:中国电力出版社,2008.